彩图 6　水果篮静物照样张

彩图 7　化妆品静物照样张

彩图 8　盆景静物照样张

彩图 9　仿制图章

魔术橡皮擦工具

椭圆选框工具

移动工具

彩图 10　荷花仙女

用钢笔工具创建闭合路径

建立选区　复制并粘贴

最终效果图

彩图 11　钢笔工具创建闭合路径

素材7-1

素材7-2

效果图7

彩图 12　素材与效果图(项链)

素材8-1

素材8-2

效果图8

彩图 13　素材与效果图(赛车)

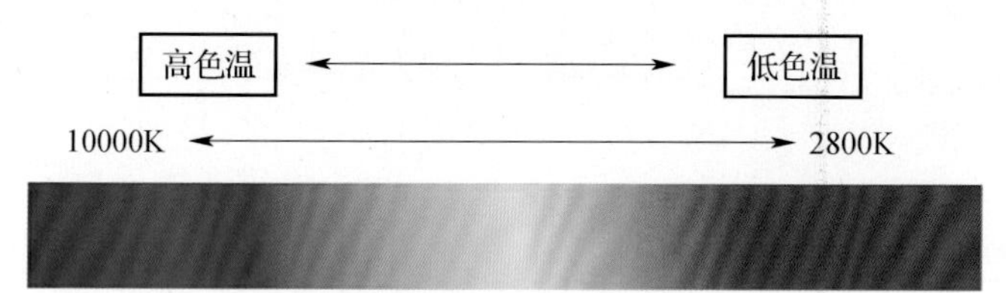

彩图 14　色温光谱图

彩图 15　推镜头

彩图 16　拉镜头

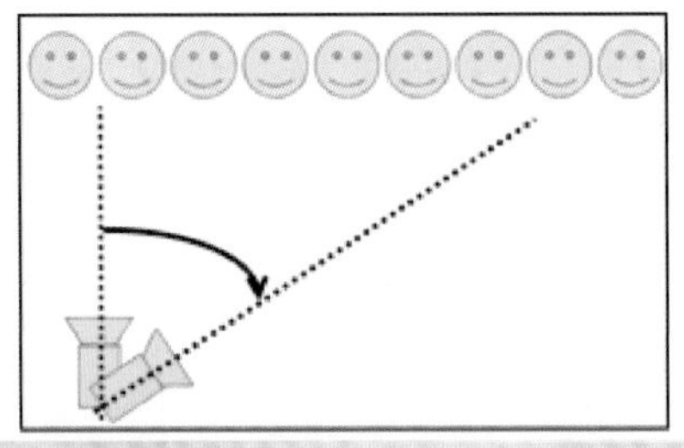

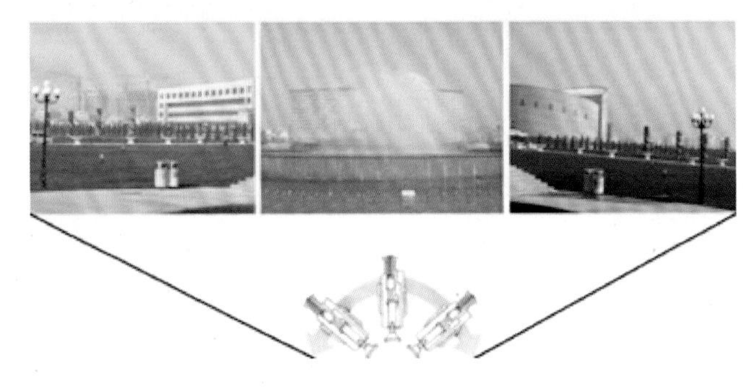

彩图 17　摇镜头

1+X 职业技术·职业资格培训教材

SHUMAYINGXIANGJISHU

数码影像技术

（四级）第2版

主　编　吴　进
编　者　李嫦玉　孙敏菡　毛建荣
主　审　朱斌超

中国劳动社会保障出版社

图书在版编目(CIP)数据

数码影像技术：四级/上海市职业技能鉴定中心组织编写. —2版. —北京：中国劳动社会保障出版社，2015

1+X职业技术·职业资格培训教材

ISBN 978-7-5167-2158-2

Ⅰ.①数… Ⅱ.①上… Ⅲ.①图象处理-数字技术-技术培训-教材 Ⅳ.①TN911.73

中国版本图书馆CIP数据核字(2015)第264956号

中国劳动社会保障出版社出版发行

(北京市惠新东街1号 邮政编码:100029)

*

北京北苑印刷有限责任公司印刷装订 新华书店经销

787毫米×1092毫米 16开本 18印张 2彩插页 343千字

2015年11月第2版 2018年11月第2次印刷

定价：42.00元

读者服务部电话:(010)64929211/64921644/84626437

营销部电话:(010)64961894

出版社网址：http://www.class.com.cn

内容简介

本教材由人力资源和社会保障部教材办公室、中国就业培训技术指导中心上海分中心、上海市职业技能鉴定中心依据上海 1+X 数码影像技术人员四级职业技能鉴定细目组织编写。教材从强化培养操作技能、掌握实用技术的角度出发，较好地体现了当前最新的实用知识与操作技术，对于提高从业人员基本素质，掌握数码影像技术核心知识与技能有直接的帮助和指导作用。

本教材在编写中根据本职业的工作特点，以能力培养为根本出发点，采用模块化的编写方式。全书共分为 4 章，内容包括数码相机、数字图像处理与编辑技巧、数码摄像机、视频编辑。

本教材可作为数码影像技术人员四级职业技能培训与鉴定考核教材，也可供全国中、高等职业院校相关专业师生参考，以及本职业从业人员培训使用。

前　言

职业培训制度的积极推进，尤其是职业资格证书制度的推行，为广大劳动者系统地学习相关职业的知识和技能，提高就业能力、工作能力和职业转换能力提供了可能，同时也为企业选择适应生产需要的合格劳动者提供了依据。

随着我国科学技术的飞速发展和产业结构的不断调整，各种新兴职业应运而生，传统职业中也越来越多、越来越快地融进了各种新知识、新技术和新工艺。因此，加快培养合格的、适应现代化建设要求的高技能人才就显得尤为迫切。近年来，上海市在加快高技能人才建设方面进行了有益的探索，积累了丰富而宝贵的经验。为优化人力资源结构，加快高技能人才队伍建设，上海市人力资源和社会保障局在提升职业标准、完善技能鉴定方面做了积极的探索和尝试，推出了1＋X培训与鉴定模式。1＋X中的1代表国家职业标准，X是为适应经济发展的需要，对职业的部分知识和技能要求进行的扩充和更新。随着经济发展和技术进步，X将不断被赋予新的内涵，不断得到深化和提升。

上海市1＋X培训与鉴定模式，得到了国家人力资源和社会保障部的支持和肯定。为配合1＋X培训与鉴定的需要，人力资源和社会保障部教材办公室、中国就业培训技术指导中心上海分中心、上海市职业技能鉴定中心联合组织有关方面的专家、技术人员共同编写了职业技术·职业资格培训系列教材。

职业技术·职业资格培训教材严格按照1＋X鉴定考核细目进行编写，教材内容充分反映了当前从事职业活动所需要的核心知识与技能，较好地体现了适用性、先进性与前瞻性。聘请编写1＋X鉴定考核细目的专家，以及相关行业的专家参与教材的编审工作，保证了教材内容的科学性以及与鉴定考核细目及题库的紧密衔接。

职业技术·职业资格培训教材突出了适应职业技能培训的特色，使读者通过学习与培训，不仅有助于通过鉴定考核，而且能够有针对性地进行系统学习，真正掌握本职业的核心技术与操作技能，从而实现从懂得什么到会做什么的飞跃。

职业技术·职业资格培训教材立足于国家职业标准，也可为全国其他省市开展新职业、新技术职业培训和鉴定考核，以及高技能人才培养提供借鉴或参考。

新教材的编写是一项探索性工作，由于时间紧迫，不足之处在所难免，欢迎各使用单位及个人对教材提出宝贵意见和建议，以便教材修订时补充更正。

人力资源和社会保障部教材办公室
中国就业培训技术指导中心上海分中心
上 海 市 职 业 技 能 鉴 定 中 心

目录

1

第 1 章

数码相机

第1节　数码相机基础知识

学习单元1　数码相机结构与组成

学习目标

1. 了解数码相机的基础知识、结构及数码相机的发展历程
2. 熟悉数码相机的组成部件及其工作原理
3. 掌握数码相机主要部件的作用
4. 认识数码相机的镜头、取景器、快门等部件

知识要求

一、数码相机概述

数码相机又称为数字相机，简称DSC（Digital Still Camera），是一种能与计算机配套使用的新型摄影设备。数码相机一般由镜头、CCD模块、DSP模块、存储器、ASIC模块、电源模块和LCD模块等部件组成。

数码相机是从传统相机的基础上发展而来的，但它摆脱了银盐类感光材料的束缚，使传统的摄影技术发生了根本性的变革。数码相机以电荷耦合器或互补金属氧化物半导体图像传感器作为成像器件，将被摄物以数字信号的方式记录在存储介质中，并以数字的方式实现图像的传输、浏览、打印与输出。

自1975年出现了第一款由柯达公司发明的数码相机的实验机并运用于航天领域，从此改变了人们对摄影的认识，开创了数码摄影的新时代。表1—1列出了数码相机从发明到如今进入民用领域的大致进程，便于更好地了解数码相机的发展规律。

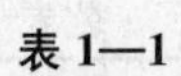

表 1—1　　　　　　　　　　　　数码相机发展历史进程

年份	品牌	图片	标志意义
1975	柯达		世界上第一台实验性的手持式数码相机
1981	索尼 Mavica		第一台真正意义上的数码相机
1991	柯达 DSC100		第一台单反数码相机产生，从而确立了业内标准
1994	柯达 DC40		第一台成熟的商业化小型数码相机
1996	柯达 DC25		第一台使用 CF 卡的数码相机
1999	尼康 D1		第一台单反数码相机
2000	康泰时 N		第一台全画面的单反数码相机
2002	佳能 D30		第一台配备了 CMOS 图像感应器的单反数码相机

续表

年份	品牌	图片	标志意义
2003	奥林巴斯 E－1		开启 4/3 系统的起源机
2003	尼康 D2H		第一台支持 WiFi 功能的数码相机
2004	玛米亚 ZD		第一台 645 一体化数码单反相机
2005	徕卡 R9		第一台由传统相机搭载数码后背成为数码相机的范例
2008	松下 G1		微单、单电数码相机的先驱者
2009	富士 W1		采用双镜头双传感器设计的第一款民用 3D 数码相机
2010	飞思 P65＋		第一台达到 645 全画幅的数码后背
2011	佳能 EOS－1DX		CMOS 全画幅数码单反专业级相机
2012	尼康 800E		在 135 相机中具有极高图像品质的全画幅数码单反相机

1. 数码相机的分类

数码相机按它的整体性能和构造可分为普通卡片型、半专业（微单或单电）型和专业单反型三个档次。

（1）普通卡片型的数码相机一般是指有效像素相对较低、镜头固定、具有小巧和相对较轻的机身、超薄时尚设计外观的便携卡片式数码相机。这种相机时尚的外观、超大的液晶显示屏、小巧纤薄的机身是其特色，操作简单，但功能较少。普通卡片型数码相机如图 1—1、图 1—2 所示。

图 1—1　佳能 IXUS860IS 卡片式数码相机

图 1—2　索尼 RX100MARKⅡ卡片式数码相机

（2）微单、单电型的数码相机兼具普通卡片机和专业单反机的特点，但构造上与单反相机不同，一般取消了相机内的反光系统而使用液晶屏直接取景，操作中具有单反相机的大部分功能，但相对而言机身较小，携带方便，也可以更换镜头。微单、单电型数码相机如图 1—3 所示。

图 1—3　索尼 NEX5T 数码相机

(3) 专业的单反型数码相机(DSLR, Digital Single Lens Reflex)具有较高的像素，具备摄影所需的各项专业功能设置，具备完善的测光、对焦、曝光和存储系统，可以更换镜头，一般机身较大，价格较贵，需要具备相对较专业的知识和技能才能对此类数码相机进行正确的设置与拍摄操作。单反型数码相机如图1—4所示。

图1—4 尼康D810全画幅单反型数码相机

数码相机还可以按相机内部的图像传感器的类型进行分类，如：CCD (Charge Coupled Device，电荷耦合器件图像传感器)或CMOS (Complementary Metal-Oxide Semiconductor，互补金属氧化物半导体图像传感器)。

随着科学技术的进一步发展，能用于实时拍摄的新设备层出不穷，如电脑摄像头、网络监控器和智能手机等。

2. 数码相机与传统相机的区别

如果用传统摄影和数码摄影拍摄同一个画面的照片，虽然其反映的画面内容并没有多大的差别，最终结果也可能相差无几，然而它们的制作过程却截然不同，从某种意义上来说，数码相机拍摄的照片可能比传统相机拍摄的照片会略胜一筹。数码相机在外观、部分功能及操作上虽与传统相机差不多，但与传统相机还是存在着许多的不同点，见表1—2。

表1—2　　数码相机与传统相机的区别

比较项目	数码相机	传统相机
依附介质	既可以是感光材料也可以是打印材料，其制作种类具有多样性，从而丰富了摄影产品的表现形式	光线通过镜头使相机内的胶片感光留下潜影，经过冲洗工艺使其影像再现，整个过程中影像所依附的介质均为感光材料
制作工艺	使用CCD或CMOS等元件感光，经数字化处理后记录于存储卡上。拍摄后的照片既可以及时进行回放观看，也可以经后期软件处理。存储卡可反复使用	使用银盐感光材料，拍摄后的胶片须经过冲洗和印放工艺才能得到照片，摄影师也不能即刻看到拍摄的效果。一般情况下，通过传统暗房工艺的照片，其效果不能再被改变
拍摄速度	因为数码相机要对已拍摄的照片进行图像压缩处理并存储起来，受到存储卡存储速度的制约，特别在连拍速度上有一定的限制	传统相机一般通过机械结构的快门拍摄，几乎没有延迟和连拍的问题

续表

比较项目	数码相机	传统相机
输入/输出方式	数码相机的影像可直接输入计算机，经软件处理后除了可供印制照片或打印出来外，还可以通过网络传输和在电视等设备上显示	传统相片必须通过数码相机翻拍或扫描仪扫描才可进入到计算机，这样所获得的图像清晰度会比原照差

3. 数码相机的工作原理

数码相机具有数字化存取模式与计算机交互处理和实时拍摄的特点。数码相机主要采用CCD或CMOS作为光电转换器件，将被摄景物以数字信号方式记录在存储介质中。拍摄时，只要对着被摄景物按动快门，使光电转换器件的接收部件感应到从镜头传来的光图像，然后将它转换成一一对应的模拟电信号，再经过模/数转换后，把模拟信号变成数字信号，最后使用数码相机中固化的程序与算法，按照指定的文件格式，将图像存入存储介质中。有些数码相机还可以采用LCD液晶显示屏进行拍摄前的取景和构图，拍后查阅被摄画面。

数码相机在拍完一张数码照片后，可以通过接口把这张照片传输到计算机中，并可根据需要对其进行放大、修饰处理，还可以用打印机将照片打印出来，也可以通过光盘刻录机存入光盘中。随着网络技术的迅速发展，数码照片还可以通过网络作为电子邮件、云附件和智能手机图片进行传输。

二、数码相机的主要元器件

1. 数码相机感光元件

数码相机的感光元件又称为图像传感器或光电转换器，其作用是将接收到的光（图像）信号转变为模拟电信号。数码相机使用的感光元件主要有CCD和CMOS两种类型。CCD、CMOS的感光作用与传统相机中的胶片相当，它们是数码相机的输入端和信号源，决定着相机的成像质量。CCD的性能可以通过像素数、相当于传统相机底片的感光面积、灵敏度和信噪比等因素来表现，其中前两项更为重要，它们直接决定了图像的成像质量。数码相机的分辨率是用图像的绝对像素来衡量的。

例如，一个135照相机使用的是24 mm×36 mm的底片，而数码相机CCD和CMOS的面积一般有1/4 in、1/3 in、1/2 in和2/3 in等。若数码相机的CCD感光面积接近于135相机使用的底片面积的大小，就可以称为全画面的数码相机。

（1）CCD图像传感器。CCD电荷耦合器图像传感器实际上是一块布满光敏元件的感光板，它由许多微小的光敏元件、电荷转移电路和电荷信息读取电路组成。数码相机拍摄图像的像素数取决于相机内 CCD 芯片上光敏元件的数量。

CCD 的像素数和面积是决定画面质量的重要因素，像素数越多、面积越大，图像质量就越高。

在色彩处理上，CCD 只能感受光线的强度信号（一般数码相机 CCD 每原色的亮度是用 8 位数据来记录的），但不能分辨色彩信号。为了获得彩色图像，光线必须在到达 CCD 前经过一组彩色滤波器，每个彩色滤波器可分离出组成彩色图像的红、绿、蓝三原色中的一色，所以在实际运用时，需要加上彩色滤镜阵列（CFA，Color Filter Array），一般就是给 CCD 器件表面的滤镜层镀上不同的颜色。面阵 CCD 彩色滤镜阵列通常采用的方法是滤镜上不同的色块按 G—R—G—B（绿—红—绿—蓝）的顺序像马赛克一样排列，使每一片“马赛克”下的像素能感应不同的颜色，如图 1—5 所示。

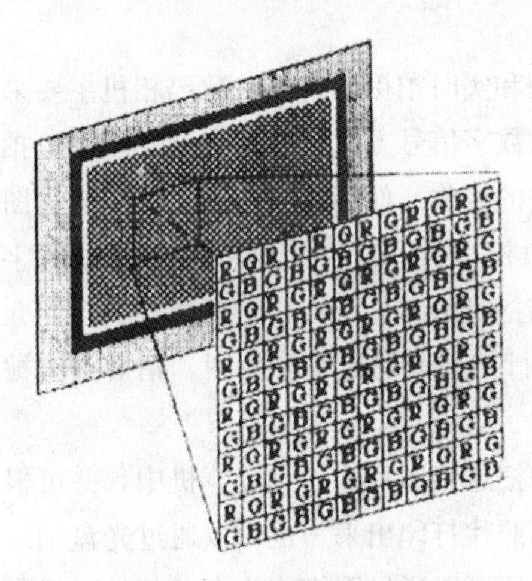

图 1—5　CCD 彩色滤镜阵列

数码相机拍摄图像的像素数取决于相机内 CCD 芯片上光敏元件的数量。例如在一个 1 200 万像素的 CCD 上，有 300 万像素感应红色，有 300 万像素感应蓝色，有 600 万像素感应绿色（绿色像素多一点是因为人类对绿色的敏感性与对其他颜色不一样），最后在记录图像时，每个像素的真实色彩就是它与周围像素相混合的平均值。另外还有一种方法就是佳能公司生产的 CCD 所用的方法，它使用了另一种排列方式的滤镜，其滤镜的色彩是直接涂在 CCD 的表面上，色彩按照 C—Y—G—M（青—黄—绿—品红）的顺序排列，每个像素的最终颜色也是取其与周围像素的平均值，但这种算法更为复杂一些。色彩深度是指数码相机的 CCD 能产生色彩的范围，用每个像素点上颜色的数据位数（bit）表示。

（2）CMOS 图像传感器。CMOS 互补金属氧化物半导体图像传感器在数码相机中也可记录光线的变化信息。CMOS 的制造技术和一般计算机的芯片相似，主要是利用硅和锗两种元素所做成的半导体，使其在 CMOS 上共存着带 N（带负电）和 P（带正电）极的半导体，这两个互补效应所产生的电流即可被处理芯片记录和解读成影像。

数码相机 CCD 与 CMOS 在图像采集功能上很相似，但两者在光电转移方式、电路结构、图像信号的输出速度、耗电量和噪声处理方面存在着很大的差别。由于 CCD 制作起步早，技术较成熟，噪声隔离方面比 CMOS 强。但 CCD 并不能与模/数电路及数字信号处理等电路集成在一起，而耗电量低又是 CMOS 的一大优点。不过 CCD 是较成熟的产品，可以改良的空间不大，而CMOS成本较低且制造容易，因此CMOS的技术潜力比CCD更大，随着CMOS技术的发展，运用也会更普遍。

除了CCD和CMOS之外，还有SUPER CCD，它使用了一种八边形的二极管，像素是以蜂窝状形式排列，并且单位像素的面积要比传统的CCD图像传感器大。将像素旋转45°排列的结果是可以缩小对图像拍摄无用的多余空间，光线集中的效率比较高，从而使感光性、信噪比和动态范围都有所提高。

2. 数码相机的存储介质

数码相机将被摄物以数字信号的方式记录在存储介质中，它不但能记录静止的图像，还能记录音、视频影像。数码相机的存储机构有缓存、闪存RAM和存储卡等多种。数码相机存储卡中的图像回放时，要经过解压缩处理。

（1）缓存。缓存是一种随机的存储器，是数码图像的临时存放地，数码图像一旦转存到存储卡中，相机立刻清除缓存内的这些文件，腾出空间。缓存的存储速度快，可高速保存拍摄的数码图像，缓存中的内容在断电后将全部丢失。

（2）闪存RAM。闪存RAM是内置固化式的存储介质，它也可以存储数码图像，但容量较小，存满后必须输出到计算机并删除图像后才能继续拍摄。

（3）可移动式存储卡。现在数码相机中通常使用的存储卡都是一种固态化的存储闪存芯片，所以又称为闪存卡。它体积小，存储时一般可不需要电压维持，因此耗电量低，携带方便，可靠性高，传输速度也相当快。可移动式存储卡的容量有128 M、256 M、1 G和4 G等。根据数码相机的不同，一般选用的可移动存储卡有：

1）SM卡。SM卡又称为智能卡，它厚度薄、体积小，是较常用的数码相机存储卡之一。

2）CF卡。CF卡是大多数数码相机采用的存储卡，它体积小、厚度薄、兼容性好。

3）SD卡。SD卡的结构能保证数字文件传送的安全性，也很容易重新被格式化，所以有着广泛的应用领域，也是不少数码相机所支持的存储卡种类。

4）MMC卡。MMC卡最明显的外观特征就是尺寸只有普通邮票大小（是CF卡尺寸的1/5左右），而重量不超过2 g，这使得它成为世界上最小的半导体移动存储卡。MMC卡越来越成为便携式普通数码卡片机所支持的存储卡类型。

5）记忆棒。记忆棒的外形轻巧，体积更小，重量更轻，兼容性好。

6）硬盘卡。硬盘卡又称为PCMCIAⅢ存储盘，它具有更大的容量，相当于一个小型的硬盘，但厚度较厚，耗电量较大。

7）光盘。光盘是指CD－R或CD－RW盘，它们存储容量大，成本低又不易损坏，兼容性较好，所以保存性能较高。

3. 数码相机的控制系统

当数码相机CCD接收到镜头传来的光信息后，并不会立即转换成数字电信号输出。图1—6所示为数码相机的控制系统（数字信号处理器），它包括将模拟信号转换为数字信号的“模/数转换器”，用于将数字信号转变为图像而进行分析、修复、美化和合成的“图像处理器”，以及用于对图像进行不同格式和算法压缩保存的“文件存储器”。

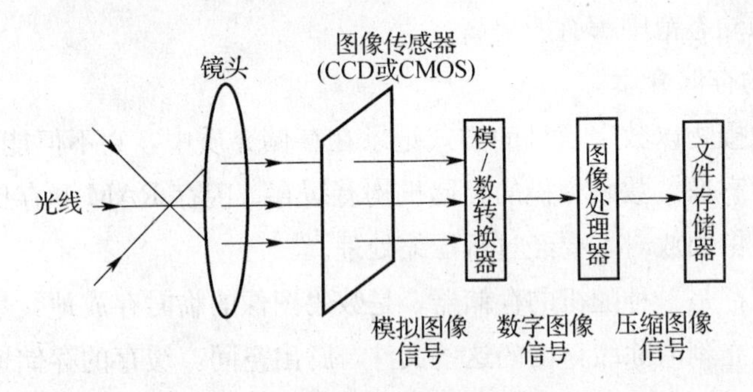

图1—6　数码相机的控制系统

数字信号处理（Digital Signal Processing，DSP）是一门新兴的学科，它是利用计算机或专用的处理设备，以数字形式对信号进行采集、变换、滤波、估值、增强、压缩、识别等处理，以得到符合人们需要的信号形式。随着计算机信息技术的发展，数字信号处理技术被运用到众多领域。

特别提示

经DSP压缩的幅度越大，图像质量越差。

DSP数字信号处理器对ASIC传输的命令进行处理。

DSP模块完成的图像数据处理有压缩和解压缩、格式转换以及数据传输。

4. 数码相机的输出控制端口

对数码相机拍摄的照片进行输出存储是数码相机的一个重要应用。当数码相机与相关设备连接后，必须把数码相机上的转换开关设置到播放状态。

数码相机的输出控制形式主要有以下几种：

（1）把数码相机拍摄的照片输出到电脑，然后进行储存、处理和再输出，这是最常用的输出方式。具体的输出过程是把数码相机和电脑的控制端口相连接，包括通过USB接口、无线蓝牙、红外接口和WiFi等，早期的专业型数码相机也曾使用过IEEEI394接口或SCSI接口。目前数码相机的标准接口是USB接口。电脑为了获得数码相机的控制权，需要安装随数码相机附带的驱动软件（也称数码相机的驱动程序），这是数码相机生产厂商专门为每种型号的数码相机开发的主要用于数码相机下载保存照片功能的操作软件。

目前比较常用的是采用USB接口连接数码相机和电脑的方式。由于USB接口即插即用，非常灵活，因此数码相机一般都会配置有USB接口。采用USB接口的传输速度比较快，操作简单。

（2）有些数码相机支持和电视机（或录像机）相连接，数码照片可以方便地在电视机（或录像机）上浏览，而无须配备电脑。操作时，用视频电缆将数码相机视频输出接口（Video out）与电视机视频输入接口（Video In/TV Video）相连，使用电视机的频道选择器选定正确的输入频道，并统一调整数码相机与电视机的制式（NTSC或PAL），这样就可以在电视机上进行幻灯播放了，当然这种方式只能观看。

（3）一般情况下，数码相机与打印机的连接必须通过电脑作为“中介”，然后使用图像处理软件进行操作实现打印的目的。有些数码相机也可以直接与打印机相连而无须计算机“中介”，从而拥有直接打印的功能，但必须使用指定的照片打印机（往往只有同一品牌的数码相机和指定的打印机相连，不通过计算机可直接打印），这种方式经常会遇到一个兼容性的问题，因此适用范围较小。

（4）由于绝大部分数码相机的照片存储是采用可移动存储卡，而且存储卡通过PCMCIA适配器让电脑读取，无须通过数据电缆传输，也无须安装专用的数码相机驱动软件，可以像操作磁盘驱动器一样进行图像的下载和存储，因此直接使用存储卡输出时更为方便。

三、数码相机的其他主要部件及性能指标

照相机一般由镜头、快门、取景器、卷片机构、机身和控制电路等部件组成。

1. 镜头

照相机的镜头是照相机的重要部件，是把空间或平面上的物体成像在感光材料上的光学系统，是决定照相机成像质量的关键部件。镜头主要由镜筒、光学系统、光阑机构和调焦机构等部件组成。

（1）镜头的成像原理

1）光的特性。光是一种电磁波，它的波长范围很宽，人眼只能看见波长为380～780 nm的一段很窄范围的电磁波，叫作可见光。不同波长的可见光在眼睛中产生不同的颜色感，按波长由长及短，光的颜色依次为红、橙、黄、绿、青、蓝、紫等色。比红光波长更长的光叫红外线，比紫光波长更短的光叫紫外线，它们都是人眼看不见的光（叫作不可见光）。

光线又称为“能传播辐射能量的几何线”。光线在均匀、透明的介质中沿直线传播；当光线射到两种透明介质（例如空气和玻璃）的交界面上时，就会发生两种现象——反射

和折射。

2）透镜成像。照相物镜一般都由若干片透镜组成，透镜又分凸透镜和凹透镜两大类。

特别提示

照相机镜头的分辨率又称鉴别率，它以焦平面上1 mm范围内所能分辨的线对数来表示，其测定的方法有投影法和摄影法两种。

普通照相机镜头成像光路图如图1—7所示。

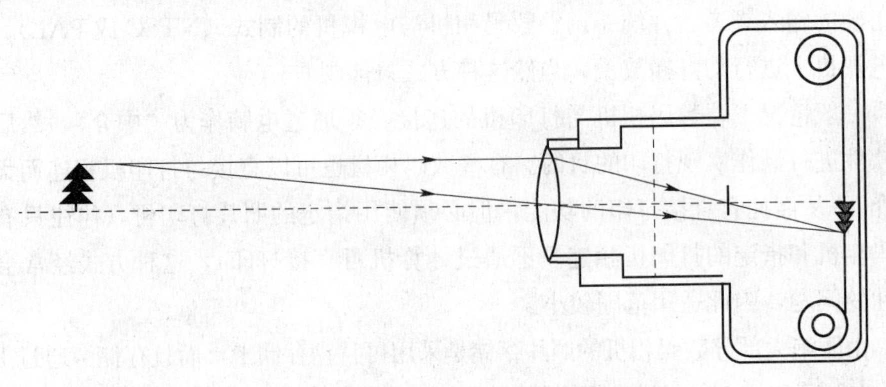

图1—7　普通照相机镜头成像光路图

（2）镜头的特性。数码相机在拍摄时，是由镜头把外界景物成像在CCD感光芯片上的，所以，镜头在数码相机中的地位是十分重要的。数码相机镜头的性能指标主要有：

1）焦距。镜头作为一种光学器件，其最主要的一项指标是焦距值，数码相机镜头也不例外。焦距是指当物体由无穷远通过物镜成像时，物镜主平面到焦平面的距离。在摄影镜头上焦距用f表示，单位是mm，如$f=50$ mm。照相物镜的焦距决定了它拍摄的像的大小。对一定位置的物体进行拍摄时，焦距长的物镜获得的像就大，焦距短的物镜成像就小。

照相镜头按焦距分有广角镜头、标准镜头和中长焦镜头三大类。如图1—8所示，焦距小于感光体画幅对角线长度的照相镜头称为广角镜头，焦距大于感光体画幅对角线长度的照相镜头称为中长焦镜头，而焦距接近感光体画幅对角线长度的照相镜头称为标准镜头。

焦距决定了在给定距离内CCD所成图像的大小，而数码相机的CCD面积一般都小于35 mm胶片的成像面积，所以数码相机镜头的焦距明显小于传统相机。另外数码相机所用的CCD又各不相同，有1/4 in、1/3 in、1/2 in、2/3 in等，所以单以数码相机的焦距来区分镜头属于哪种类型是很困难的。因为通常其CCD图像传感器的成像面积比传统135相机小得多，为了达到相同的视角，其镜头的焦距要比135相机短得多。像APS－C画幅数码单反相机镜头的等效焦距＝镜头焦距×转换系数（Nikon相机为1.5，Canon相机为

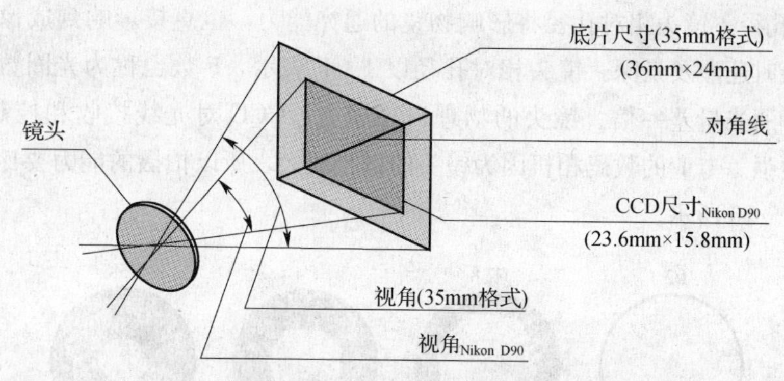

图 1—8　35 mm 相机与 APS—C 数码相机感光面积比较

1.6)，所以各生产厂商在数码相机出厂时会给出一个相当于传统 135 相机镜头焦距的对应值，以方便人们了解该相机的成像特点。而便携式数码相机往往会提供一个“焦距倍数”作为参考。在有些数码相机中除了指明光学变焦外，还标明了该相机的数码变焦倍率，它是将成像芯片的中间区域所形成的影像经插值放大获得的，因此成像质量没有同焦距下纯光学变焦拍摄的好，且数码变焦越大则其成像质量会越差。

摄影时需要调焦的道理是通过光学镜头的移动，在相机焦平面上获得清晰的图像。焦距还会影响拍摄场景的景深。所谓景深，就是当焦距对准某一点时，其前后都仍可清晰的范围。焦距越长，景深越小；焦距越短，景深越大。照相镜头的焦距还会影响它的通光能力。不同焦距镜头景深效果如图 1—9 所示。

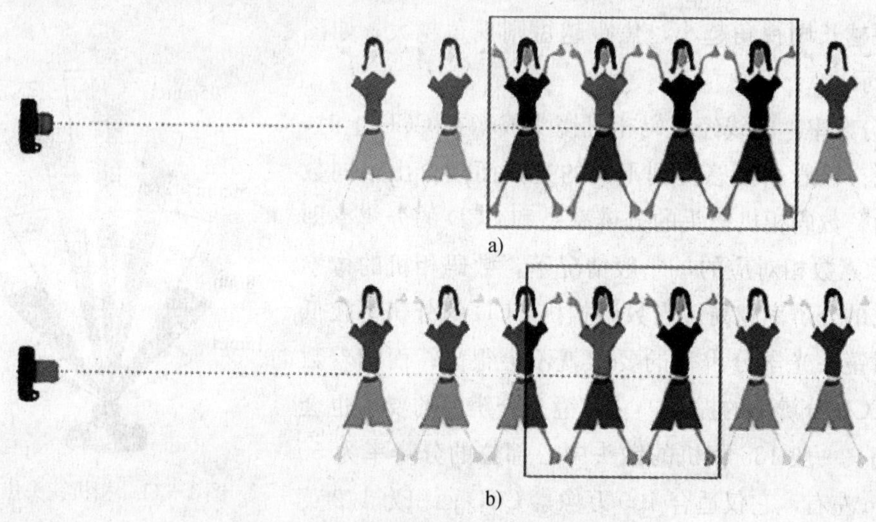

图 1—9　不同焦距镜头景深效果示意图

a）短焦距　b）长焦距

2）相对孔径。镜头相对孔径将影响物镜的通光能力，也直接影响到成像的误差和明亮程度，拍摄时还涉及景深。镜头相对孔径以 1∶F 表示，F 数也称为光圈数。镜头的光圈每差一级，通光量差一倍。镜头的物理口径越大，CCD 对光线接收和控制就会更好，成像能力就更强。专业的数码相机因为镜头的口径较大，所以拍摄的能力要比传统相机强得多，如图 1—10 所示。

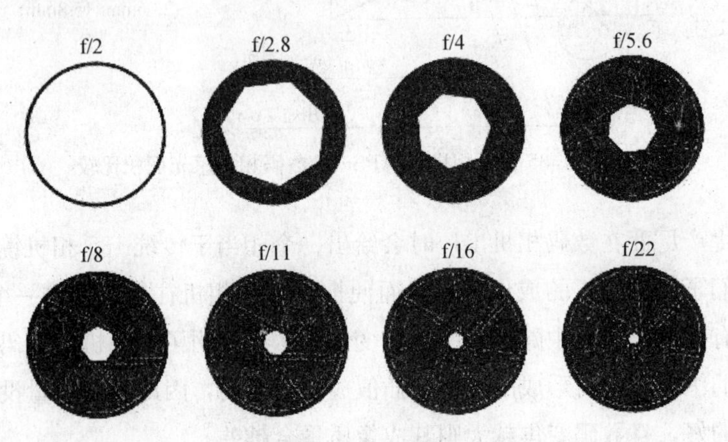

图 1—10　镜头相对孔径（光圈）大小示意图

3）视角（视场角）。与传统相机一样，照相镜头的焦距与视场角成正比。数码相机的镜头视角是该相机拍摄视场的夹角大小。镜头的焦距与视角（视场角）成反比，焦距越长则视角越小，焦距越短则视角越大，如图 1—11 所示。

4）分辨率。光线经数码相机镜头成像在 CCD 上时，每个光电二极管会因感受到不同的光强而耦合出不同数量的电荷。数码相机镜头的分辨率是和 CCD 的分辨率即 CCD 的像素数相对应的，一般情况下，数码相机的像素越多，它的分辨率越高。当数码相机 CCD 的分辨率较低时，它对镜头光学分辨率的要求就不会很高；而随着数码相机 CCD 分辨率的提高，它对镜头分辨率的要求也会随之提高。一般 135 相机的镜头中心部位的分辨率为 50 线对/mm 左右，它仅适合 100 万像素 CCD 面积为 1/2 英寸的数码相机。

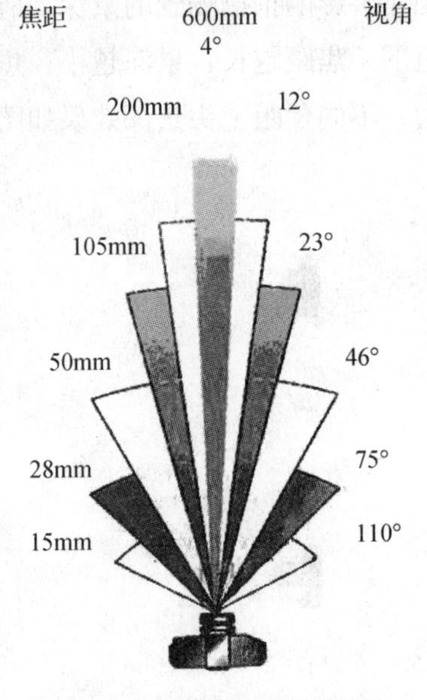

图 1—11　相机镜头焦距与视角的关系

2. 取景器

无论何种相机，在拍摄照片的时候都需要通过取景器来进行取景和构图，因此，取景器就成了数码相机中必不可少的部件之一。取景器的主要作用就是构图，也就是确定所拍摄画面的范围与布局；有些数码相机的取景器还能显示拍摄时的参数以及预测景深等。良好的取景器能对所拍摄的画面效果有一个比较直观的认识，有利于拍出更完美的照片。

数码相机的取景器一般有三种：光学取景器、电子取景器和 LCD 液晶显示屏。

（1）光学取景器。光学取景器就是人眼可以通过相机上的一组光学机构来观测取景范围并进行构图。拍摄时，相机取景器中能见到景物，一般就能拍到。不过传统照相机的光学直视式取景器也有取景范围的偏差。而拥有光学取景器的数码相机可以像传统相机的取景方法一样进行取景和构图。光学取景器又分为旁轴取景器和单镜头反光同轴取景器。

1）旁轴取景器。在普通的卡片式数码相机中一般会配备旁轴取景器。由于旁轴取景器的取景窗口与相机镜头的位置不一致，而是独立分开的，所以从取景器中所看到的图像和实际拍摄下来的数码图像的大小与位置都存在着一定的差别，这种差别就是“视差”。实际拍摄时旁轴取景器不利于准确地取景和构图，如图 1—12 所示。

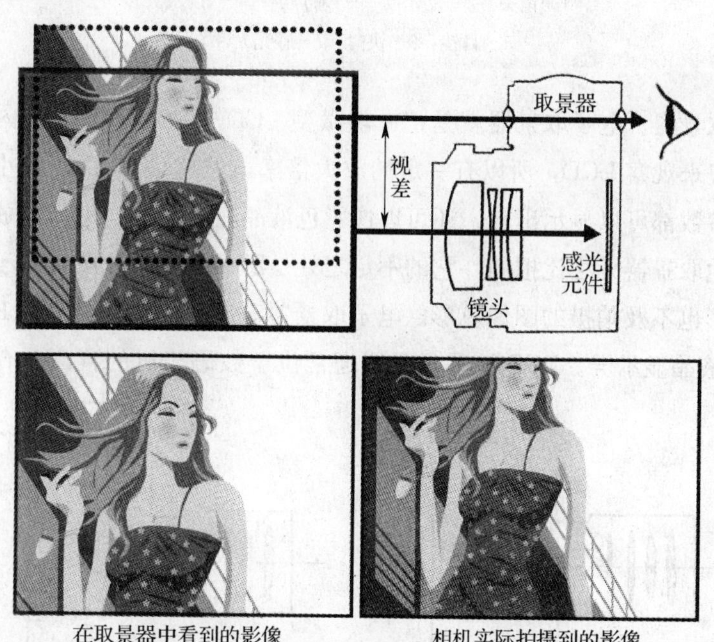

图 1—12　旁轴取景器与实际拍摄画面视差比较示意图

2）单镜头反光同轴取景器（又称“TTL 取景器”）。摄影者的眼睛透过数码相机背面目镜能够看到被摄体的光线穿过镜头到达相机内部的反光镜，再折射到上面对焦屏的结像。大多数35 mm照相机都采用这种取景器。在这种系统中，反光镜和棱镜的独到设计使得摄影者可以从取景器中直接观察到通过镜头的影像。单反相机的这种取景结构，保证了摄影者取景时所看到的景物基本与所拍摄的景物一致，并且相机是否对焦准确、焦距的变化也能通过取景器看得一清二楚，因此这种取景器就不会发生视差现象。单镜头反光同轴取景器通常配备在专业的数码相机上，其对焦与拍摄原理如图1—13所示。

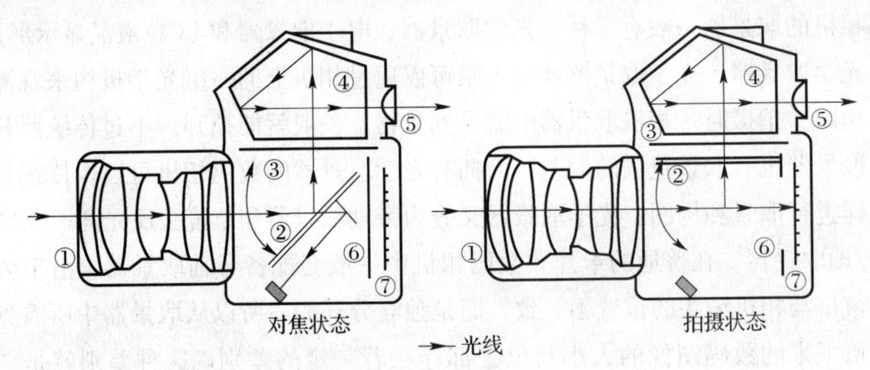

图1—13　单镜头反光同轴取景器对焦与拍摄示意图

1—镜头　2—反光板　3—对焦屏　4—五棱镜

5—目镜　6—快门　7—感光元件

（2）电子取景器。电子取景器就是把一块微型LCD安放在取景器的内部，由于它通过一组取景目镜来观察LCD，所以有一定的放大倍率，但这块LCD面积小，耗电省。另外各种拍摄的参数都可以显示出来，还可以像彩色液晶显示屏一样进行回放、预览和菜单操作，这是其他取景器无法比拟的。它的不足之处是所显示的图像质量低于传统相机的取景器，而且色彩也不及拍摄的图像色彩。电子取景器对焦与拍摄原理如图1—14所示。

（3）LCD液晶显示屏。LCD液晶显示屏通常位于数码相机的背面，有些还设计成可

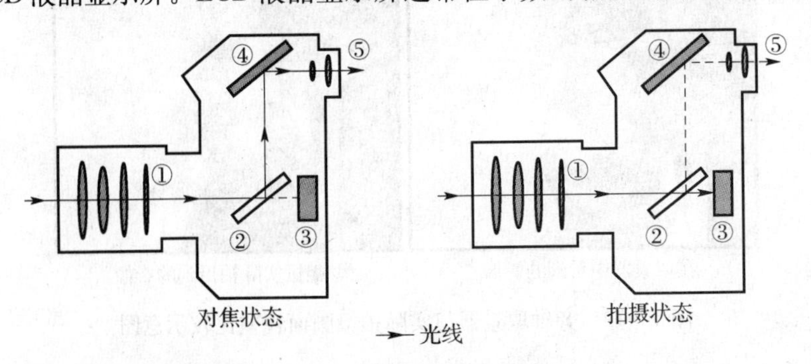

图1—14　电子取景器对焦与拍摄示意图

1—镜头　2—半透镜　3—感光元件　4—AF传感器　5—电子取景器

以反转或旋转一定角度的结构，这样比较适合不同的拍摄角度和高度。它既可以用来取景，又可以用来查看所拍摄的图像，还可以以多幅缩略图的形式显示，也可以根据需要调整显示屏的亮度以减少周围光线的影响。LCD 除了取景之外，还可以显示菜单，进行菜单操作。很多数码相机的液晶屏在显示图像的同时，在画面上还可以叠加显示当时的拍摄参数以及存储卡的存储状态信息，这样极大地方便了使用者了解数码相机的工作状态，以利于更好地控制拍摄过程。LCD 液晶显示屏的缺点是耗电量大，另外就是受环境光线的影响较大，在太亮的环境中景物的细节难以分辨，色彩失真严重。液晶显示屏对焦与拍摄原理如图 1—15 所示。

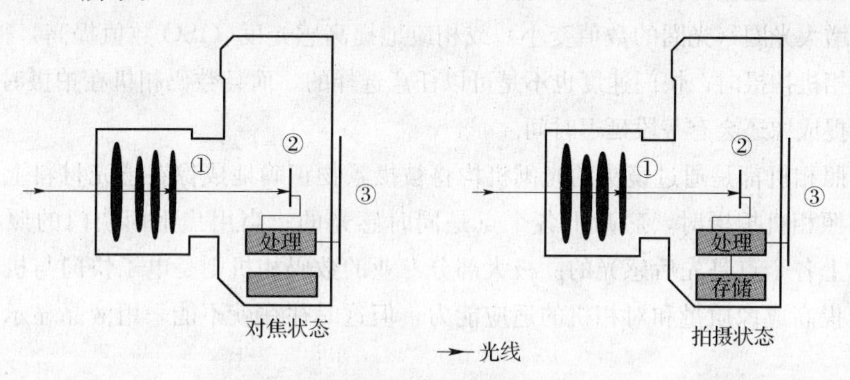

图 1—15　液晶显示屏对焦与拍摄示意图

1—镜头　2—感光元件　3—LCD 取景屏

特别提示

毛玻璃取景器：传统相机中将毛玻璃放在物镜焦平面位置上进行取景，称为毛玻璃取景器。例如传统的单反相机取景时，光线通过照相物镜后由反光板将光线反射到毛玻璃上进行取景。

光学直视式取景器：传统的小型照相机采用光学直视式取景器的较多，它是由凹凸透镜组成的。

总之，几种取景方式各有特点，在有些数码相机上还会有两种不同的取景器存在，如既有一个液晶显示屏又有一个旁轴取景器，这样做的目的是可以适合不同使用者的使用习惯和不同的使用状况，两种取景方式互相补充、相得益彰。

3. 快门

在传统摄影中，快门好比是照相机摄影光线的“门扉”。在非拍摄时，它处于常闭状态，遮挡光线从镜头进入机身内，从而保证胶片不感光。在拍摄时，它能以多种快门速度挡按摄影师的意图瞬间启动，使胶片曝光“潜影”成像。

数码相机的CCD具有相当高的感光度，所以它的曝光量一般是由光圈和快门来决定的。普通的卡片式数码相机可能并不带有光圈的调整，所以往往只能通过控制“快门”速度来控制整个曝光量（照相机相邻两挡快门速度之间的曝光量差1 EV值）。这些数码相机大多是采用电子快门，它与传统相机上的电子快门是不同的，它没有实质性的快门物体。在按下快门前，投入到CCD上的光线没有被快门所遮挡，所以CCD的采样只供液晶显示屏取景之用；当按下快门时，电子快门才起作用，它控制电子扫描的速度，即CCD的采样时间，也就是摄影中通常所说的“快门”速度。若提高快门速度，就是加快电子扫描的速度，更快地产生全部像素上的所有数据，这时CCD感应的电流会变弱，为了平衡曝光量就可以增大光圈（光圈的数值变小）或相应地提高感光度（ISO数值提高）得以补偿。用传统照相机拍摄时，快门速度也不是可以任意选择的。而且数码相机在拍摄时，从按下快门到捕捉成像还会有一段延迟时间。

传统照相机都是通过镜头的光阑机构将被摄景物正确地成像在感光材料上，当用镜间快门的照相机拍摄时，底片上各个点是同时感光的；当用焦平面快门的照相机拍摄时，底片上各个点是先后感光的。极大部分专业的数码相机则是电子快门与机械快门相结合，以提高成像质量和对相机的适应能力，但这时往往就不能采用液晶显示屏来取景拍摄了。

4. 其他性能指标

（1）数码相机像质的技术要求和测试方法

1）分辨率。数码相机的像质主要由分辨率来确认，与传统相机一样可以用拍摄的方法来判别。而与传统相机不同的是无法获得数码相机拍摄的底片，但可以把数码相机在标准焦距以及分辨率最高的条件下拍摄的图像通过显示屏播放出来，然后通过对显示屏所显示的数码相机拍摄的标准分辨率标板的图像观察，读出其中心及边缘的分辨率线对，来判别该数码相机的像质水平。

2）对焦精度。将数码相机放在对焦图板前，按特写、近景的距离对焦拍摄对焦图板，然后在数码相机上插入连接线，从显示器的显示屏上读出分辨率线对来判别该数码相机的对焦精度。

（2）数码相机彩色还原的技术要求和测试方法。数码相机彩色还原的测试方法有多种，其中之一是把数码相机对准放在标准光源前的一块彩条板，并保持与光源箱相距300 mm，然后遮住外界的杂光，拍摄彩条板的图像。对于拍摄所得的数码图像有两种判别方法：

1）将鉴别程序储存在智能卡上，由计算机自动对数码图像进行鉴别，以确定合格与否。

2）将数码图像输入到计算机中，通过相应的数码图像处理或分析软件（如 Photoshop）来鉴别数码相机拍摄图像的彩色还原质量。

（3）数码相机灰阶的技术要求和测试的方法。这与彩色还原测试的做法相似，只是用由白到黑有 10 个级差的灰阶板替代彩条板。除了用生产线的计算机自动判别外，也可以传输到计算机中用 Photoshop 软件来判别。如果出现两个级差重合或黑与白误差超过规定值，就判为不合格。

学习单元 2　数码相机的基本操作

学习目标

1. 了解数码相机的基本功能及其作用
2. 熟悉数码相机的菜单设置和拍摄方法
3. 掌握数码相机的基本拍摄模式、场景模式、光圈值、快门速度的设置和照片预览等操作
4. 能够进行相机白平衡、感光度和曝光补偿设置和对相机日期和照片加锁保护等操作
5. 熟练掌握数码相机功能的正确设置

知识要求

一、数码相机使用介绍

1. 佳能 IXUS 860 IS

Canon 公司于 2007 年 8 月推出了佳能 IXUS 860 IS 卡片式数码相机（见图 1—16）。它有一块 1/2.5 英寸、800 万有效像素 DIGIC Ⅲ CCD 传感器，最大达到 3 264×2 448 像素；配有一枚 3.8 倍光学变焦镜头，实际焦距为 4.6～17.3 mm，相当于等效焦距 28～105 mm，最大光圈 F2.8～5.8；具有 AUTO（全自动）、程序自动和场景拍摄模式，微距最近对焦距离为 3 cm，并带有内置闪光灯。佳能 IXUS 860 IS 采用佳能 IS 光学影像稳定器，具有能够抵消一部分因为拍摄时相机的晃动而造成相片模糊的防抖效果。在其机身的背面配有一块 3 英寸 23 万像素的液晶显示屏。

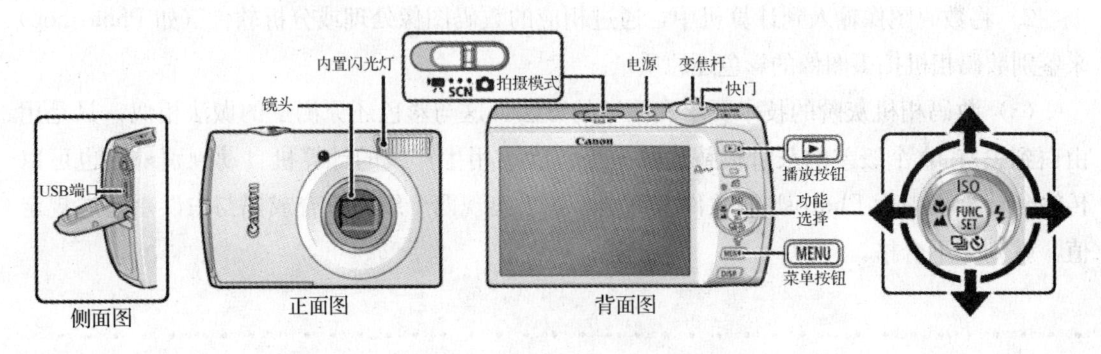

图1—16 佳能IXUS 860 IS卡片式数码相机操作按钮

2. 索尼RX 100 MARKⅡ

Sony公司于2013年6月推出了索尼RX 100 MARKⅡ卡片式数码相机（见图1—17）。它有一块1英寸、2 020万有效像素Exmor R背照式CMOS传感器，最大达到5 472×3 648像素；配有一枚3.6倍光学变焦镜头，实际焦距为10.4～37.1 mm，相当于等效焦距28～100 mm，最大光圈F1.8～4.9；具有AUTO、P、A、S、M和场景拍摄模式及自动识别微距拍摄功能。索尼RX 100 MARKⅡ除了内置闪光灯外，还配有热靴(一种能连接各种外置附件的固定接口槽，可连接如闪光灯、GPS定位器、摄像灯以及麦克风等外置设备)。在机身的背面，配有一块3英寸123万像素能旋转的液晶屏。该机支持WiFi智能手机操控。

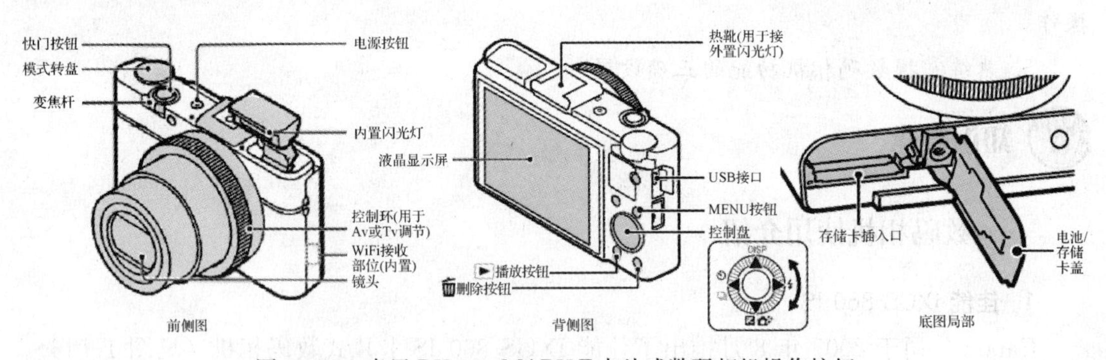

图1—17 索尼RX 100 MARKⅡ卡片式数码相机操作按钮

特别提示

内置闪光灯数码相机的闪光模式一般有自动闪光、强制闪光、不闪光和防红眼闪光等几种。数码相机的防红眼闪光模式在闪光时，一般要进行一次预闪和一次正式闪光。

二、拍摄前菜单设置

一般卡片式数码相机中的菜单选择按钮、功能确定按钮和十字方向按钮是为菜单及操作而设置的。

数码相机的曝光方式有自动曝光模式和手控曝光模式两种。数码相机除了 AUTO 自动曝光模式之外，提供了多种场景（SCN）的曝光拍摄模式，即相机内预先设定好了光圈、快门、焦距、测光方式及闪光灯等参数值，便于快速拍出有质量保证的数码相片。另外，部分卡片式数码相机还提供了 P、A（或 Av）、S（或 Tv）及 M 等摄影的基本曝光拍摄模式，如图 1—18 所示。其中：

图 1—18　索尼 RX 100 MARKⅡ数码相机的拍摄模式拨盘

P 挡拍摄模式称为程序自动，除了相机可以自动调整曝光如快门速度和光圈值外，还可以设定其他的拍摄功能。

A（或 Av）挡拍摄模式称为光圈优先，相机可以通过设定光圈值，经相机自动调整合适的曝光量（即调整快门速度）进行拍摄。这种拍摄模式适合以拍摄静态主体为主的照片。

S（或 Tv）挡拍摄模式称为快门优先，相机可以通过设定快门速度，经相机自动调整合适的曝光量（即调整光圈值）进行拍摄。这种拍摄模式适合以拍摄动态主体为主的照片。

M 挡拍摄模式称为手动曝光，可以手动设定快门速度和光圈值，以适合所需曝光量。

1. 场景模式的设定

（1）场景模式。场景模式就是数码相机按照不同的拍摄场景需要，对相机进行预置参数的设定，用于快速拍摄成功数码相片的一种拍摄模式。由于数码相机的品牌和型号等不同，场景模式也有所不同，一般都会包括人像模式、风景模式、运动（或儿童宠物）模式、花卉（或微距）模式和夜景模式等。不过有些数码相机并不具有场景模式的选择，但却具有智能场景识别功能，那么就可以省去对场景模式的选择操作，但也会带来场景选用不正确的问题，这种状况往往是由于摄影者没有了解或掌握不同场景的拍摄条件或要求所致。因此要正确拍摄在不同场景下的照片，必须充分了解不同场景模式的适用要求。

表 1—3 列出了佳能 IXUS 860 IS 和索尼 RX 100 MARKⅡ卡片式数码相机所拥有的不同场景模式的类型与说明。

表 1—3　　场景模式类型与说明

名称	图标		解释
	佳能 IXUS 860 IS	索尼 RX 100 MARKⅡ	
人像（肖像）			拍摄人物时可以虚化背景、突出人物并柔和地再现皮肤的色彩
风景			拍摄 3 m 以上至无限远的风景时，调节较小的光圈以增加景深，使相片获得由近及远都清晰的景色
运动（儿童和宠物）			拍摄快速移动的主体时，以较高的快门速度或感光度，使画面瞬间固化
夜景	/		在关闭闪光灯的情况下，以较慢的快门速度和较大的光圈值拍摄具有昏暗氛围的景色
夜景人像			使用较慢的快门速度拍摄，并使用闪光灯将前景的人物照亮，闪光灯往往会在结束曝光前再亮起（后帘同步）
手持夜景	/		即使不用三脚架，采用连拍和合成的结果影像，以减低拍摄过程中的颤动和噪点
植物（美食）			以鲜艳的色彩拍摄植物或食物
黄昏	/		拍摄出具有朝霞、晚霞等含有红色效果般的画面
雪景		/	可以在较强反光的环境下拍摄出具有正常曝光且不偏蓝色的人和景的照片
海滩		/	可以在较强反光的环境下拍摄出具有正常曝光的照片

续表

名称	图标		解释
	佳能 IXUS 860 IS	索尼 RX 100 MARKⅡ	
烟（焰）火			使用三脚架在较慢的快门速度和较低的感光度下拍摄出具有较多烟火轨迹的照片
室内（动作防抖/高感光度）		ISO	以较高的感光度在较暗的室内可免用三脚架拍摄。而像索尼 RX 100 MARKⅡ相机采用 6 次高感光度的连拍照片合成为 1 张清晰的照片
微距			用于近距离拍摄细微的花卉、昆虫等主体

（2）数码相机场景模式的设置

1）佳能 IXUS 860 IS 卡片式数码相机场景模式的设置方法。将模式开关拨至 SCN 挡→按机身背面的功能（FUNC. SET）按钮→用上下方向按钮选择模式类型（如人像模式），再用左右方向按钮选择需要的场景模式图标→按功能（FUNC. SET）按钮确定。

2）索尼 RX 100 MARKⅡ卡片式数码相机场景模式的设置方法。将模式转盘转至 SCN（场景选择）挡然后用机身背面的控制环选择不同的场景模式。

2. 白平衡的设定

（1）什么是白平衡。一般来说，物体反射的颜色与环境光线有着很大的关系，物体的颜色会随着环境光的改变而改变。在日光下看是白色的物体，在其他光线如荧光灯下看就不是白色。而人的大脑可以察觉到环境光线的变化，从而自动修正物体的色彩。因此在各种光线下，人们看到的白色物体仍然是“白色”，而数码相机没有这种识别功能，为了接近人的视觉，数码相机也必须模仿人脑随光线的变化来调整色彩，以便在拍摄的图像中呈现出肉眼看到的白色。所以白平衡就是无论环境光线如何变化，仍然能把肉眼看到的“白色”定义为“白”的一种功能。由于 CCD 本身并没有这种功能，因此有必要对它输出的信号进行一定的修正，使其在各种光线条件下，拍摄出的照片色彩和人眼所见到色彩完全相同，这种修正就叫作白平衡。

数码相机进行白平衡调整时，是采用电路调整的方法来改变白色中的红、绿、蓝三原色的混合比例，把光线中偏多的颜色成分修正掉。目前白平衡调整已经成为数码相机的基本功能之一。数码相机白平衡调整有自动、手动和通过计算机处理等几种方式，绝大多数数码相机采用自动白平衡方式，但在不同光源条件下，这种方式还不能完全符合人的视觉要求，因此有些数码相机还提供了由使用者自己选择的白平衡模式，像日光、钨丝灯、闪光灯和荧光灯等，更有一些数码相机还可以用手动模式自定义和调整白平衡，此外还有直接用色温值来设定白平衡的方法。

(2) 白平衡的种类。表1—4列出了数码相机白平衡的种类。

表1—4　　　　数码相机白平衡的种类

种类	图标		解　释
	佳能 IXUS 860 IS	索尼 RX 100 MARKⅡ	
自动	AWB	AWB	由相机自动设置的能适合大多数拍摄环境的白平衡模式
日光			适用于在户外晴朗的天气条件下拍摄的白平衡模式
阴天/阴影		或	适用于在多云、阴天或阴影环境下拍摄的白平衡模式
白炽灯			适用于在室内白炽灯照明下拍摄的白平衡模式
荧光灯	或	0或 -1 +1 等	适用于在室内冷暖多种荧光灯照明下拍摄的白平衡模式
闪光灯	/	WB	开启闪光灯拍摄时选用的白平衡模式
色温调整	/	7500K	使用色温调整的方法设置白平衡
自定义			用在复杂照明条件下经用白色或灰色标准色板自定义后建立的比较正确的白平衡拍摄模式

特别提示

色温是指同一光源在可见区和绝对黑体上的辐射完全相同时，此时黑体的温度就称为此光源的色温。色温通常用开尔文温度（K）来对应表示物体在特定光源辐射时最大波长的颜色，是具体色彩的精确表示。

不同光源色温数值与数码相机白平衡选用对照如图 1—19 所示。

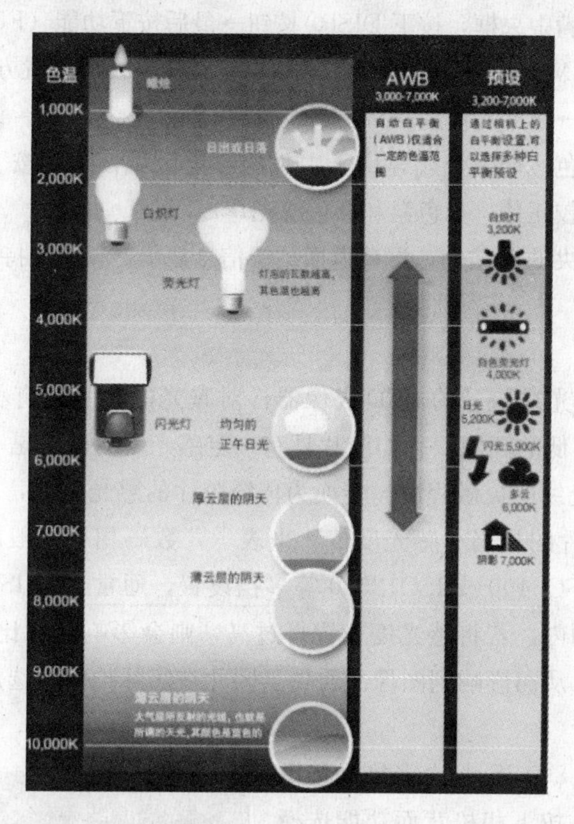

图 1—19　不同光源色温数值与数码相机白平衡选用对照

（3）白平衡的设置

1）佳能 IXUS 860 IS 卡片式数码相机白平衡的设置方法。按机身背面的功能（FUNC. SET）按钮→用上下方向按钮选择白平衡模式（如 AWB 自动白平衡模式），再用左右方向按钮选择需要的白平衡模式图标→按功能（FUNC. SET）按钮确定。

2）索尼 RX 100 MARKⅡ卡片式数码相机白平衡的设置方法。将模式转盘转至 SCN（场景选择）挡，然后用机身背面的控制环选择不同的场景模式。按 MENU 按钮出现菜单画面，用控制盘的左右方向键选择至“白平衡”菜单页面，再按上下方向键或转动控制盘选择想要设定的白平衡类型，然后按控制盘中央的按钮，再按照画面的指示选择项目，最后按控制盘中央的按钮确定。

（4）自定义白平衡的设置

1）佳能 IXUS 860 IS 卡片式数码相机自定义白平衡的设置方法。按相机背面的功能（FUNC. SET）按钮→用上下方向按钮选择 AWB，然后用左右方向按钮选择→再将相机对准一张白纸并填满中央框，按下 DISP. 按钮→最后按下功能（FUNC. SET）按钮。

2）索尼 RX 100 MARKⅡ卡片式数码相机自定义白平衡的设置方法

①MENU→3→白平衡模式→自定义设置。

②握住相机让白色区域完全遮盖位于中央的对焦区域，然后按下快门按钮，快门工作，并且相机会显示校正值（如色温和彩色滤光片）。

③按控制盘上中央的●按钮，屏幕返回拍摄信息显示，相机保持所记忆的自定义白平衡设置。

3. 感光度的设定

数码相机中接收光线信号的 CCD 成像器件对曝光的多少也有相应的要求，从而也就有了感光灵敏度高低的问题，它与胶片具有一定感光度的概念是一样的。数码相机将 CCD 感光度（或对光线的灵敏程度）转换为传统胶片的感光度值，也就是所说的“相当感光度”，以传统胶片的相当“感光度值”来表示，数码相机一般的感光度值从 ISO50 起，直至较高的如 ISO6400 或 ISO12000 等多挡设置，通常选用 ISO100 或 ISO200。在正常的拍摄曝光范围内，若将感光度设置得过高，则会影响信噪比，使图像变得粗糙，丢失了部分的细节，从而影响到图像的质量，因此在实际拍摄时选用感光度应采用“宁低不高”的原则。

（1）佳能 IXUS 860 IS 卡片式数码相机感光度的设置方法。按下相机背面功能选择按钮中的ISO按钮→用上下方向按钮更改 ISO 感光度：若选择（自动 ISO 感光度）时，则按照拍摄时的光线，相机自动以图像质量为基准设定最佳的 ISO 感光度值；若选择（自动高 ISO 感光度）时，则在同样的拍摄光线下，相机会自动选用比（自动 ISO 感光度）更高的感光度值，如图 1—20 所示。

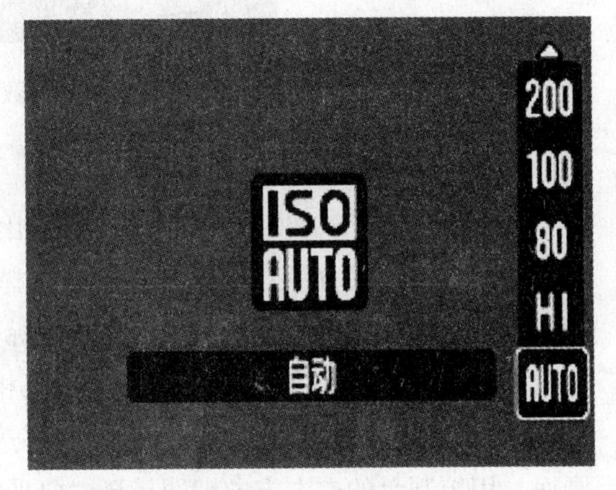

图 1—20　佳能 IXUS 860 IS 卡片式数码相机感光度的设置

（2）索尼 RX 100 MARKⅡ卡片式数码相机感光度的设置方法。当相机处于 P（程序自动）、A（光圈优先）、S（快门优先）、M（手动曝光）挡之一时，按下**MENU**按钮→📷 3→**ISO**→选择所需的 ISO 感光度值。

4. 光圈值的设定

（1）什么是光圈。光圈具有调整从镜头进来的通光孔径“粗细”的功能，当曝光时间（即快门速度）一定时，孔径越大则到达图像感应器的光线量越多，孔径越小则到达图像感应器的光线量越少。孔径的大小与曝光的时间组成了整个曝光量。

孔径大小即光圈大小一般用 F 值来表示，如常用的 F1.4、F2.8、F5.6、F8 和 F11 等，这样光圈就被划分为许多级。不同的镜头其光圈的数值有所不同：光圈数值越大，光圈的孔径越小，进光量随之逐挡减少；反之，光圈数值越小，光圈的孔径越大，则进光量随之逐挡增多。

当光圈发生变化后，还会带来景深的变化和照片表现效果的不同。光圈值不同，镜头分辨率就会发生变化，这是由镜头的设计特性所决定的。如果能够运用好光圈值给图像表现带来的变化规律，就可以根据画面的表现要求选择合适的光圈值。

（2）索尼 RX 100 MARKⅡ卡片式数码相机设定光圈的方法。将模式转盘设定为 A（光圈优先）挡，转动控制盘设定光圈的值（也可用控制环进行设定），然后按动快门即可拍摄，如图 1—21 所示。

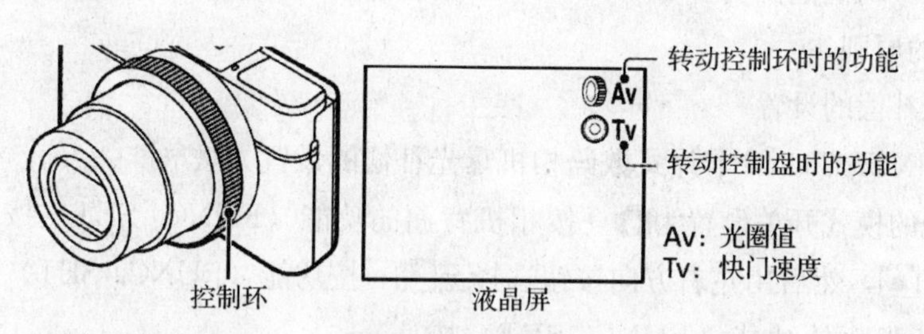

图 1—21　索尼 RX 100 MARKⅡ卡片式数码相机调整光圈或快门示意图

5. 快门速度的设定

（1）什么是快门速度。摄影中的曝光量主要是由光圈与快门的组合决定的。而数码相机中的快门优先拍摄模式，就是由手动设定快门速度，然后相机通过测光系统获得合理的光圈值。快门优先一般适合拍摄运动的主体，例如拍摄体育运动、行驶中的车辆、瀑布、飞行中的物体、烟花和水滴等。

快门的速度值标为 1、2、4、8、15、30、60、125、250、500 等，这些数值分别表示 1 s、1/2 s、1/4 s 等。通常每一挡快门速度间相差的光量值是 1 倍，例如快门速度 1/500 s 的光量值为快门速度 1/250 s 的一半。拍摄时，选择高速快门可产生瞬间凝固的定格画面效果，选择低速快门则可通过模糊移动的物体表现出动态的画面效果。

哪怕是用传统照相机拍照时，快门速度也不是可以任意选择的。选用变焦镜头拍摄时，选择快门速度要快，一般快门速度不大于镜头焦距的倒数。

(2) 索尼RX 100 MARKⅡ卡片式数码相机设定快门速度的方法。将模式转盘设定为S（快门优先）挡，转动控制盘设定快门速度（1/2 000 s～30 s）的值（也可用控制环进行设定），然后按动快门即可拍摄。

特别提示

若使用索尼RX 100 MARKⅡ卡片式数码相机中的M（手动曝光）拍摄模式，那么光圈与快门的数值都需要手动设定，也就是整个曝光量是手动控制的。

6. 曝光补偿的设定

(1) 什么是曝光补偿。曝光补偿是为了让拍摄者对相机测光所得到的曝光“量”进行修正、调整，从而得到适合于正确表现主体的准确曝光。曝光补偿量用＋3、＋2、＋1、0、－1、－2、－3等表示，“＋”表示在测光所决定的曝光量的基础上增加曝光，“－”表示减少曝光，相应的数字为补偿曝光的级数（即EV）值。现在数码相机一般都提供了曝光补偿功能，调节范围为＋2～－2 EV。通常情况下，数码相机的曝光补偿都会遵循“白加黑减”的原则。

(2) 曝光补偿的设置

1）佳能IXUS 860 IS卡片式数码相机曝光补偿的设置方法

①将相机的模式开关设置为→按相机背面的功能（FUNC. SET）按钮→用上下方向按钮选择至，然后用左右方向按钮选择至→按功能（FUNC. SET）按钮确定。

②按相机背面的功能（FUNC. SET）按钮→用上下方向按钮选择至，然后用左右方向按钮选择需要的曝光补偿值→按功能（FUNC. SET）按钮确定，如图1—22所示。

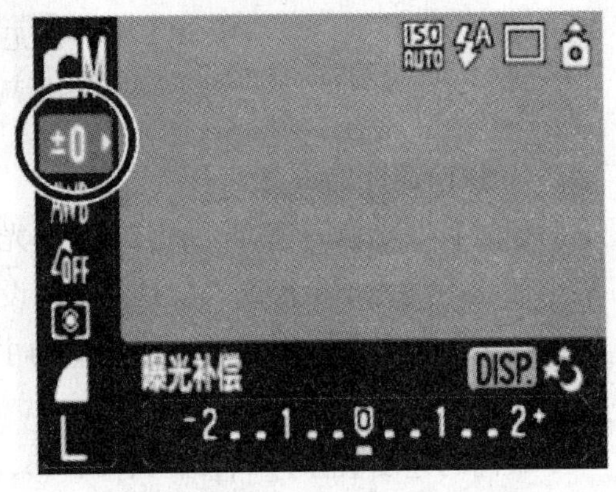

图1—22　佳能IXUS 860 IS卡片式数码相机曝光补偿设置

2）索尼RX 100 MARKⅡ卡片式数码相机曝光补偿的设置方法。当相机处于P（程序自动）、A（光圈优先）、S（快门优先）挡之一时，按下控制盘上的“曝光补偿”→再按左右方向按钮或转动控制盘调整补偿值，其中：＋为曝光量增加，会使照片更亮；－为曝光量减少，会使照片更暗，如图1—23所示。

图 1—23　索尼 RX 100 MARKⅡ卡片式
数码相机控制盘设置曝光补偿

特别提示

若使用索尼 RX 100 MARKⅡ卡片式数码相机中的 M（手动曝光）拍摄模式，曝光补偿是不起作用的，不过可以通过显示屏上的M.M来评判所设定的光圈和快门速度组合的曝光量与本相机提供的合适曝光值之间的差别程度，这种方式在数码摄影中又称为“电子模拟曝光”。

7. 照片预览与删除设置

（1）佳能 IXUS 860 IS 卡片式数码相机预览与删除照片的方法。按相机背面的▶播放按钮，将会显示最后拍摄的图像→用左右方向按钮选择想要观看的照片。若按下删除按钮，然后按FUNC SET按钮，即可删除照片，如图 1—24 所示。

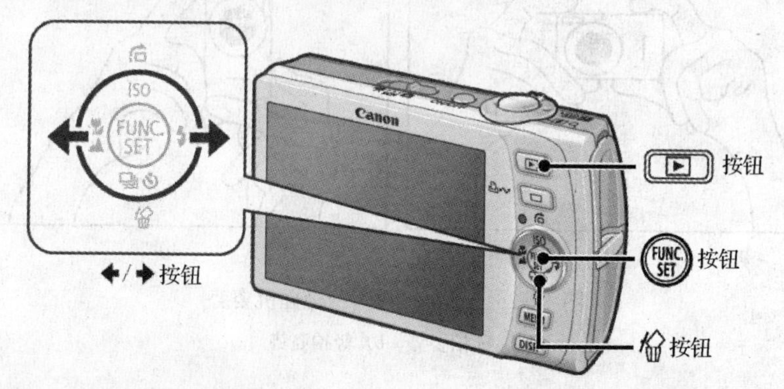

图 1—24　佳能 IXUS 860 IS 卡片式数码相机预览与删除照片

（2）索尼 RX 100 MARKⅡ卡片式数码相机预览与删除照片的方法。按相机背面的▶播放按钮→按控制盘上的左右方向按钮选择想要观看的照片。若按下?/删除按钮，然后按控制盘上的向上▲按钮，再按控制盘的中央按钮，即可确认删除照片，如图 1—25 所示。

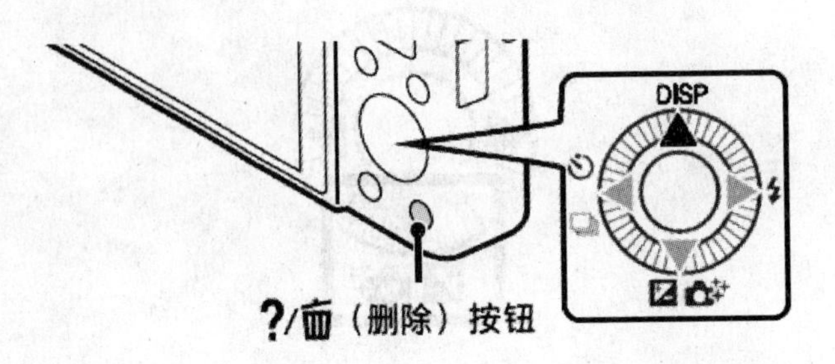

图 1—25　索尼 RX 100 MARKⅡ卡片式数码相机预览与删除照片

三、图片拍摄

1. 握机姿势

要拍摄好的相片，必须有一个正确的握机姿势，使整个拍摄过程中相机稳定。具体需要注意以下几点：

（1）双手端稳相机不抖动。相机稳定是拍摄的基础。当手握相机时，双臂应尽量夹紧身体，但不要耸肩，身体重心应落于双脚之间。当采用低速快门拍摄时，在完全按下相机快门按钮时还需屏住呼吸以减少身体的起伏。卡片式数码相机握机姿势如图 1—26 所示。

a)

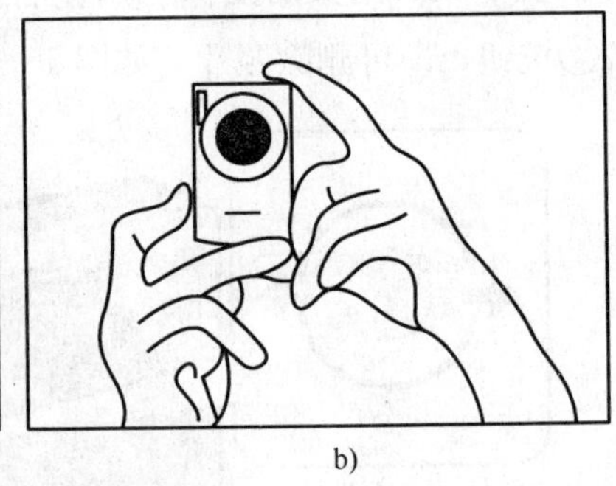

b)

图 1—26　卡片式数码相机握机姿势

a）横拍姿势　b）竖拍姿势

（2）双脚位置合理不摇晃。站立拍摄时，双脚分开与肩同宽并略有前后，如图 1—27 所示。还可以采取单膝跪地，手肘支撑膝盖，上身保持直立的跪姿拍摄方法，如图 1—28 所示。所有这些都有利于拍摄时的稳定。

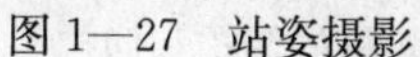

图 1—27　站姿摄影

图 1—28　跪姿摄影

（3）左右手分工操作不忙乱。拍摄时针对不同的相机外形，双手采用不同的握机方法可以提高拍摄操作过程中的稳定性。一般标准的拍摄姿势是：左手以支撑相机机身为主，若配有在镜筒上进行变焦操作的相机，或像索尼 RX 100 MARKⅡ卡片式数码相机镜头上配有用于调节 Av 和 Tv 控制环的相机，则可用左手转动；而右手则负责稳定相机机身，进行半按快门（即对焦）、保持半按快门状态（即对焦锁定）和完全按下快门拍摄的操作，以及对卡片式数码相机的变焦杆操作，如图 1—29 所示。

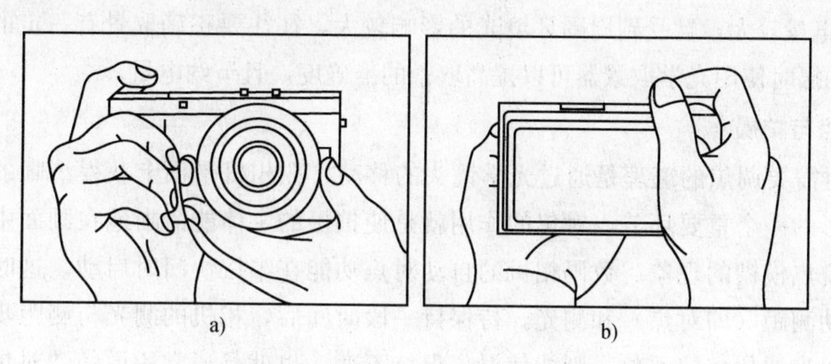

a)　　　　b)

图 1—29　索尼 RX 100 MARKⅡ卡片式数码相机的左右手分工

a）平拍前视图　b）平拍后视图

（4）观察取景不马虎。使用目镜取景框取景时，面部贴近相机，眼睛应尽量贴紧取景框上的眼罩，以减少周围光线对观察的影响。使用取景屏取景时一般应保持平视观察的姿态，像索尼 RX 100 MARKⅡ卡片式数码相机的取景屏具有旋转功能，这样就更有利于对特殊角度的取景拍摄。当进行高角度拍摄时，可采用视线自上而下拍摄主体的俯拍；当进行低角度拍摄时，可采用视线自下而上拍摄主体的仰拍，如图 1—30 所示。

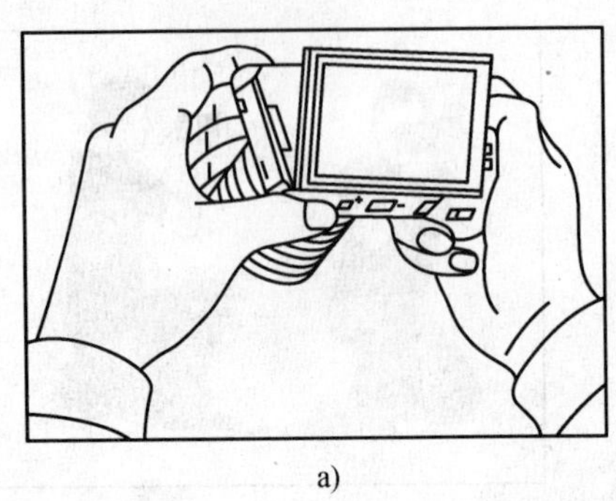

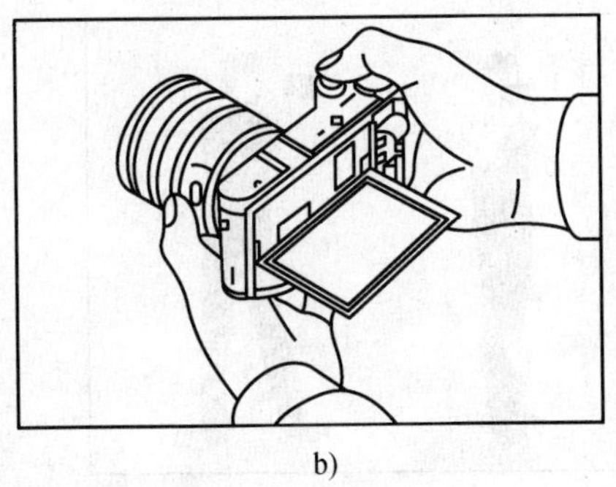

a) b)

图 1—30　索尼 RX 100 MARKⅡ卡片式数码相机的俯拍和仰拍

a）俯拍　b）仰拍

2. 取景

在摄影时选取被摄景物的范围并进行构图的操作称为“取景”。在取景时，要将相机的镜头正视被摄主体，使眼睛视线与屏幕保持一定的视距和角度，以便很好地观察到取景的画面。数码相机拍摄的图像若日后裁剪像素就会减少，使得图像质量降低，因此在取景时应尽量让设想的场景充满画面，突出主题，以获得最大的像素数。采用屏幕取景时，由于 LCD 耗电量较大，且受到周围环境光的影响较大，往往要正确取景有一定的困难，因此在户外拍摄时使用光学取景器可以提高取景的准确度，且节约电量。

3. 对焦与拍摄

摄影时需要调焦的道理是通过光学镜头的移动，在相机平面上获得清晰的图像。对焦也是摄影的一个重要环节，对焦的作用就是使拍摄的主体能清晰地在画面中显现，而不会发生脱焦模糊的现象。数码相机的自动对焦功能在半按快门时启动，这时相机就开始进行自动测距（即对焦）和测光，待保持一段时间后，相机的测光与测距步骤就完成了。若此时半按住快门不放，则能使对焦保持不变，也就是通常所说的“对焦锁定”操作；如果此时数码相机的对焦模式被设置成智能自动对焦（即 AiFi）或连续对焦（连续 AF）状态时，会发现相机对运动主体不断地进行对焦。等对焦准确后，完全按下快门按钮就可以成功地拍摄一张照片了。由此可见，从对焦到正式拍摄将经历：半按快门→保持半按状态→完全按下快门按钮的操作过程，否则，若直接将快门一下按到底，由于数码相机测距等步骤尚未完成，会因对焦不清而造成影像模糊。另外数码相机在拍摄时，从按下快门按钮到捕捉成像都有一段时间的延迟，因此在这段时间内应始终保持握机的稳定，如图 1—31 所示。

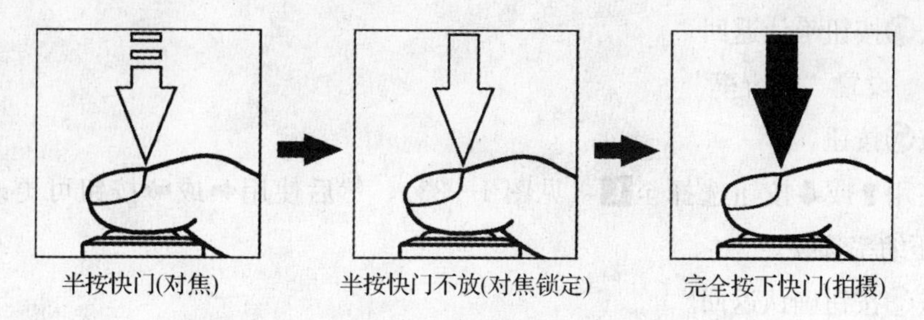

图 1—31　数码相机从对焦到拍摄的操作过程

数码相机菜单设置

操作准备

卡片式数码相机一台。

操作内容

按拍摄要求对数码相机进行菜单设置，如日期、分辨率、白平衡、曝光补偿设置和加锁保护等操作。

操作步骤

以佳能 IXUS 860 IS 卡片式数码相机为例。

步骤 1　设置“日期”

（1）按MENU按钮。

（2）使用←或→按钮选择［（设置）］菜单。

（3）使用↑或↓按钮选择［日期/时间］，如图 1—32 所示。

图 1—32　佳能 IXUS 860 IS 数码相机日期设置操作

(4) 按FUNC/SET按钮确认返回。

步骤2　设置“分辨率”

(1) 按FUNC/SET按钮。

(2) 使用↑或↓按钮选择至L（见图1—33），然后使用←或→按钮可更改L、M1、M2、S等压缩率选项。

(3) 按FUNC/SET按钮确认返回。

步骤3　设置“白平衡”

(1) 按FUNC/SET按钮。

(2) 使用↑或↓按钮选择至AWB（见图1—34），然后使用←或→按钮可更改自动、日光、阴天、白炽灯、荧光灯和用户自定义等白平衡选项。

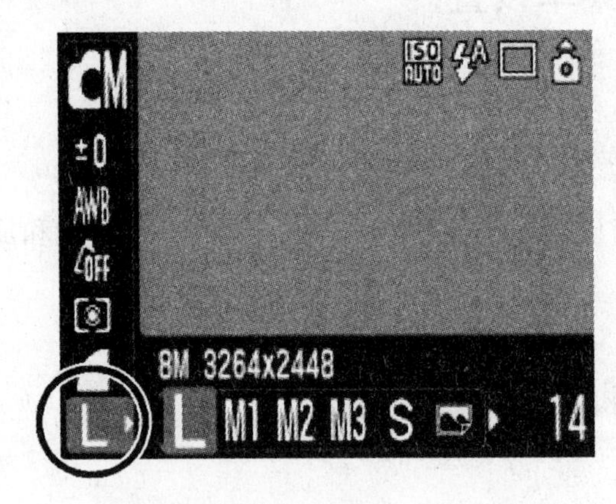

图1—33　佳能IXUS 860 IS数码相机分辨率设置操作

图1—34　佳能IXUS 860 IS数码相机白平衡设置操作

(3) 按FUNC/SET按钮确认返回。

步骤4　设置“曝光补偿”

(1) 按FUNC/SET按钮。

(2) 使用↑或↓按钮选择至±0（见图1—35），然后使用←或→按钮可进行曝光补偿设置。

(3) 按FUNC/SET按钮确认返回。

步骤5　正常照片拍摄后，可进行“加锁保护”设置操作

(1) 按MENU按钮。

(2) 在［▶］菜单内，使用↑或↓按钮选择O-m，如图1—36所示。

(3) 按FUNC/SET按钮确认返回。

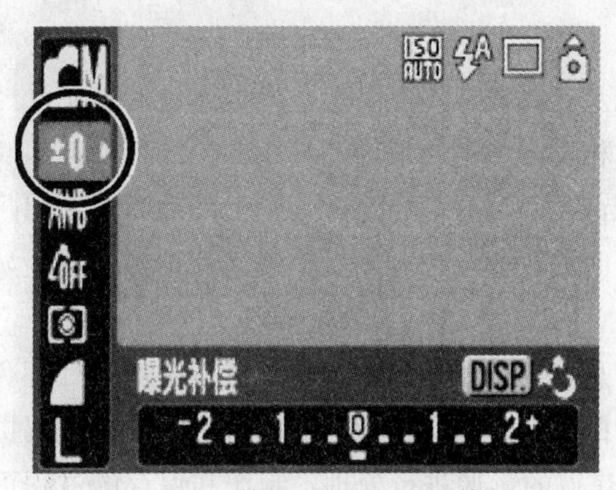

图 1—35　佳能 IXUS 860 IS 数码相机曝光补偿设置操作

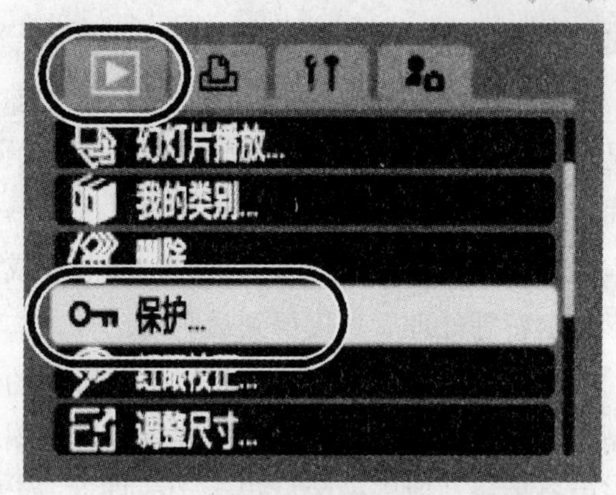

图 1—36　佳能 IXUS 860 IS 数码相机加锁保护操作

第 2 节　数码摄影

学习单元 1　摄影基本要素

学习目标

1. 了解摄影的用光、构图和色彩的基本原理
2. 熟悉摄影用光和构图的种类
3. 掌握摄影用光和构图的方法以及对色彩的应用

知识要求

摄影是用照相机摄取景物影像的过程，它能够把取景范围内的一切景物如实地记录下来，既保持景物原有的方圆长短、粗细繁简等特定形状，也能把景物之间的前后、左右、高低、上下等相互关系显示出来，还能摄取物体运动或情境变化中某一瞬间形态使之长期凝结于画面中。由于摄影能严格、准确、逼真、直观地再现影像，所以摄影有着纯客观纪

实的表象本能。

通常传统摄影使景物形态通过物镜在感光片上曝光，构成潜影；将曝光后的感光片经显影和定影等化学处理，得到明暗程度与景物相反或彩色与景物互补成补色的负像，即底片；使感光纸或另一种感光正片通过底片曝光，再经过显影和定影等化学处理而得到明暗程度或色彩与被摄物一致的正像，即照片或透明的正片。也有用反转感光片拍摄，并经显影和定影等处理后直接得到透明的正片。

数码摄影就是利用数码相机摄取影像的信息，用数字技术通过电脑进行图像的处理和制作，产生各种画面效果，最终得到影像图片的过程。数码摄影可分前期和后期，数码摄影中经拍摄获取影像的过程为“前期”，而对获得的影像进行处理、制作和保存的过程可以视作为“后期”，如拍摄 RAW 原始数码影像文件时，用户还需在计算机上运用一定的软件进行解码处理才能得到通用的图像文件。

一、摄影用光

1. 摄影用光的种类

常用的摄影光源有自然光、人造光和混合光三种。

（1）自然光。自然界有许多发光体即发光现象，所发的光都属于自然光，而可以用于摄影照明的有太阳光、被云雾遮挡下的阴天、雨天、雪天的散射光和早晚太阳处在地平线下的天空光以及闪电等。

太阳光就是一种自然光，太阳光的发光体是太阳，太阳的位置和发光照度强弱是有特定规律的，所以在太阳光下进行摄影时，必须了解太阳光的规律，才能拍出效果好的作品。由于地球的自转和公转以及大气层空气介质的作用，太阳光的照度在变化，太阳光的照射角度在变化，太阳光的光质也在变化，彩色摄影时还应注意太阳光的色温也在变化。此外，太阳光还有特殊的光学现象，如曙光、彩虹、极光等，也是需要了解和掌握的。

1）太阳光照度的变化。太阳光照度随着季节、时间、天气的不同而变化。一年中夏季太阳光最强，春秋季次之，冬季变弱。就摄影而言，夏到春、秋到冬季的曝光量依次应增加一级。一天之中，同一地区的日光由日出至日落的变化按曝光量大致可分为六级，随着光照的强弱变化，曝光量应递增一级。按天气的阴晴可分为晴天、薄云、厚云、灰云、乌云和阴暗六种，曝光量也依次递增一级。此外，由于地理位置和海拔高度的不同，也会影响日光的照度。

2）日光照射角度的变化。随季节的转换和每日的时间分段，日光对地面的照射角度在不断地变化。对于不同朝向的景物，由于太阳所在的位置不同，就形成光线角度的多种变化。光线角度有顺光、斜射光、前侧光、侧光、后侧光、逆光等变化，利用这些变化，处理好光线效果，就能拍出优美的作品。

3）日光光质的软硬变化。摄影中所拍事物的立体感往往是通过照片中的“反差”来表现的。反差主要是指用底片上最高密度和最低密度之差来代表这个底片的反差，也就是印成照片之后画面中的最亮部分与最暗部分之间明暗差别的大小。若差别小就叫作反差小，又称为反差“低”或“软”；差别大就叫作反差大，又称为反差“高”或“硬”。通常在一个底片或照片上的反差大小同时也表示高光部分、暗影部分以及中间影调部分所包含的许多细微的明暗之差，只有照片充分具备了这些细微的差别，才能很好地展现出被摄景物的各个细节，这就是摄影中所说的“层次”。

日光也形成了软硬的光质变化：晴天无云时光线的反差越大，日光光质就会越硬；天气越阴沉，光质也会变得越柔和。较硬的光质适合表现线条明显的拍摄对象，如树干、山岩、壮汉、现代建筑等；大多数的光线属于中间反差的光质，它们适合表现田野、市井、水面、人物活动等；柔和的光质适合表现儿童、少女、花卉、山川等。当乌云密布时光质最柔，但此时人物、景物的表现大都影调灰暗平淡无生气，所以一般不宜使用。

4）日光色温的变化。在进行彩色摄影时，为使所摄的画面色彩艳丽、正常，随着日光光线的变化，事物的色温也会随之变化，即通常所说的“光变色变”的原理，因此为了使画面反映的色彩符合拍摄的需要，还必须了解和掌握日光的色温变化规律。

（2）人造光。灯光的照度与照射距离相关。人造光包括照明灯光和闪光灯两种。

1）照明灯光。照明灯光按发光原理分为点燃钨丝发光、气体充电发光、电弧发光三类。这些灯光的特点是：光源本身的面积较小，都属于点光源，其照度及曝光量的变化与照射距离有关；光源的本身面积越小，灯泡透明度越高，发光越集中，光质就越刚硬，被照明的物体明暗反差就越强，物体投影就越浓重且轮廓清晰；摄影的照明灯含色各异，色温有很大的差别，若用彩色片，须仔细识别。

2）闪光灯。闪光灯的发光点灭时间很短，一般为 1/1 000 s 左右，因此照相机快门速度的变化对于进入镜头的闪光曝光量不会产生影响，而必须通过调整光圈孔径来控制闪光曝光量。一般的电子闪光灯都比较小巧，可随身携带至任何场合使用，尤其是为光线黑暗条件下摄影提供了方便。闪光灯的光线色温与晴天中午日光的色温基本一致，为 5 500～5 600 K，且比日光稳定，闪光指数不变，有利于曝光量的准确掌握并可长期使用。

闪光同步是指利用闪光灯摄影时，闪光灯点亮的时刻必须在照相机快门全开的时间段内，才可使拍摄的整个画面都得到闪光照亮。对于镜间快门来说，它的快门叶片是从中间向外张开，然后再向内闭合，所以它的各级快门速度均可用作闪光拍摄。焦平面快门是夹缝移动曝光，所以它只有在快门速度能出现全部打开时，方可进行闪光摄影，这个能出现画幅全开的最高快门速度就是该相机的闪光同步速度。若数码相机的热靴上配置合适的外置闪光灯，或通过闪光同步器与闪光灯相连，或配套使用带有 TTL 功能的相机和闪光灯，就能很好地实现闪光与拍摄的同步。

常用的闪光灯种类有：

①独立式电子闪光灯。它们安装在照相机顶部的热靴上，也可以安放于被摄体的左右，通过闪光同步器与照相机快门同步发光，其使用方便，输出功率稳定，色温稳定。

②内置式电子闪光灯。它们安装在照相机的内部，与相机合为一体，使用时一般只能对被摄体正面照射，拍摄的照片较为平淡，有时投影会很重。

③影室闪光灯。它们是一些专业摄影机构使用的闪光灯，属于大型电子闪光灯，其闪光指数较高且可以调节。

（3）混合光。所谓混合光，就是将两种或两种以上不同属性或不同性质的光线混合使用。采用自然光和人造光混合照明拍摄时的光线是典型的混合光，如在阳光下用闪光补光就是混合光的一种。

2. 摄影用光的方式

照片拍摄好坏的一个极为重要的原因在于对光线的运用。摄影用光的基本前提是光量控制、光度测定以及光线的运用。

（1）衡量光度。不论何种光源都有一定的发光强度，即光度。物体被不同程度地照明，它与摄影获得的曝光量直接有关。为了获得良好的用光效果，除了应适量曝光外，有时也可以突破此局限。例如，拍摄剪影效果的照片，就应按处于背景部位的光源光度确定曝光量，使之曝光严重不足而呈剪影状。所以充分重视衡量光度是恰当用光的首要因素。

（2）掌握光位。光源所在的位置为光位，被摄体所在的位置为物位，相机所处的位置为机位，三者所处位置变化多端，于是构成了千变万化的光线角度。三者中决定光线角度的主要因素是光位，如图 1—37 所示。例如，照相机的镜头顺着光线投射方向构成顺光，反之构成逆光，逆光条件下无法拍出好照片。若照相机的镜头方向与光线的照射成一定的角度就构成了侧光，光线由上而下垂直照射就构成了顶光。不同光位决定不同的光线投射角度，形成画面影像的不同明暗效果。

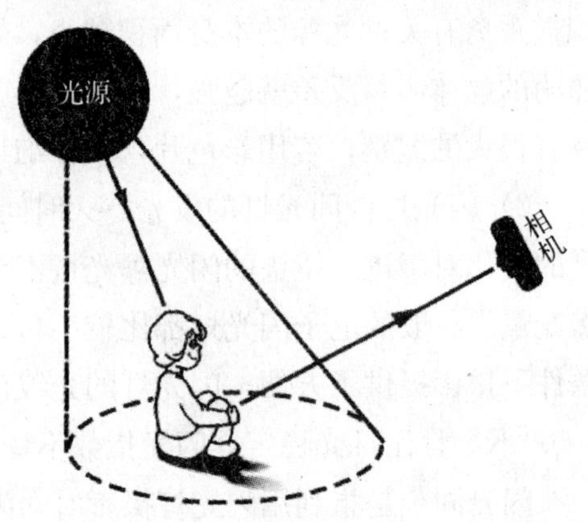

图 1—37　光源、物位和机位

（3）讲究光质。无论是日光还是灯光都有软硬的光质变化。晴天无云，日光光质最硬；天气越阴光质越柔。直射光光质硬，散射光光质软；镜面物体反光光质硬，粗糙表面物体反光光质软。适宜的光质是恰当用光的重要一环，它涉及影像的表现带给人的直观感觉，如薄云遮日时的自然光线称为散射自然光，利用这种光线拍摄人像，能取得较柔和的影调效果。

（4）调整光比。光比是指被摄物直接受光部位和非直接受光（包括接受到的辅助光和反射光）部位的光量之比。适度调整光比，也是恰当用光的又一个要点。摄影画面的影像明暗影调按光比划分为：

1）软调。如以白为主的高调，光比为1∶1.5～1∶3。

2）中间调。大多数的照片影调，光比为1∶3～1∶4。

3）硬调。明暗对比较强，光比为1∶5～1∶7。

光比的调整可用辅助光或反射光。如烈日下拍摄人像，光比可能达到1∶4～1∶5；若加上闪光灯或反光板，使脸部暗处增加光量，光比即可降低到1∶3～1∶4，而成为反差适中的影调。

（5）选用光型。光型是指所用光线的类型。从摄影用光的各种造型效果来看，光型主要有：

1）主光。摄影用的主要照明光，如阳光、灯光。

2）副光，又称辅助光。适当补充照明所摄对象的暗部，如直射阳光下加的闪光灯或反光板的反光，灯光拍摄人像、物品、花卉等加补光，以取得明暗适度的反差和光比。

3）装饰光。对被摄体的局部加以补光，如人像摄影中所设置的三角光、眼神光等。

4）修饰光。在被摄体的背部打光，或利用背景较强的现场光，以使主体表现突出。

5）轮廓光。结合暗背景进行逆光或侧逆光摄影，使被摄体的整体或局部轮廓形成亮的线条。它可以使画面中的主体与背景更好地区分，凸显立体感。

6）模拟光。为显示现场应有的某种光线气氛效果而加的照明光。如拍摄灯下读书的场景，因台灯光线较弱，可以相应角度打一束较强的灯光，模拟产生台灯照射被摄体的效果。

7）特殊光。指非主要照明的发光体发出的光，如彩灯光、火光、极光、闪电等。

8）形状光。如透过树林的光束，水波的反射光点、光斑，汽车的灯迹等。

3. 控制曝光的方法

正确控制曝光是摄影中最重要的一环，只有使拍摄的照片曝光正确，才能正常反映出画面的实质，使观赏者一目了然，明确理解拍摄的意图，达到与摄影师的共鸣。

彩色摄影的曝光宽容度比黑白摄影小，它要求底片有更正确、合适的曝光量。数码相机可以用测光来了解和控制拍摄时的曝光量。为了更好地掌握曝光，数码相机均提供了完整的测光系统，当感光度一定时，它既可以为自动或半自动拍摄提供准确的曝光量，又可以在手动曝光模式下为拍摄者提供手动光圈和快门的组合曝光与相机准确曝光之间的差别。

(1) 理解测光的原理。除了发光体自身发光之外，其他任何物体都是反光体。反光体若放在黑暗的环境中是看不见它的形状和颜色的，所以反光体的明亮是它的反光程度的体现。在大多数情况下，以拍摄人物、实物、景物等各种反光体为主，以反光体所反射的光量为测光依据（虽然物体有明有暗，但都以平均亮度显示测光读数），然后以感光度为基准，根据测光读数进行曝光的组合，使所拍摄的照片曝光适量。

物体与环境有亮有暗，对测光而言，亮就是接近白，暗就是接近黑，两者之间就会出现不同程度的灰级。所谓平均值，即测光范围内尽管有各种亮度的物体，但测光总是取中间值，显示的读数相当于测得中灰色物体的亮度。中灰色物体反光率为18%，所以测光平均值是18%标准灰度的反光量。数码相机的测光就是相机自动设定所测光区域的反光率为18%的“灰板”（自然景物中中间调的反光率），通过这个比例关系进行测光，然后确定总的曝光量（即光圈和快门的组合数值）。在同样的光照条件下，总的曝光量是一样的。当感光度一定时，光圈越大，则快门值越小；反之，光圈越小，则快门值越大。

数码相机一般有平均（矩阵或评价）测光、中央重点测光和点测光等方式。表1—5列出了数码相机具有的测光方式，拍摄者可以根据拍摄的环境特点选用合适的测光方式。

表1—5　　数码相机的测光方式

名称	图标		解　释
	佳能 IXUS 860 IS	索尼 RX 100 MARKⅡ	
评价/多重测光			适用于大多数的拍摄条件。相机将画面分为几个测光区域，综合评估光照的条件如主体的位置、亮度、光线以及背景光线等并调整曝光
中央重点测光/中心测光			以画面的中央部位为主、外围部位为辅进行整体测光
点测光			对画面的中央点进行准确测光

(2) 不同曝光模式下控制曝光的方法。在同一个拍摄环境中，数码相机若处于P、A和S拍摄模式下，利用数码相机的不同测光方式就会获得一个总的曝光量，由于不同拍摄模式调节光圈、快门或ISO感光度数值的不同，那么就会获得多种光圈、快门和感光度的曝光组合。要使拍摄时的曝光正确，也就是测光的总曝光量与拍摄时的曝光值一致，有些数码相机还具备AEL（测光锁定/曝光锁）功能，这样可以进一步提高测光与曝光的一致性。

例如，佳能 IXUS 860 IS 卡片式数码相机在半按快门按钮、待相机对焦测光完成后，再按 ISO 按钮，显示屏中将出现“AEL”图标，就可进行曝光锁定。

又如，索尼 RX 100 MARKⅡ卡片式数码相机对中央功能按钮设置成“AE 锁定切换”功能（见图 1—38），那么在半按快门按钮进行对焦和测光后按住“中央按钮”就可以实现“测光锁定”或“AE 曝光锁”，在显示屏中出现✱标志，如图 1—39 所示。

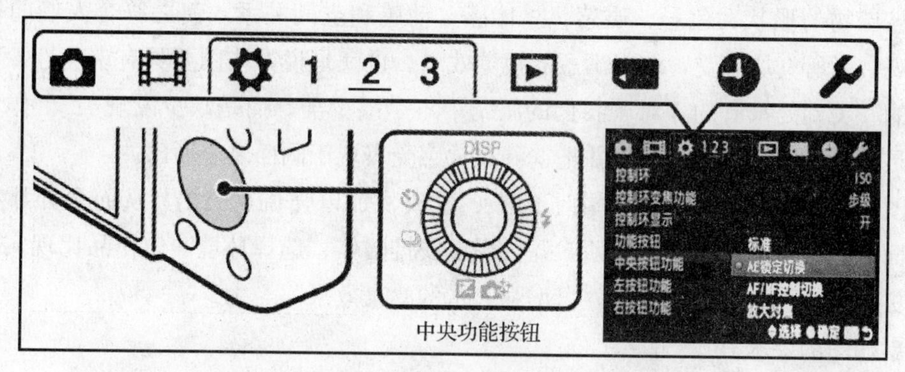

图 1—38　索尼 RX 100 MARKⅡ卡片式数码相机中央功能按钮设置示意图

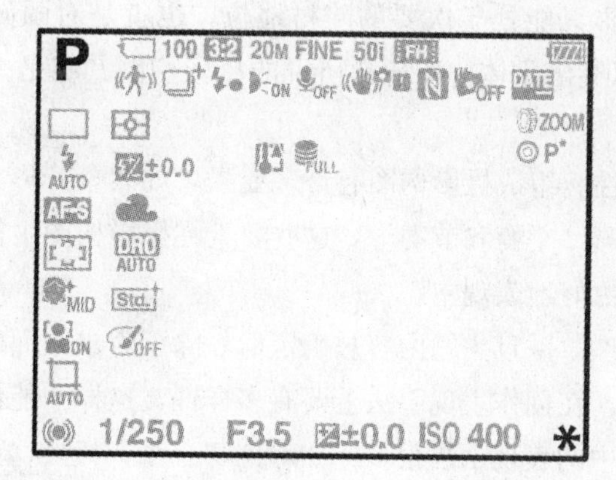

图 1—39　索尼 RX 100 MARKⅡ卡片式数码相机显示屏 AE 锁定标志

二、摄影构图

1. 摄影构图的要求

摄影与绘画一样是一种视觉造型艺术，所以它不仅是一门技术，而且也是一门艺术。摄影者不仅要准确表达出被摄对象的形象，还要满足观众对美的追求，这个艺术性问题的主要任务就是摄影构图。摄影构图是指运用摄影器材和摄影技术手段进行画面造型的组合。客观世界的事物千变万化，而艺术创作又要有所创新和突破，因而寻求一种所谓的

“摄影构图”统一的模式是不可能的，但是前人探索过的摄影构图中一些有用的规律和原理还是值得学习和借鉴的。

每一个摄影题材，不论它是平淡还是宏伟，是重大还是普通，都包含着视觉美点。在观察具体的人或物时，应该撇开它们的一般特征，而把它们看作是形态、线条、质地、明暗、颜色、用光和立体的结合体。通过摄影师运用各种造型手段，在画面上生动、鲜明地表现出被摄物的形状、色彩、质感、立体感、动感和空间关系，使之符合人们的视觉规律，为观赏者所真切感受，取得满意的视觉效果。也就是说，构图要具有审美性。正像罗丹所说的“美到处都有的，对于我们的眼睛，不是缺少美，而是缺少发现美”。作为摄影师不过是善于用眼睛审视大自然并把这种视觉感受表现于画面之上而已。

构图的目的是把构思中典型化了的人、景或物加以强调、突出，从而舍弃那些一般的、表面的、烦琐的、次要的东西，并恰当地安排陪体、选择环境，使作品比现实生活更强烈、更完善、更集中、更典型，以增强艺术的感染效果。

摄影构图的要求有：

(1) 内容上的简洁性。摄影作品的画面必须将要表达的主体处于突出地位，给观众以鲜明的印象，其他的内容只能处于次要的陪衬地位，也就是对画面要力求做到“去繁求精”或“去繁求简”，以突出主体，即通常所说的摄影构图其实是一个对画面中的对象做“减法”的过程。

(2) 形式上的关联性。组成摄影构图有许多要素，如线条、形状、明暗、质感、空间感、时空感、影调、色彩、平衡和节奏等，这些要素在摄影构图中往往要联系起来，进行有效的组合运用，以便更好地表现主题。

(3) 手法上的多样性。一旦主题内容被确定后，除了力求画面的简洁之外，还要对构图要素进行有效的组合，在创作表现手法上要有多样性，这样才能使摄影作品更具有新颖性和感染力。摄影构图中的表现手法很多，如对比、夸张、特异、重复、渐变等。

(4) 拍摄上的灵活性。摄影构图有时会受到时间、空间等条件的限制。因此拍摄前要有充分的准备，最好能考虑到有可能出现的多种拍摄状况，并具有相应的对策，这样就可以在复杂多变的拍摄环境中不至于束手无策。同时，多变的摄影环境还带有偶然性，因此好的拍摄机会可能稍纵即逝，这样就需要在拍摄时具有灵活应对的能力，使灵感、机遇和拍摄技能灵活而巧妙地组合，从而创作出一幅好的摄影作品。

2. 摄影构图的主要种类

在摄影中构图的种类不胜枚举，线条、形状、明暗、空间感、色彩等都是摄影的构图要素之一。以下列出了在摄影中常用的摄影构图种类：

(1)“九宫格”构图。“九宫格”构图也称为井字构图，是最基本的构图方式之一。

“九宫格”构图是将摄影主体或重要景物放在“九宫格”交叉点的位置上，“井”字的四个交叉点就是主体的最佳位置。一般认为，这种构图方式较为符合人们的视觉习惯，使主体自然成为视觉中心，具有突出主体、使画面趋于均衡的特点。“九宫格”构图如图 1—40、图 1—41 所示。

图 1—40　“九宫格”构图结构图

图 1—41　“九宫格”构图摄影画面示意图

（2）三角形构图。三角形构图也称为金字塔构图，它是以三点成一面的几何形形成一个稳定的三角形，这种三角形可以是正三角，也可以是斜三角或倒三角。其中斜三角形较为常用，也较为灵活。这种构图方式可以较好地表现画面的稳定、均衡、灵活等特点。人像摄影中如拍摄几个人的合影时，有高有矮、有站有坐，自然就可以形成三角形构图。三角形构图如图 1—42、图 1—43 所示。

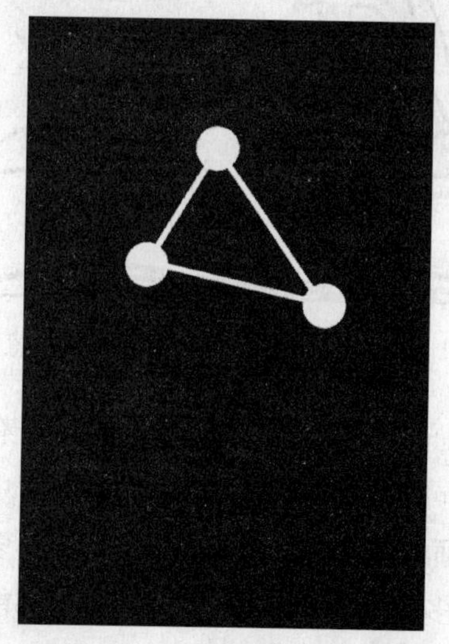

图 1—42　三角形构图结构图

图 1—43　三角形构图摄影画面示意图

(3) 十字形构图。十字形构图也称为居中构图，它是把画面分成四等分，也就是通过画面中心画横竖两条线，中心交叉点是安放主体的位置。这种构图，使画面增添了安全、庄重和神圣感，比较适合表现对称式的拍摄对象，但会使画面表现过于呆板。十字形构图如图 1—44、图 1—45 所示。

图 1—44 十字形构图结构图

图 1—45 十字形构图摄影画面示意图

(4) 水平线构图。水平线构图能在画面中产生宁静和宽阔的感觉。大自然中的很多景物都具有水平线，例如海平面或地平线等，所以在风景摄影中经常会使用水平线构图的表现形式。采用水平线构图时，应避免将水平线置于画面的正中间，最好将其放于画面的 1/3 处，如图 1—46、图 1—47 所示。

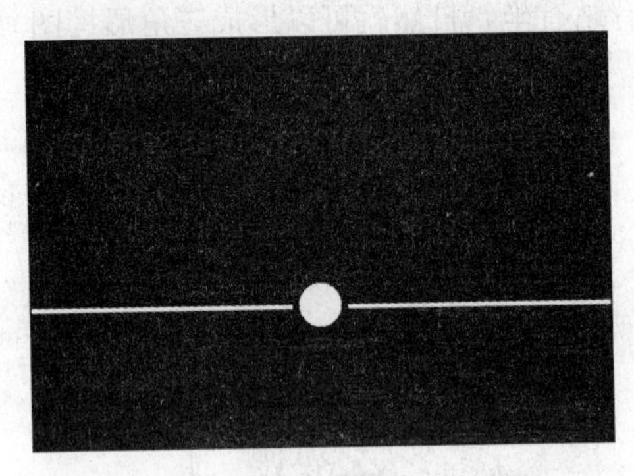

图 1—46 水平线构图结构图

图 1—47 水平线构图摄影画面示意图

(5) 垂直线构图。垂直线构图象征着高耸、坚强、庄严和有力。在自然界中有很多物体都有竖线形的结构，如人物、树木和建筑等。如同水平线构图一样，若在画面中只有单一的垂直线时，尽量不要让竖线位于画面的正中，而应该位于三分线上。当面对多条竖线时，例如树木丛林或高楼林立等，可以采用对称或多排透视的表现方式，这样都能让画面产生意想不到的效果。垂直线构图如图 1—48、图 1—49 所示。

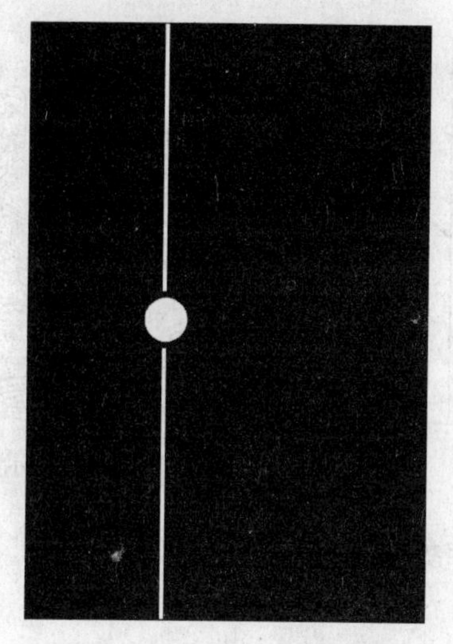

图 1—48　垂直线构图结构图

图 1—49　垂直线构图摄影画面示意图

（6）斜线构图。斜线构图是一种在摄影中经常会用到的构图方法，它能表现动感、力量和方向，画面通常具有极强的动感和纵深效果，常用来表现自然界中的线条等。斜线构图还可以延伸为对角线构图，这种构图的形式还具有对称性。斜线构图如图 1—50、图 1—51 所示。

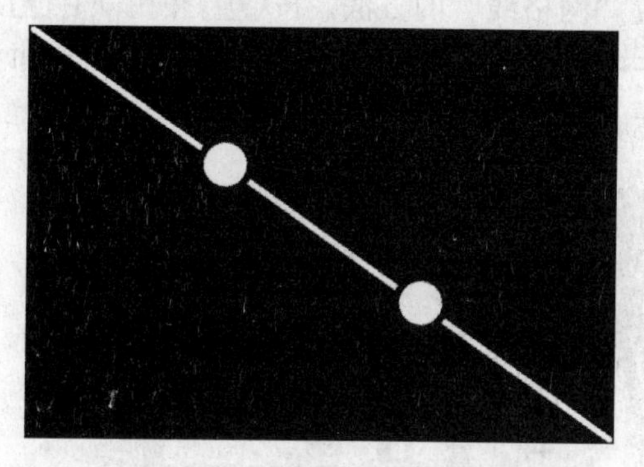

图 1—50　斜线构图结构图

图 1—51　斜线构图摄影画面示意图

（7）曲线构图。典型的曲线构图就像是由两个局部的圆连接起来的，因此也称为 S 型构图，它通常给人一种柔美、优雅、浪漫以及有变化的视觉效果。在摄影构图中，它不仅有跳跃和律动的感受，还可以增加画面的美感。如公园中的小径和小河，山中的溪水和公路，这些自然景观都可以用曲线构图来表达。曲线构图如图 1—52、图 1—53 所示。

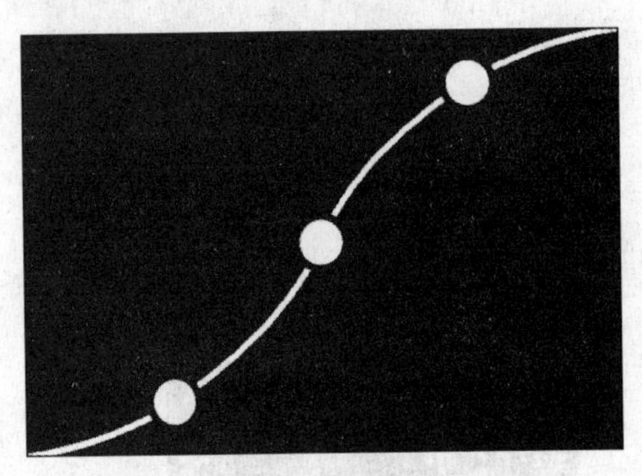

图1—52　典型曲线构图结构图

图1—53　曲线构图摄影画面示意图

除此之外，还有圆形构图、放射状构图、框架式构图等摄影构图形式。

3. **摄影构图的方法**

为了确保摄影作品画面符合摄影构图的要求，在正式按下快门曝光之前必须先完成画面构图。利用卡片式数码相机进行构图时，应当采用正确的构图方法，例如选用“井字构图”法时可以采用以下方法：

（1）可以使用数码相机中的“网格线”设置，显示网格线将屏幕分为9个部分，有助于确认拍摄主体的垂直、水平以及在画面中的位置，以便在构图时进行参考。

1）佳能IXUS 860 IS卡片式数码相机设置“网格线”的方法。按MENU按钮→在菜单内用上下方向按钮选择“设置按钮”项→按FUNC. SET按钮→用左右方向按钮选择至井图标→按FUNC. SET按钮，如图1—54所示。

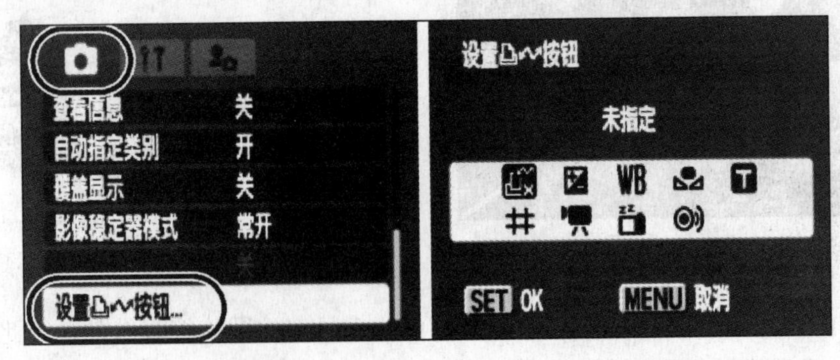

图1—54　佳能IXUS 860 IS卡片式数码相机设置“网格线”界面

2）索尼RX 100 MARKⅡ卡片式数码相机设置“网格线”的方法如图1—55所示。

（2）如图1—56所示，针对卡片式数码相机可以采用“锁定对焦/测光”，然后通过平移相机在显示屏中结合构图的要求观察取景的范围进行构图，合适后即可全按快门按钮实现拍摄。

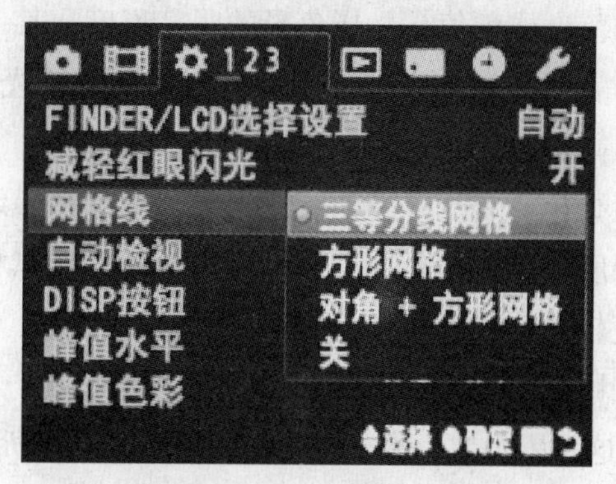

图 1—55　索尼 RX 100 MARKⅡ卡片式
数码相机设置“网格线”界面

图 1—56　数码相机对焦测光—构图操作显示屏画面

三、色彩的基本知识

1. 色彩的属性

色彩的种类很多，每个人对色彩的认识也不尽相同。为了表述清楚每一种颜色的特定性，可以按照它们各自的特点、规律和顺序排列并加以命名，从而建立起了一个较完整的色彩体系。

（1）色相。色相也称为色别，是指色彩的相貌，是色彩的首要特征，是区别各种不同色彩的最重要的标志。它主要有红、橙、黄、绿、青、蓝和紫七种原色及各种间色和复色。七种原色以及间色、复色可构成极多的色彩。从光学意义上讲，色相差别是由光波波长的长短产生的。即便是同一类颜色，也能分出多种色相（如红光与橙光之间的光色呈偏红的橙色或偏橙的红色等），两种相邻色光之间的光色叫作“间色”，两种不同波长的混合光组成的混合色叫作“复色”。

(2) 明度。明度简称色度或色值，是指色彩的明亮程度。某一种颜色的物体，由于受强或弱的光线照射，物体表面粗糙度不一，因而具有不同的反光率。物体因其颜色含白、灰、黑消色成分的多少，则形成颜色不同的明暗程度。光照度、反光率都强且含白色多，则色明度高。例如，同为绿色，有浅绿、油绿、翠绿、深绿和墨绿等明度的差别。不同色相（如红与绿）只要光照度和反光率相同，两种色相的明度可以相同。对于光谱的主要七色，一般认为黄色的明度较高，红色、绿色的明度不高，蓝色、紫色的明度较低。不同颜色存在的这种明度差别是由于人眼视觉心理的不同感受所致。黑、灰、白消色并非是色相的区别，而是明度的差别，这是因为黑、灰、白的物体，对于白光所含的各种色光能够等比例吸收，反射的红、绿、蓝光均等，使人眼的三种感色细胞刺激相同，所以留下消色的印象。

(3) 饱和度。饱和度又称为色饱和度或色纯度，是色彩的鲜艳程度，表示在颜色中所包含色彩成分的比例。比例越大，饱和度越高；比例越小，饱和度越低。饱和度高则色相感越明显。当一种颜色中混入了消色（如黑或白），则饱和度就会降低（若混入白色，明度增高，饱和度降低；若混入黑色，明度降低，饱和度降低）。当掺入色比例很大时，被掺入色将会失去原有的色彩，而变成了掺和的颜色，虽然人眼可能已经分辨不出它原有的本色，但它的确存在，只是其中所占比例太少的缘故。物体颜色的饱和度还受照明因素、反光因素、空气因素和消色因素四个因素影响，如图 1—57 所示（见彩图 1）。

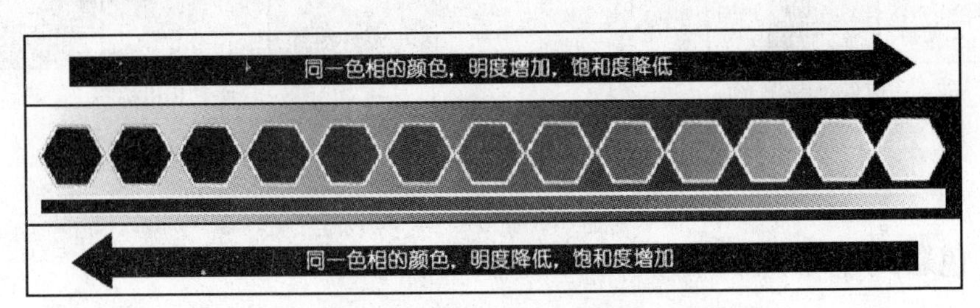

图 1—57　同一色相颜色明度与饱和度的关系

2. 色彩的应用

(1) 色彩的组成

1) 三原色。三原色又称为三基色，它们是红色（R）、绿色（G）和蓝色（B）。在色彩中，这三种色光是独立的，不能由其他色光混合产生，而其他色光都可以由这三种颜色按一定的比例混合而成。

2) 三补色。任何两种色光相加后如能产生白光，这两种色光就互称补色光。由三原色光以不同的比例混合可以产生自然界所有的颜色，它们遵循混合加色法原理，如图 1—58 所示（见彩图 2）：

红光(R)＋绿光(G)＝黄光(Y)

红光(R)＋蓝光(B)＝洋红(M)

蓝光(B)＋绿光(G)＝青光(C)

红光(R)＋绿光(G)＋蓝光(B)＝白光(W)

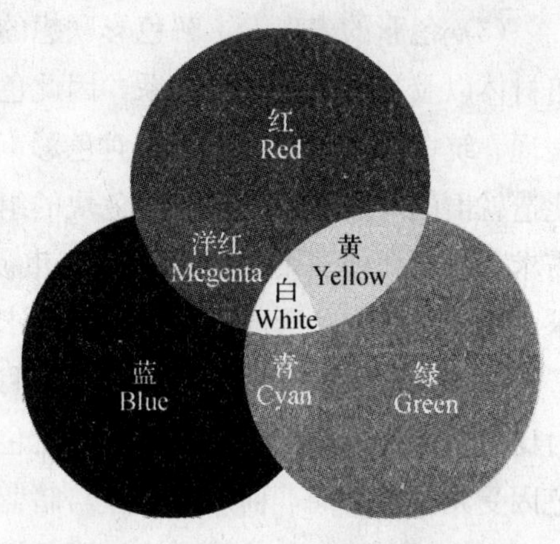

图 1—58　三原色与三补色的加色法原理图

(2) 色彩的联想。色彩，不仅仅是指一种颜色，还是一种感受、比较、心理和修养。人们在观察色彩时，往往会把色彩与有关的人、事或景联系起来。因此在看到某一种色彩时，时常会由该色彩联想到与其有关的其他事物，而且伴随着联想又产生一连串的新观念和新思维，赋予色彩情感，这就是色彩的联想作用。人们对于色彩的联想可以分成两种，即具体联想和抽象联想。

1) 具体联想。具体联想就是由色彩联想到一个具体的事物，是一种接近、相似和对比的联想。比如看到红色就会联想到太阳、火焰、红旗和血液等。

2) 抽象联想。抽象联想就是由色彩直接联想到某种抽象的概念，是人们一种思想或思维上的想象和意义的表达。比如看到红色可以联想到热情、革命、喜庆和危险等。

一般当人们在孩童时期，对于色彩的联想多数是具体的；随着年龄的增长，就逐渐地向抽象联想倾斜。在抽象联想中，色彩已经开始显示出其象征性，这在数码影像的表现中显得十分重要。色彩的象征往往更趋于人们的主观意识，人为的成分更多一些。有时是由于有了某种联想而产生象征，也有时是人们主观赋予色彩某些象征。人们对色彩的联想，虽然会因为种种原因而存在差异，但也有相当程度的共性。

表 1—6 列出了九种色彩的联想和象征。这几种色彩个性很强，具有一定的代表性。

表 1—6　　九种强烈色彩的联想与象征意义

色彩	联　想	象　征
红色	太阳、红旗、血液、火焰	热情、革命、喜庆、危险
橙色	甜橙、晚霞、秋叶、阳光	明媚、快乐、甜蜜、温暖
黄色	黄金、香蕉、麦穗、鲜花	希望、幸福、轻快、注意
绿色	树叶、草地、蔬菜、邮筒	和平、新鲜、安全、永久
蓝色	天空、海洋、水、蜡染	凉爽、冷静、宽广、自由
紫色	葡萄、茄子、时装、水晶	高雅、优雅、严谨、独特
白色	白雪、白纸、白云、婚纱	神圣、洁白、寒冷、简单
灰色	阴天、灰尘、水泥、影子	沉着、平凡、中和、昏暗
黑色	黑夜、黑板、墨汁、木炭	严肃、静寂、沉默、深沉

(3) 色彩的表现。了解色彩联想的目的就是协调搭配摄影作品中主题与主体、主体与陪衬体以及主体与背景的关系，因此色彩搭配的好坏决定着整幅作品的视觉效果和主题的表现、统一与协调的感受，是对色彩审美的要求和必然的结果，是色彩在自然界中相互变化造就出的有序的自然规律。色块的组合作用于人的视觉感官，会产生心理与生理的意识需求，若对比强烈则在视觉上会产生疲劳反应，而过于单调的色彩也无法满足视觉的需求，这就要求在色彩的应用中既要追求色彩的多变性，又要达到和谐的统一性。

1）对比色彩。色彩的对比应用可以有三种方式：一是色相对比，如三原色中的两色对比具有强烈的鲜艳感，光谱中邻近色对比具有平和的相适感；二是明度对比，如同一蓝色因受光程度不同，而形成鲜蓝与暗蓝的对比，这些有助于突出表现画面的主体；三是饱和度对比，如深红与浅红对比，既可以突出主体，又可以达到悦目融洽的画面效果。

2）协调色彩。协调色彩的画面效果既活泼又和谐，它有三种表现方式：一是使画面有整体感的色调，但不排除其他色彩，比如旭日东升的画面以红、橙、黄色占优势，其中还含有远山即山麓农舍的少量色彩；二是使色彩照度有机地搭配，和谐统一，如暗绿之中有明黄，浅黄之中有深蓝等；三是使色彩相得益彰，避免冲突。

3）影调的表现。摄影作品画面的色彩影调可以起到润色、补充、烘托及丰富作品内涵的作用。画面色彩由于一定的倾向性或因某些颜色占较大的优势，因而构成了画面的基调。画面色彩的基调有淡调、浓调、暖调、冷调、中间调和强烈色调等多种，它们各具特定的作用，其中：淡调就是色彩中含有较多的白色、浅灰色，它能使画面以轻淡为主，具有淡雅、素洁、明丽、轻快、柔和的视觉效果；暗调就是色彩中含有较多的黑色、深灰色，它能使画面以浓重为主，具有深沉、凝重、神秘的视觉效果；暖调就是色彩以红、橙、黄为主，给人以太阳、炉火般的温暖感；冷调就是色彩以蓝为主，蓝绿、青蓝、紫蓝，令人感到月夜、海水般的清凉感；中间调就是画面色彩丰富，一般大多数的摄影画面都属于中间调，此外以绿色为主也属于中间调；强烈色调就是以高饱和度光谱七色为主，如大红大绿、大黄大紫等，具有鲜明的色彩感。

学习单元2 专题摄影的技巧

学习目标

1. 了解人像、风光、夜景、运动和微距等摄影原理

2. 熟悉人像、风光、夜景、运动和微距等摄影的拍摄要求

3. 掌握人像、静物和场景照片的拍摄方法

4. 能够对室内人像、场景和静物进行正确的拍摄

知识要求

一、人像摄影

1. 人像照片的要求

在日常摄影中，拍摄人像照片是最常见的。而拿起相机拍人像时，构图又是首要的任务。人像照片的要求是：

（1）利用摄影技巧，扬长避短，突出被摄者外貌上的优点，而掩盖其缺陷。

（2）抓取瞬间的生动和自然的姿态。

（3）构图形式力求新颖有突破。

（4）要突出人物主体，不要被背景所淹没。

（5）不要在很近的距离上拍摄人物的头部特写，切忌变形。

2. 拍好人像照片的六个方面

（1）构图要求。通常的人像摄影有特写、近景、半身和全身四种。

1）特写。人像的特写，指画面中只包括被摄者的头部（或者眼睛在内的头部大部分），以表现被摄者的面部特征为主要目的。这时，由于被摄者的面部形象占据整个画面，给观众的视觉印象格外强烈，对拍摄角度的选择、光线的运用、神态的掌握、质感的表现等要求更为严格。

2）近景。近景人像包括被摄者头部和胸部的形象，它以表现人物的面部相貌为主，背景环境在画面中只占极少部分，仅作为人物的陪衬。近景人像也能使被摄者的形象给观众留下较强烈的印象。拍摄近景人像时要仔细选择拍摄角度、光线的投射方向、光质的软硬，并注意观察被摄者的神态，掌控适当的拍摄瞬间。

3）半身。半身人像拍摄的范围是从被摄者的头部至腰间或腰部以下膝盖以上，除以脸部面貌为主要表现对象以外，还常常包括手的动作。此类画面中具有较多的背景环境，能够使构图富有更多的变化。同时，画面里由于包括了被摄者的手部，就可以借助于手的动作帮助展现被摄者的内心状态，可以把被摄者拍得更生动一些。

4）全身。全身人像包括被摄者整个身形和面貌，同时画面中容纳了相当多的背景与环境，使人物的形象、姿态与背景环境互相融合，彼此都能得到很好的表现。

（2）选择合适的拍摄角度和高度。同一个人，在不同的角度上观察，其视觉影像效果

并不完全一样。有的角度会显得更美、更动人，而有的角度则不是很好。如何找到正确的角度来表现被摄者优美的一面，是人像摄影成功与否的重要因素。

从拍摄角度上来说，就是以被摄者为中心，摄影师手握相机围绕被摄者进行位置的改变；或者相机不动，让被摄者转动头、脸或身体，以寻找最合适的拍摄角度。如被摄者五官端正、脸型匀称，则可以用正面拍，但会使画面显得很呆板，因此除了特殊用途或规定的照片外，这种角度很少会用到。对于脸型太宽或两侧不均，两眼大小不一的脸型，就更不宜用正面拍摄，往往会采用三分或七分的侧面来拍。

从拍摄的高度变化来看，主要分仰拍、俯拍和平拍三种。对于脸型瘦长的可以用仰拍，这样会显得胖一点；对于腮部偏胖的脸型就用俯拍，以显得略瘦一点。不过要注意，这种修正拍摄的方法是有限的略微修正，一般情况下如果用太仰或太俯的角度来拍摄可能会适得其反，因此在拍摄时应多加观察，合理把握尺度。

(3) 处理好人物与周围环境、景物和空间的关系。人物与周围环境、景物和空间的关系，特别是在相机移动选择拍摄角度时，要注意到背景的随时变化，不要让背景破坏了整个作品的气氛。从整幅画面的构图上来说，可采用“井字构图”法，在它的交叉点或附近是构图的重点，也就是把要表现的人物放置在重点位置上。在人物的空间分配上应遵循人物眼睛的视线方向，还要注意空白的留取，否则画面里的人物会显得局促，产生压迫感。

(4) 抓取人物的生动瞬间，捕捉传神的形态（人物的姿势与造型）。抓取人物的生动瞬间、捕捉传神的表情，是人像摄影作品的关键，通常一般的人对着镜头难免会紧张，这就要求敏捷地拍下美丽的瞬间，要善于与被摄者沟通，善于观察被摄者的肢体表现，善于引导被摄者自然地进入最佳拍摄状态，只有这样才能成功地创造和抓取合适的拍摄机会。

要想拍摄一幅成功的人像照片，往往是那些使被摄者感到轻松和自然的造型，其拍摄的画面很有特色。没有哪一套摆姿方法能够适应各种场合和每一位被摄者，必须学会基本的规则，然后合理地运用于拍摄对象。如果陷入了教条式的框架中，不顾每个人的特点、需要、习惯、职业、场景和他们的自然姿态，而把每个被摄对象都照搬到千篇一律的模仿造型中，以同一种方法给他们摆姿拍摄，那么就是粗制滥造，根本不能让被摄者有机会去展示自己，而失去个性化的特点。摄影师在拍摄时应让被摄对象尽量放松地表现自我，才能获得满意的造型。所以在人像摄影时人物的造型姿势会具有更多的灵活性和轻松自由度。

(5) 选取尽可能简练的背景。人像摄影的目的主要是表现被摄者的相貌、形态和神态，所以对背景的要求应尽量简练，绝不要让背景喧宾夺主。在户外拍摄时，还要避免在人物的头或肩部上有柱状物件的重叠。如果是背光拍摄时，应尽量选用暗色的背景，这样更能突出人像。在对背景的处理运用上还可以利用景深的方法使其虚化。

(6) 光线要求。在室内拍摄时，若在光线不足又不具备专业的摄影光源时，可以选用反光板进行补光，特别是将反光打在被摄者的暗部作辅助光使用，效果会更好。如果光量还不够就要用到闪光灯，在使用闪光灯时，尽量不要采用直射闪光，这样光量会很强烈，可以使用闪光灯朝白色的墙或有较强反光的物体上打闪光，利用亮白的反光照射到被摄者身上，效果会很好，不过要注意反光体的颜色，不然会把带颜色的反光反射回去，人物就会有偏色。还可以将闪光光源偏向人物的一侧打光，就会产生偏向于一边的主光作用。假如非要使用接近正面闪光光源时，可以在闪光灯前蒙一层薄纱，这样可以避免闪光的强烈光效。若利用室内原有的光源拍摄时，一定要注意校正数码相机的白平衡，否则偏色厉害，效果极差。

在户外拍摄时，一般也不要在强烈的光线下拍摄，找个有较好反光的地方也是不错的选择。在室外也可以使用反光板或闪光灯，这往往是对人物的暗部作辅助补光，效果也相当不错。

3. 卡片式数码相机人像拍摄的运用

(1) 自动曝光模式拍摄。如果拍摄的自然条件尚可或很难判断时，可以选用数码相机的自动曝光模式拍摄人像照片，一般可以解决大部分的拍摄问题，但很难达到较理想的效果。

(2) P、A、S 和 M 曝光模式拍摄。采用 P、A、S 和 M 曝光模式之一拍摄时，需要明确以下三点：

1) 了解并确认现在拍摄时的色温情况，选择正确的白平衡。

2) 了解并确认现在的拍摄光线，选择是否使用闪光灯和曝光补偿（M 模式除外）。

3) 注意静、动主体的区别，选用合适的拍摄测光、对焦模式，以符合拍摄要求。

(3) 场景模式拍摄。大部分的卡片式数码相机都具有“场景模式”功能，可以挑选合适的场景模式，这样操作简单，效果相当不错。用于人像摄影时常用的场景模式见表 1—7。

表 1—7　　卡片式数码相机拍摄人像时常用的场景模式

名称	图标	
	佳能 IXUS 860 IS	索尼 RX 100 MARKⅡ
人像（肖像）		
运动（儿童和宠物）		

续表

名称	图标	
	佳能 IXUS 860 IS	索尼 RX 100 MARKⅡ
夜景人像		
室内（动作防抖/高感光度）		ISO
雪景		/
海滩		/

二、风光摄影

一张风光佳作除了正确曝光之外，取景、用光和构图是至关重要的环节。在整个风光拍摄过程中，要细心观察，可能就会发现一些有趣而又吸引观众的景色，甚至在那些“枯燥无味”的地方，也能发现一些别样风情的拍摄亮点。在许多情况下要等候适宜的拍摄季节。为了使风光照片拍得精彩，不要忽略了拍摄点周围的环境，充分利用它们去美化和突出所拍摄的环境和主体。当然找到一个理想的拍摄地点，色彩丰富、角度好、光线又独特，这是创作“佳作”的最好时机。

风光照片的好坏是由正确的视点所决定的，每一个景物都有成百个视点可供选择，而每一个视点都有不同的透视感、不同的明暗分布和不同的画面效果。到达一个景点，如果不环视一下周围，不从各个方向去观察被摄体，那么将很难获得一张出色的照片。即使发现了一个最佳的或者也许是唯一的取景点，还有一个如何用光的问题，最初的视点往往很难和最好的光线相一致，因此要拍好一张风光照片实属不易。

1. 构图

构图越简洁，照片也就越具有概括性。在一张好的风光照片中，应该有一个或者一群被摄主体，可以通过选择取景点、用光和使用适当焦距的镜头来获得。

风景摄影应该创造一种空间感，但是要把三度立体空间再现在两度平面照片上往往是有难度的，必须利用透视的视觉原理去弥补失去深度的不足：

（1）让线条汇聚在远处。曾经看到过铁轨的人都知道这意味着什么。虽然在实际上两根铁轨总是以相同的距离间隔开的，但越往远处看似乎它们会汇聚在地平线上的某一点，这就是透视的原理。

（2）尺寸随距离而减小。现实中的电线杆、树木、房屋、人等，离得越远，看起来越小，这也是透视原理的反映。

（3）空气的透视。围绕景物周围的空气并不是完全纯净的，它含有一定量的雾气、蒸汽、灰尘和其他微颗粒，光束通过薄雾而散射，蓝光比红光更容易散射，这就是画面中的天空和远山看上去总有一层蓝色的雾感，这还是透视的原理。

（4）清晰度的分布。为了使画面具有纵深感，可以适当地安排一些前景，如篱笆、树叶或岩石，甚至站着的一个人影，当它们处在画面的适当位置时也能起到对主体的烘托作用。对画面中聚焦清晰的部分（一般被用作主体）和不清晰部分（一般被用作陪衬体，如前景或背景等）巧作安排，营造出画面视觉上的空间立体效果。

2. 用光

在数码摄影中，光线是带有色彩并具有变化的。一天当中，光线的颜色变化相当大，清晨是带黄色的，中午是带蓝色的，黄昏是带微红色的。风光摄影中最吸引人的往往是光线的变化效果。例如当摄影师背对太阳时看起来非常平淡的风景，如果面对太阳再看这些景色，可能会十分地引人入胜。一片树林，在晴朗的天气里可能会觉得很平淡，而当它被薄雾笼罩时却会显得格外神秘而生动。

早晨是适合拍摄风光照片的时段，因为每个景物都被笼罩在暖色调的光线之中，颜色淡而协调。上午光线变得越来越白，而颜色对比度也随之增大。中午时太阳高照，光线刺眼，颜色对比强烈，阴影较浓重，加之由于蓝天的反射，阴影区还会变得偏蓝。因此，一天里当日出后和日落前两小时的时段里宜拍摄，因此有拍摄较好画面的可能性，景物的阴影虽然会变得长些，但明暗部分之间“刺眼”的对比度有所减少，借助太阳光而拉长的影子，能拍出很特别的风景画面。在日落时每件物体都沐浴在偏红色的余晖里，若选择拍摄与落日（或日出）成直角的景物（如树干、花丛等）时，可以使用一块较大的反光板或闪光灯来辅助补光，使近景物体的背光部分稍有照亮。当天空处于半暗状态时，云彩高悬于远处上空，最有可能出现富有戏剧性的景色；当太阳处于地平线附近时拍摄，那时的落日余晖照射到天空上方，云彩呈现出红色调，这种暖调的红色光会形成柔和的反光，映红大地上的景色。

3. 寻找前景

（1）使用醒目的前景能达到以下目的：

1）能通过对比关系表明景物的大小，让观众了解相关景物的相对大小与位置关系。

2）可以让观众看到风景的详尽细节，为中景和远景展现出较广阔的景物含义。

3）通过把景物由近及远的全部或局部排列在一起，运用景深可以为照片增加纵深感，从而产生空间感。

（2）添加倒影效果，使画面增添感染力。倒影还可以为画面带来更好的视觉效果。由于景物倒影可以使风景的部分图案得以延伸或重复，能够扩大和加强风光照片的表现力和范围。倒影本身还可以为景色增添宁静感，最常见的倒影经常出现在像镜子一样的水面上，如池塘、水坑和小的湖泊，是可能拍摄到理想倒影的好地方。

（3）可以在拍摄时找一些小物体，如盛开的小花或小草作为前景。当远处的景色很迷人时，可以采用前景模糊（光圈数值相对较小）的方法来拍摄；当远处的景物一般或杂乱时，可以采用突出前景（光圈数值相对较大）的方法来拍摄。

4. 卡片式数码相机风光拍摄的运用

（1）自动曝光模式拍摄。大多数正常自然光线下都可以选用数码相机的自动曝光模式拍摄风光照片，不过建议将相机的闪光灯强制关闭，不要处于自动闪光模式。

（2）P、A、S 和 M 曝光模式拍摄。拍摄具有明显光影效果、流动的主体（如喷泉、瀑布、流水）等风景，宜采用 P、A、S 和 M 曝光模式之一拍摄时，一般应选用合适的对焦方式和测光模式，并合理运用曝光补偿（M 模式除外）。

（3）场景模式拍摄。可用于风光摄影的场景模式见表 1—8。

表 1—8　　卡片式数码相机拍摄风光时常用的场景模式

名称	图标	
	佳能 IXUS 860 IS	索尼 RX 100 MARKⅡ
风景	/	
黄昏	/	
植物/美食		
雪景		/
海滩		/
高感光度	/	

三、夜景摄影

不眠的城市有着丰富的色彩和鲜艳的灯光，由此夜景摄影也成为一个拍摄题材。在拍摄夜景时，主要分拍摄夜景景物、拍摄以夜景作为背景的人物和拍摄夜景中流动的光带为主的照片。

1. 将相机安装在三脚架上拍摄

拍摄夜景时通常需要较长的曝光时间，因此相机要保持稳定才能拍出清晰的照片。为避免握机不稳引起的晃动，最好使用三脚架，这时即使进行慢速曝光仍然可以得到一张聚焦清晰的夜景照片。假如没有三脚架，最好寻找身边高度合适的固定平台，如台阶、墙壁、树枝等来放置或依靠相机，可以达到较好的拍摄效果。

2. 合理调整感光度

特别是在拍摄夜景的时候，由于长时间的曝光很可能引起照片的暗部噪点增加，因此在配有三脚架的拍摄条件下应使用较低的感光度 ISO 值以获得最佳拍摄质量。如果没有三脚架，也无法稳固相机，那么也可以提高感光度 ISO 值，以达到提高快门速度的目的，这样获得的夜景照片虽然噪点大，但是拍出的图像还是清晰的。

3. 了解长时间曝光的拍摄特点

(1) 拍摄夜景的曝光特点是长时间曝光，可以用来拍摄流动的车灯轨迹、烟火轨迹，甚至星轨等。长时间曝光可以记录下汽车前灯的白色和尾灯的红色轨迹。

(2) 在拍摄夜景人像时，还要注意控制人物与背景的亮度，若希望拍摄出明亮的背景，就需要采用低速快门进行拍摄，若此时开启闪光灯应设置成“防红眼”模式。采用夜景人像场景模式拍摄时，相机往往会自动开启闪光灯将人物照亮从而减少被摄体的抖动，因此应避免闪光灯与人物太近的现象，而且在闪光灯闪过后还应保持被摄者原来的姿势直至曝光结束，这样才能拍摄出人物与背景曝光和聚焦都正常的夜景照片。

(3) 拍摄夜空中绚烂多彩的烟花完整形态，关键是让烟花拉出多长的轨迹。直接观察烟花绽放的时机，尝试调节快门速度，才能留下光迹构成的梦幻瞬间。夜景的长时间曝光还可以令一些平时肉眼看不见的光线显现出来，效果更引人入胜。

4. 选用合适的白平衡

在黑暗环境下拍摄夜景时，自动白平衡很容易导致照片的色差，要根据现场的光源类型和环境的变化来选择最适合的白平衡模式。

5. 卡片式数码相机夜景拍摄的运用

(1) P、A、S 和 M 曝光模式拍摄。部分卡片式数码相机提供了 P、A (Av)、S (Tv)、M 的曝光模式。由于拍摄夜景时的光源分散、亮度不一，导致相机的测光不准确，经常会出现曝光过度或曝光不足的现象。所以，拍摄夜景时，除了可以使用M（手动）曝光模式以实现完全控制曝光外，如果采用Auto（自动）、P（程序自动）、A/Av（光圈优先）或S/Tv（快门优先）曝光模式时，则可以使用曝光补偿进行调整曝光量。

利用A/Av（光圈优先）或M（手动）曝光模式拍摄夜景时，因人而异可以选用不同的光圈，以拍摄出效果不同的夜景照片。

1）较大光圈值（光圈孔径小）由于景深大，可以拍摄出更多清晰的范围，远处的灯光会呈现出星光的效果，比较适合拍摄宽阔场景的夜景风光照片。

2）较小光圈值（光圈孔径大）由于景深小，只能拍摄出一定聚焦范围内清晰的照片，远处的灯光会呈现出光晕的效果，比较适合拍摄以人物为主，带有夜景背景的夜景人像照片。

(2) 场景模式拍摄。卡片式数码相机一般都可以按照拍摄的需要和目的选择使用夜景模式或夜景人物模式，甚至还有黄昏、烟火等拍摄模式，如以拍摄夜间景物为主的，可以选择夜景模式，如以拍摄夜间景物为背景的人物照片时，则可以选择夜景人物模式。

可用于夜景摄影的场景模式见表1—9。

表1—9　　卡片式数码相机拍摄夜景时常用的场景模式

名称	图标	
	佳能 IXUS 860 IS	索尼 RX 100 MARKⅡ
夜景	/	
夜景人像		
手持夜景	/	
黄昏	/	
焰火		
高感光度	/	ISO

四、运动摄影

拍摄运动对象也是常见的一种拍摄主体，如拍摄体育运动、文艺表演、车辆行进、动物或小孩的活动等，都想让运动的被摄体能够被清晰地拍摄下来，其关键应当注意以下几个方面：

1. 确定运动摄影的画面效果

只有对运动摄影画面的最终表现效果的确定，才能决定采用合适的拍摄方法。只要数码相机具有够高的快门速度，面对运动的拍摄对象，可以把它拍得很清晰，如拍摄飞跃或腾空的瞬间。如果是要拍出被摄主体的动感轨迹，例如，夜景中的车灯在马路上留下的光束或拖影画面，那么就需要使用较慢的快门速度进行拍摄。假如要拍摄背景模糊而运动对象足够清晰或稍有叠影的画面时，应当采用较慢的快门速度，并沿着运动对象移动的方向转动或移动相机进行追随拍摄，拍摄过程中应尽量使目标在画面中的位置不变，并在移动相机的同时按下快门。由此可见，针对运动对象的拍摄主要是以快门速度来决定画面拍摄效果的。

2. 拍摄场景应具有充足的光线

如果卡片式数码相机不具备设置快门速度和光圈的大小，那么要拍摄高速运动的物体首先必须要有充足的光线保证，有时可能还需要使用闪光灯补充光量。而对较远的拍摄对象这些措施也会受到局限，因此只能采用提高感光度 ISO 值的方法，以达到缩短曝光时间和增加曝光量的目的。

3. 选择正确的对焦模式进行预对焦

若使用数码相机的自动对焦进行对焦时，像索尼 RX 100 MARKⅡ卡片式数码相机应当将相机的对焦方式设置为AF-C“连续自动对焦”方式，即当半按快门按钮期间可持续对焦。除此之外，数码相机还有AF-S“单次自动对焦”方式，它较适合拍摄相对静止的对象。而像佳能 IXUS 860 IS 卡片式数码相机的“对焦模式”应该切换至 AiAF 智能自动对焦模式，此时显示屏中不出现对焦框，但相机会侦测运动对象并从九个对焦点中自动挑选一个作为焦点并连续对焦。

数码相机从半按快门按钮执行对焦、测光，到完全按下快门按钮曝光的整个过程中，其中包括快门延迟需要一段时间，因此在拍摄运动对象时数码相机的对焦速度十分关键，如果对焦速度不够快，那么稍纵即逝的画面很容易错过。如果能实现提前预判到移动对象的运动路线或轨迹，那么先将数码相机的各个参数设置好后，将镜头对准预判点，先半按快门，让相机完成自动对焦的准备工作，等拍摄时机一到再完全按下快门按钮，这样就可以大大缩短快门延迟时间。

如果数码相机具有手动对焦那么就更为方便和快捷了。像索尼 RX 100 MARKⅡ卡片式数码相机可先按 MENU 按钮，选择 2 下的“对焦模式”至“DMF”（组合使用手动和自动对焦）或“MF”（手动对焦）项，然后如图 1—59 所示，将对焦模式设置成手动对焦。

图 1—59　转动控制环进行手动对焦

4. 采用多张连拍提高成功率

针对高速移动的拍摄对象，的确是很难抓拍到宝贵的一刹那瞬间，那么可以一次连续拍摄多张，再从中挑选出比较满意的照片。一般的数码相机都有单张或连拍的功能，表 1—10 列出了数码相机单张和连拍设置图标。

表 1—10　卡片式数码相机单张和连拍图标

名称	图标	
	佳能 IXUS 860 IS	索尼 RX 100 MARKⅡ
单张		
连拍		
速度优先高速连拍	/	

进行连拍操作时，还要注意拍摄文件大小设置的合理性，因为数码相机存储文件也需要一定的时间，文件越大，存储时间也会越长。过长的时间间隔，会严重影响到下一次相片的拍摄，导致一些精彩瞬间的流失。因此，一般情况下，相机连拍时的文件大小应设置为合适的文件大小。

5. 卡片式数码相机运动拍摄的运用

（1）以 S 和 M 曝光模式拍摄为主。拍摄运动、宠物和儿童等运动对象时，可采用部分卡片式数码相机提供的 S（Tv）和 M 曝光模式，主要以设置快门速度进行拍摄。

1）设置较快的快门速度时可以拍摄瞬间凝固的照片。

2）设置较慢的快门速度时可以拍摄运动对象的运动轨迹照片。

（2）场景模式拍摄。卡片式数码相机一般都具有（儿童和宠物）、（运动）和（宠物）场景模式，但是这些场景模式都是以拍摄高速快门速度曝光的照片为主。

五、微距摄影

微距摄影可以将平时不引人注目的细小的事物或局部细节浓缩在图像之中，是一种有别于通常摄影意义的特殊拍摄方法。它可以在近距离位置上对焦相关的小物体，通过数码相机拍摄出与实际拍摄对象接近等比例大小或比被摄物放大1倍以上的影像。

卡片式数码相机由于感光器件的面积很小，所以镜头的实际焦距很短，一般广角端的焦距只有几毫米，在相机的结构上镜头稍远离感光体就可得到微距的拍摄效果，因此它的微距功能比传统相机更容易实现。

1. 控制光线的方向

任何摄影都离不开光线。光线在微距摄影时除能起到正常曝光作用之外，更重要的是光线对微距摄影的造型作用。进行微距拍摄时采用的光线主要有：

（1）侧光的运用。在实际拍摄时运用最多的可能是侧光。侧光能增强物体的立体感，使主体的形象更饱满。采用侧光拍摄时，主体的主要部位应在明处，而杂乱的环境或背景处在暗处，画面有明暗之分形成反差，聚焦点落在主体的主要部位上，可以使主体细节更清晰，降低画面中的其他干扰。

（2）逆光的运用。在阳光下拍摄微距照片时若采用逆光的方向照亮被摄体，能使其轮廓更加分明，如有些花瓣或树叶还具有强烈的透光性，可以使物体的细节表现得更淋漓尽致，同时又有利于营造出画面的光影效果，从而避免了直射光线的平淡和易致曝光溢出的弊端。柔和的逆光也是用于拍摄花卉或者叶子脉络的好光线，这种光线下的花瓣或叶子会更晶莹生动，而强烈的逆光可以使不透明的树叶或花瓣的轮廓勾勒得很细致，这是描绘主体细节而又带有逆光特点的很好运用。

（3）漫散射光线的运用。漫散射光的特点是光线均匀，物体都能被照亮，几乎没有阴影，而且能得到较真实的色彩还原，从而给画面营造出浪漫的氛围。

（4）闪光的运用。一般用卡片式数码相机的微距拍摄时距离被摄体都比较近，如果使用机顶闪光灯很有可能出现曝光过度的现象，而且有些机顶闪光灯的光量不能调节，因此在微距摄影中，闪光灯一般不作为主光使用，而是起到补光的作用。可用一张较透明的白纸遮挡闪光的部分光线且使光路改变，这样就可以柔化光线并减弱光量。

不同类型小物品的反光强度是不同的。表面粗糙的物品如棉麻制品、皮毛等，宜从物品的侧面打光，可以使物品产生一些阴影，显示出物品表面的明暗起伏，立体感更强。表面光滑的物品如金属饰品、瓷器等，它们的反射能力强，若用直射光拍摄，反射的光会很强，而且光路单一，拍出的照片容易产生局部的强烈光斑，看上去就像曝光过度，宜采用漫散射光线拍摄，使光线均匀。透明的物品如玻璃器皿、水晶等，拍摄这类物品，为了表现出物品清澈透明的质感，宜采用侧光或从物体的底部往上打光，能很好地表现出透明物品的通透质感。

2. 突出被摄体的细部特征

为了能够使被摄体的细部特征更明显（例如有些花卉本身体型偏小，要拍摄其局部特写时，就会采用更近距离的微距拍摄），拍摄时除了在较近的有效对焦距离上进行对焦外，还要控制好曝光，特别是要让被摄体的高光部位不溢出。此外，还要尽可能选用低的感光度，以减少照片的噪点，这样可以使照片中的影像细节更丰富。

3. 背景力求简洁

（1）使杂乱的背景虚化。由于采用微距拍摄，相机镜头与被摄体的距离都比较近，因此拍摄时的景深都较小，所以只要使主体与背景距离大于相机镜头与主体的距离，就可以达到虚化背景的目的。

（2）选用纯色或阴影净化。拍摄时寻找阴影或者辅助物体来创造一个单色的背景区域，因为阴暗的地方光线太暗而与主体光比会较大，因此很容易使背景失去原有的色彩。另外还可以使用辅助的物体如黑卡纸、一片草地、一片天空等达到纯净背景的目的，不过自己创造的背景色彩应当与画面协调。

4. 保持相机的稳定和正确进行对焦

微距摄影和普通摄影相比有所不同，主要是因为微距拍摄的时候大多数都是在近距离上进行对焦，拍摄的物体成像会较大，这样景深就会较小，画面中清晰的范围就很小，所以在拍摄时握稳相机很重要，稍有抖动就会影响成像的质量，如果此时对焦不准就很难把微距拍摄的主体表现清楚。

5. 捕捉小生物的最佳形态

在用微距拍摄昆虫之类的小生物时，其眼睛具有生动的神态，躯体也有各种形态，因此对准它们的眼睛聚焦和抓拍生动的瞬间就显得极为重要。

6. 拍摄细小对象

利用卡片式数码相机的微距功能可以近距离地拍摄细小的对象，如各种小物品、小的花卉、昆虫等，一般情形下不建议使用机顶闪光灯。

技能要求

室内的人像、场景、静物拍摄

操作准备

卡片式数码相机一台，摄影房一间，幕布，摄影灯具一套。

1. 拍摄人像时还需要准备人像模特一个。
2. 拍摄影棚场景时还需要增加摄影灯具一套。
3. 拍摄景物时还需要准备静物台一张，水果篮一套、化妆品一套或盆景一盆。

操作内容

按拍摄要求分别指定拍摄人像、场景和静物各一张，每张拍摄时间限定为 5 min。

操作效果

1. 室内人像照拍摄

(1) 拍摄的人像证件照如图 1—60 所示（见彩图 3）。
(2) 拍摄的人像艺术照如图 1—61 所示（见彩图 4）。
(3) 拍摄的人像剪影照如图 1—62 所示（见彩图 5）。

图 1—60　人像证件照样张

图 1—61　人像艺术照样张

图 1—62　人像剪影照样张

2. 室内场景照拍摄

(1) 拍摄的影棚场景照如图 1—63 所示。
(2) 拍摄的考场场景照如图 1—64 所示。

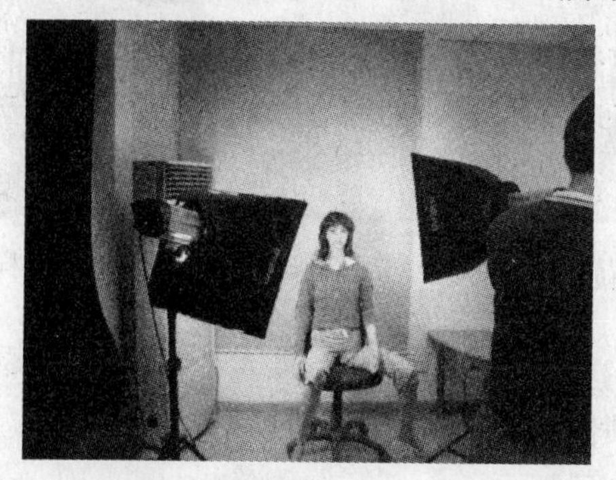

图 1—63　影棚场景照样张

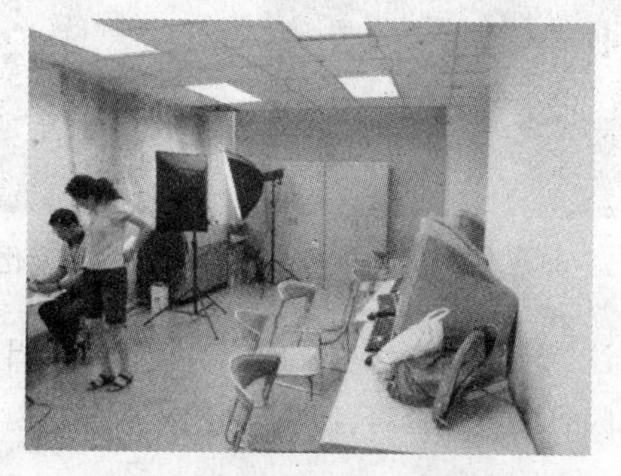

图 1—64　考场场景照样张

（3）拍摄的电脑考场场景照如图 1—65 所示。

图 1—65　电脑考场场景照样张

3. **室内静物照拍摄**

（1）拍摄的水果篮静物照如图 1—66 所示（见彩图 6）。

（2）拍摄的化妆品静物照如图 1—67 所示（见彩图 7）。

（3）拍摄的盆景静物照如图 1—68 所示（见彩图 8）。

图 1—66　水果篮静物照样张

图 1—67　化妆品静物照样张

图 1—68　盆景静物照样张

注意事项：每次拍摄前应检查相机的日期、分辨率、白平衡、曝光补偿、感光度和强制不闪光设置是否符合要求，拍摄后应进行加锁保护操作。

学习单元3 影像导入

学习目标

1. 了解计算机的基本操作和数码相机的维护与保养
2. 熟悉数码相机内照片和视频短片导入电脑的方法
3. 掌握通过电子相册软件导入电脑的操作
4. 能够运用图片管理软件将拍摄的照片导入到电脑中保存

知识要求

一、将数码相机中的影像导入计算机

1. 计算机基本操作

(1) 计算机系统由软件系统和硬件系统两大部分组成。

计算机的硬件主要由中央处理器（CPU）、存储器、输入输出设备等部分组成。其中，CPU 的主要功用是用来处理数据和执行程序，存储器的作用是读取和记录信息。

计算机的软件一般可分为系统软件和应用软件两大类。系统软件是用户使用计算机的前提，也是用户使用和开发其他应用软件的基础。计算机的系统软件是指计算机的操作系统，目前常用的操作系统有网络操作系统、Unix 和 Windows 等，通常都存放在 C 盘上，它负责控制和管理计算机的资源。操作系统在文件管理上采用隐藏文件目录的方法，以防止其他用户擅自更改文件。

应该对系统软件进行备份，防止出现故障时计算机系统无法正常工作。一般用户会将应用程序、系统程序和数据文件存放在硬盘上，因此硬盘中的其他数据和程序也要及时备份，以备万一。还要管理好计算机系统的磁盘，及时清除磁盘上无用的数据，充分有效地利用磁盘的空间。

特别提示

在计算机中，1 GB=1 024 MB，1 MB=1 024 KB，1 KB=1 024 B。

(2) 平时在使用计算机时，要避免硬盘受振动，硬盘工作时不要搬动电脑主机。开启计算机时应该先开显示器再开主机；而关闭计算机时应该先关闭所有已打开的窗口和正在运行的程序，再在 Windows 的桌面单击“开始”按钮，进入关闭 Windows 程序，待主机正常关闭后再关显示器电源。绝不能直接关掉计算机的电源来关闭 Windows。

在 Windows 中，可以从“开始”菜单中启动大多数的应用程序，还可以同时执行多个程序。

在桌面的“我的电脑”图标上，按鼠标的右键，选择“资源管理器”，可进入资源管理器。在“资源管理器”窗口中，可以看到整个计算机系统的文件组织结构，可以随时切换“桌面”窗口与各驱动器之间的窗口。在“资源管理器”窗口中，用鼠标在文件夹窗口中单击该文件夹，此时右边窗口中会显示该文件夹下的文件，如“我的文档”也可以在“资源管理器”窗口中显示。在“资源管理器”窗口中也可以复制、删除和重命名选定的文件和文件夹。

一般情况下，在计算机中刚被删除的文件或文件夹，被保留在回收站中，在回收站中的文件或文件夹是可以被还原的。在计算机中如果发现误删文件或文件夹，可以从回收站中恢复被误删的文件或文件夹。

（3）键盘是计算机系统中最常用和最基本的输入设备，而显示器则是计算机系统中最常见的输出设备之一。

计算机操作中，键盘上的“回车键”起到结束命令或换行的作用。常用的组合键有：Ctrl＋C 键是复制，Ctrl＋V 键是粘贴，Ctrl＋Z 键是撤销上一步的操作。在复制多个文件时，若借助 Ctrl 键可同时选中多个文件进行复制，若借助 Shift 键可同时选中多个连续文件进行复制。

（4）利用计算机的局域网，可以共享已设定的共享文件夹。在计算机的局域网中，涉及共享的安全性问题或权限问题一律由网络管理员负责设置，而一般用户则不可以修改共享和权限的设置。通过局域网，双击“网上邻居”，再双击共享文件夹所在的计算机，可找到共享文件夹，打开后即可对其进行访问。

（5）计算机病毒的防范。计算机病毒是指一种能够通过自身复制传染，并起破坏作用的计算机程序，引导型病毒是计算机常见病毒之一。计算机病毒可以通过网络进行传播。从网上下载共享软件或免费软件时，可能会把病毒同时下载下来，因此从网上下载下来的软件，最好先用杀毒软件进行一次扫描，再进行安装。如果病毒已经传播开来，就要用有效的杀毒软件进行杀毒。此外，邮件也是传播病毒的重要方式，如果您收到带有附件的邮件，请一定当心，慎重打开邮件中的附件。

2. 数码相机与计算机的连接

拍摄的数码相片（包括拍摄的数码短片）可以通过相机与计算机的连接而下载至计算

机中保存，可以在计算机中先安装相应的应用软件，如：随佳能 IXUS 860 IS 相机所带的 Zoom Browser EX 和 Photo Stitch 软件，随索尼 RX 100 MARKⅡ相机所带适合视频短片导入的 Play Memories Home 和适合 RAW 文件编辑的 Image Data Converter 软件。有关软件的安装和使用方法请参见相应的说明书介绍。

特别提示

“RAW”是数码相机拍摄的一种影像文件格式，又称为“原始文件”“数字底片”或“未经加工”和“未经压缩”的数码文件。它是将 CCD 或 CMOS 图像感应器捕捉到的光信号直接转化为数字信号的原始数据，它记录了数码相机传感器的原始信息，同时还记录了由相机拍摄所产生的一些元数据，如 ISO 设置、光圈值、快门速度、白平衡和曝光补偿等信息。因此，此类文件更有利于数码后期处理。但由于其信息量大和通用性差，必须通过相适应的专用软件转换后才能生成常见的图像文件格式。

常见的图像文件格式还有 TIF（不压缩的一种影像文件格式，文件量大，影像质量较好）和 BMP（它是 Windows 操作系统中的标准图像文件格式，几乎未经压缩，因此文件量也较大）等，但计算机在保存数字图像时，因为数字文件太庞大，占有大量的存储空间，影响计算机的处理，因而需要采用压缩技术，像最常用的 JPG 图像文件格式，它具有高压缩比率，因此便于节省存储空间和网络传输，但影像质量稍差。

所谓“有损压缩”的图像，单单在屏幕上显示、人眼观看时难以区分，但用高分辨率的打印机打印出来会看到明显的受损痕迹。而“无损压缩”只是删除了一些重复的数据，减少了保存在磁盘上的信息量，但影像的质量较好。

一般数码相机连接至计算机的方法如下：

（1）关闭数码相机电源。

（2）用 USB 连接线将数码相机的 DIGITAL 数码端口与计算机相连，如图 1—69 所示。

（3）打开数码相机的电源，并将其设置成“播放”▶状态，如图 1—70 所示。

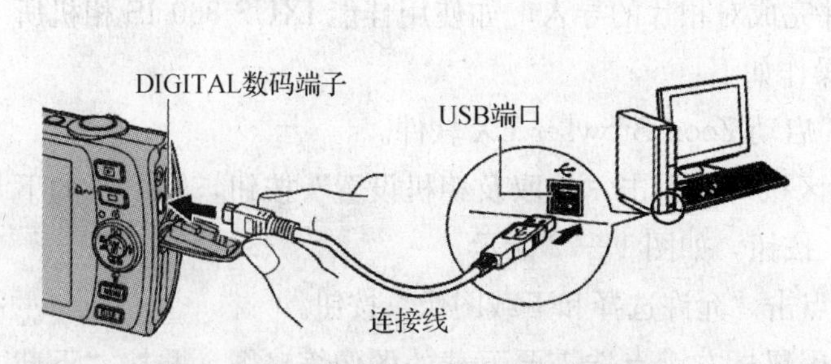

图 1—69　数码相机与计算机相连接

图 1—70　数码相机的“播放”按钮

(4) 启动计算机中相应的软件或直接对相机中的影像文件进行操作。

二、影像导入的方法

在用数码相机拍摄数码照片和视频短片之后，通常需要把相机中的照片或视频短片导入到电脑中进行保存、浏览、挑选以及进行数码的后期处理。

1. 静态图像导入

随着数码技术的发展，数码相机中拍摄的数码照片导入到电脑中的方式越来越多，且方便、简易、安全和可靠，通用性也越来越强。把数码相机中的照片传到电脑的方式由数码相机的功能及存储卡的类型、电脑操作系统及电脑配置的接口所决定，主要有如下几种方式：

(1) 用USB接口的读卡器直接传输数码照片到电脑。关闭数码相机电源后，将数码相机中的存储卡取出，插入到USB读卡器里，再将USB读卡器直接与电脑相连（见图1—71)，这样就可以从电脑上读取存储卡里的数码照片文件。因为数码相机的存储卡与移动硬盘和U盘的性质是一样的，所以可以从存储卡里很方便地将文件复制出来。

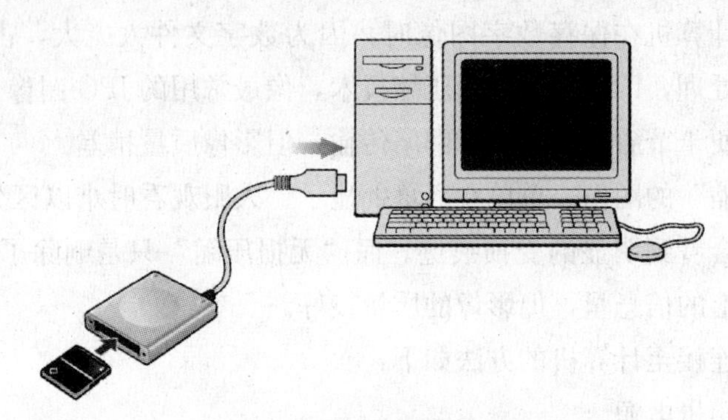

图1—71　USB读卡器与电脑连接

如果电脑不能直接识别USB读卡器或读卡器里的数码照片文件，那么可以在电脑中安装相应的驱动程序或图片处理软件完成对相片的导入，如使用佳能IXUS 860 IS相机所带的ZoomBrowser EX软件，具体操作如下：

1) 将USB读卡器与电脑连接，启动ZoomBrowser EX软件。

2) 在“主窗口”左侧的“任务区域”内点击“获取及相机设置”按钮，从展开的下拉列表中点击“从内存卡获取图像”按钮，如图1—72所示。

3) 出现如图1—73所示界面，点击“允许选择和下载图像”按钮。

4) 出现如图1—74所示界面，用鼠标左键点选需要下载的图像缩略图，并按“下载图像”图标。

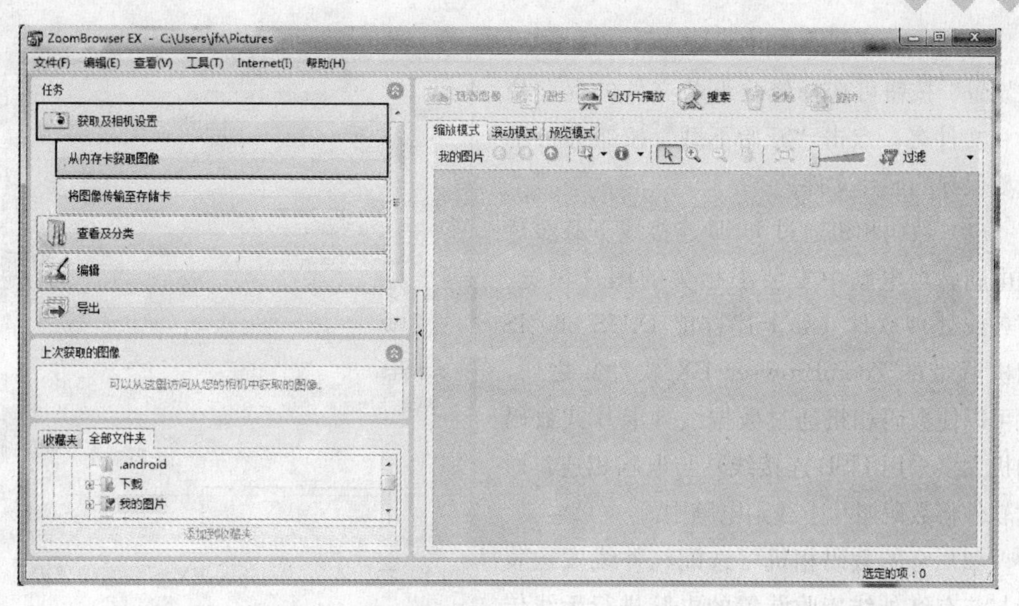

图 1—72 ZoomBrowser EX 主窗口界面

图 1—73 ZoomBrowser EX 下载图像界面 1

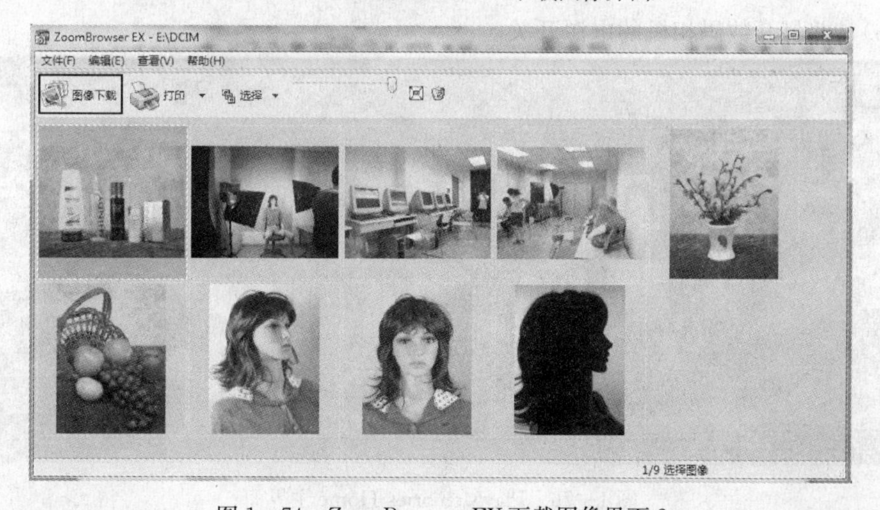

图 1—74 ZoomBrowser EX 下载图像界面 2

5）出现如图 1—75 所示界面，点击“更改设置”按钮可选择修改下载文件的保存位置和文件名，点击“开始下载”按钮即可下载要保存的照片文件。

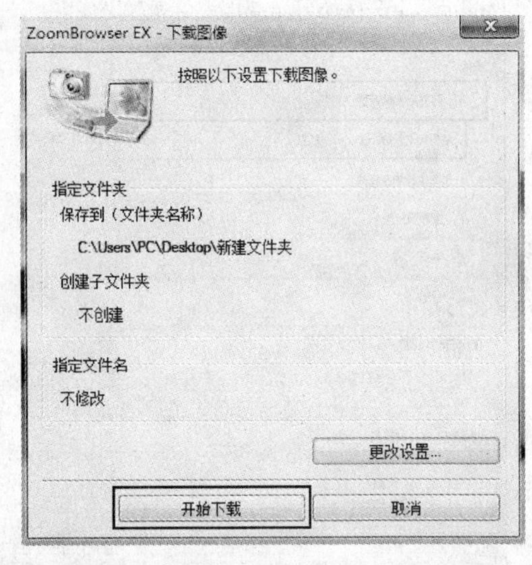

图 1—75　ZoomBrowser EX 下载图像界面 3

（2）数码相机通过 USB 连接线下载照片到电脑。当电脑中安装了相关的图片浏览、下载或处理软件（如上述佳能 IXUS 860 IS 相机所带的 ZoomBrowser EX 软件）之后，就可以使数码相机通过数据线（卡片式数码相机大多采用 USB 连接线）与电脑相连，通过软件将数码照片下载到电脑中。

（3）有的数码相机可选配红外线发送装置与装有红外线接收装置的电脑进行无线传送，将数码相机中的照片导入到电脑中保存。还有的数码相机可通过 WiFi 实现数码相机与智能手机的传送。

2. 视频短片导入

大多数的卡片式数码相机都具有视频短片拍摄功能，拍摄完成后的视频短片也可以像数码照片一样导入到电脑中保存、浏览、挑选以及进行后期的视频编辑。如索尼 RX 100 MARKⅡ相机所带的 PlayMemories Home 软件就可以进行视频短片的导入。

（1）当数码相机用 USB 连接线与电脑连接之后，启动 PlayMemories Home 软件（见图 1—76），并打开数码相机的电源开关。

图 1—76　PlayMemories Home 主界面

（2）可自动进入“导入媒体文件”界面，或者按“工具”（菜单）→“导入媒体文件”，或者点击“工具”面板中的“导入媒体文件”图标，即可出现“导入媒体文件”引导界面，如图 1—77 所示。

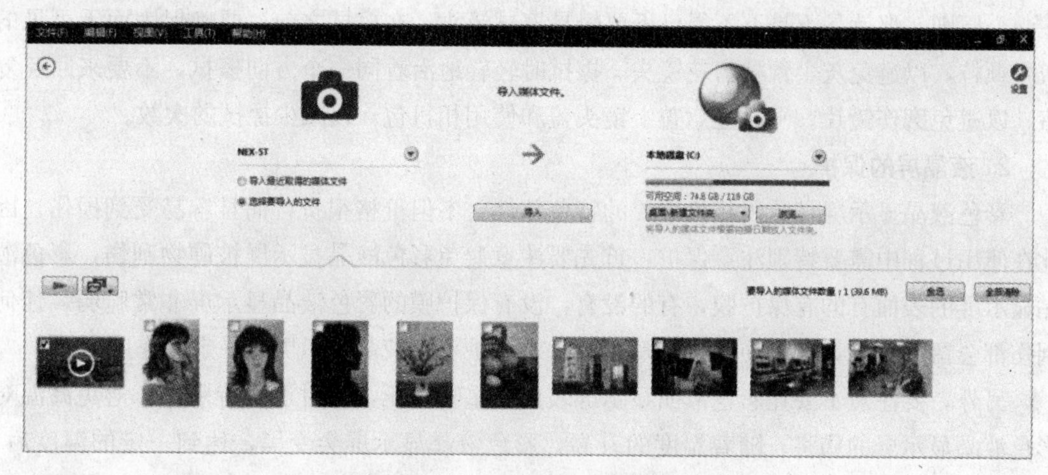

图 1—77　导入媒体文件引导界面

（3）勾选需导入的照片或视频文件，点击“浏览”按钮可设置文件保存的位置，点击“导入”按钮即可进行照片或视频文件的导入。导入完成后程序将自动返回 PlayMemories Home 主界面。媒体文件自动导入过程如图 1—78 所示。

图 1—78　媒体文件自动导入过程

三、数码相机的维护保养

1. 镜头的清洁技巧

相机镜头是非常精密的部件，其表面做了防反射的涂层处理，一定要注意不能直接用手去摸，因为这样就会粘上油渍及指纹，对涂层非常有害，而且对日后数码相机拍摄出来的照片质量影响也很大。

相机使用后，镜头多多少少会沾上灰尘，最好的方法是用吹气球吹掉，或者用软毛刷轻轻刷掉。如果吹不去也刷不掉，那就要使用专用的镜头布或者镜头纸轻轻擦拭，但要记住一个原则，那就是不是万不得已不要轻易擦拭镜头。在擦拭之前，要确保表面无可见的灰尘颗粒，以避免灰尘颗粒磨花镜头。擦拭时轻轻地沿着同一个方向擦拭，不要来回反复擦，以避免磨伤镜片。平时注意盖上镜头盖和使用相机包，以减少擦拭的次数。

2. 液晶屏的保护

彩色液晶显示屏是数码相机重要的特色部件，不但价格很贵，而且容易受到损伤，因此在使用过程中需要特别注意保护。首先要注意避免彩色液晶显示屏被硬物刮伤，彩色液晶显示屏的表面有的有保护膜，有的没有，没有保护膜的彩色液晶显示屏非常脆弱，任何刮伤都会留下痕迹，可以使用保护贴纸，这对保护彩色液晶显示屏有一定的作用。

另外，要注意不要让彩色液晶显示屏表面受重物挤压，同时还要特别注意避免高温对彩色液晶显示屏的伤害。随着温度的升高，彩色液晶显示屏会变黑，达到一定的温度后，即使温度降到正常的状态，彩色液晶显示屏也无法恢复。而有些彩色液晶显示屏显示的亮度会随着温度的下降而降低，温度相当低时，液晶显示屏显示的亮度将会很低，一旦温度回升亮度又将自动恢复正常，这属于正常现象。

此外，彩色液晶显示屏的背后有一个无法从表面看到的灯，如果彩色液晶显示屏显示的影像变暗，或显示的影像上有斑斑点点，或根本就不能显示影像，多半是灯泡老化所致，遇到这种情况，一般只要更换相应的灯泡即可。如果彩色液晶显示屏表面脏了，清洁的方法可以参考清洁镜头的方法，清洁完后应该用干燥的棉布擦净。

3. 存储卡的维护和保养

对于数码摄影而言，存储卡在摄影过程中扮演着相当重要的角色。但是，由于存储卡的使用比较简单，经常会由于用户漫不经心地使用、处理而导致存储卡损坏。

保护存储卡的首要原则是，只有在数码相机已经关闭的情况下才能安装和取出存储卡。因此，建议关闭相机后等一会儿或注意相机的亮灯完全熄灭后再取出存储卡。

其次，平时不要随意格式化存储卡，在使用相机格式化存储卡时，注意相机是否有足够的电量。如果您使用 Windows XP 之类的操作系统则需要注意，系统格式化时，默认的 FAT32 格式是不能被数码相机识别的，一般数码相机都采用 FAT 格式。

同时，还需要注意避免在高温高湿度下使用和存放存储卡，不要将存储卡置于高温和直射阳光下。避免重压、弯曲、掉落、撞击等伤害，远离静电、磁场、液体和腐蚀性物质。在拆卸存储卡时，避免触及存储卡的存储介质。如果长期使用后，存储卡插槽的接触点脏了，导致存储、读取信息故障，这时可以使用压缩空气去吹，而千万不要用小的棍棒伸进去擦，否则可能引起更大的问题。

4. 电池的使用和保养

数码相机和传统相机不同，数码相机对电能的需求特别大，因此，锂电池和镍氢电池这些可重复使用且电量也较大的电池越来越受到数码相机用户的欢迎。但不论是锂电池还是镍氢电池，电池的使用、保存、携带都有很多要注意的地方。

镍氢电池有记忆效应，这种效应会降低电池的总容量和使用时间。随着时间的推移，存储电荷会越来越少，电池也就会消耗得越来越快。因此，应该尽量将电能全部用完后再充电。如果使用的是专用的锂电池，记忆效应的问题就会好很多。

在日常使用过程中，要注意保持电池绝缘皮的完整性，一旦发现有破损，应该用透明胶布粘牢。检查电池的电极是否出现氧化的情况，轻度氧化将其擦拭掉就可以了，但如果是严重的氧化或脱落的情形则应该立即更换新的电池。为了避免电量流失，需要保持电池两端的接触点和电池盖子内部的清洁，如有需要，可以使用柔软、清洁的干布轻轻地擦拭电池。

另外，打算长时间不使用数码相机时，必须将电池从数码相机中或充电器内取出，并将其完全放电，然后存放在干燥、阴凉的环境中，而且不要将电池与一般的金属物品存放在一起，这点对于非充电电池尤其重要。

5. 其他方面的维护保养

（1）数码相机机身清洁。数码相机在使用过程中，要注意防烟避尘，外界的灰尘、污物和油烟等污染可导致相机产生故障，甚至还会增加相机的调整开关和旋钮的惰性。在使用过程中，机身不可避免地会被灰尘、污物和油烟等污染物所污染，所以需要特别注意机身的清洁。

清洁机身，可以使用橡皮吹气球将表面的灰尘颗粒吹走（注意机身的细缝是清洁的重点），然后将50％的镜头清洁液滴到柔软的棉布上进行擦拭。擦拭时需要注意避免液体从细缝渗入相机内部。而且需要特别注意，千万不能轻易地使用其他化学物质（如酒精等），许多化学物质都会腐蚀机身表面。

部分用户会使用压缩空气来吹走机身细缝中的灰尘，但压缩空气在使用时会引起制冷效果，甚至在镜头表面凝聚形成水汽，所以在使用压缩空气时需要特别注意。此外，在清洁后，应该将相机放置在干燥通风且无阳光直射的地方，待其干燥后才可以继续使用或储存。

（2）温度对相机的影响。数码相机有严格并且局限的操作温度，不适于在寒冷环境和高温环境下进行拍摄。持续的高温会影响粘合光学透镜的黏合剂，也会影响相机内的其他部件。而在寒冷的环境下，相机也容易出现润滑剂凝固、机件运转失灵、电池效率降低等问题。因此，应该使数码相机远离热源和冷源，如暖气片以及其他发热或者制冷的设备，被太阳晒得炙热的汽车等都是需要远离的。

另外，如果不可避免地要身处阳光下，可以用一块有色但不是深颜色的毛巾或带有锡箔之类能够阻挡阳光的工具来遮挡避光，最好将相机包在浅色的、不掉绒毛的柔软的旧毛巾内，这样既通风又防晒，还能在一定程度上防振。如果要在寒冷的环境下使用数码相机拍摄，在低温下可能需要更多的电量来启动，同时在寒冷的环境下电池的效率也较低，您需要携带额外的电池，同时注意保持电池的温度。

此外，温度骤然变化对数码相机是非常有害的，特别是将相机从低温处带到高温处时，除了可能由于温度的变化产生结露现象引起潮湿甚至发生电路短路问题以外，还会使相机出现一些压缩现象，肉眼不易看出但相机内部已经受到伤害。如果数码相机刚从温差很大的地点拿过来，比如在冬天从寒冷的室外拿到温暖的室内，或者在夏天从炎热的室外拿到有空调的室内，应该放置一会儿，等数码相机略微适应温差后再开机，否则有可能出现开机故障。

（3）数码相机防水防潮。对于数码相机来说，潮湿是大敌之一。潮湿的环境会使相机的镜头等光学部件和相机其他部位滋生霉菌或产生锈斑；而且数码相机都装备着集成电路等电气设备，潮湿的环境对电气设备有较大的影响，可导致数码相机的电器件发生失灵等严重问题。

如果不得不在潮湿的环境中使用数码相机，可以考虑为相机选购防水罩。在阴雨天或在湿热的环境中使用数码相机以后，应该及时用干净细软的绒布轻轻地揩去沾附在相机表面的水滴或水汽，再用橡皮吹球将各部位的细缝吹一吹，将相机放在干燥通风且无阳光直射的地方，待干燥后测试相机有没有故障，再放入密封的容器内储存。

储存容器内可放置一些干燥剂，或者选购简易型的密封防潮箱。一般来说，最适合相机存放的湿度为40%～50%，调得太低的话，数码相机中有些零件上的润滑剂有可能会干涸。

（4）数码相机的长期保存。数码相机准备长时间不使用时，除了按照上面的提示仔细清洁机身和镜头等重要部件，做好各个重要部件的保养工作和储存准备以外，还应该把相机与皮套分开，避免皮套发霉影响相机。相机已上紧的快门、自拍等部件，应予以释放，不要使这些机构长时间处于疲劳状态。镜头光圈宜设定在最大挡位，调焦距离应设定在无限远。若是变焦镜头的相机，还应把伸出的镜头缩回到原来的位置，再放置到能够保持干燥的存储容器中。

技能要求

数码图像下载

操作准备

卡片式数码相机及配件（存储卡、电池、USB连接线）等一套，装有电子相册（如

"海鸥小王子"GAZO）软件的计算机（Pentium4 以上）一台。

特别提示

"海鸥小王子"软件是一个可以从数码相机、扫描仪、图片光盘或互联网中获取数码图像的专业图像编辑软件，通过它可以查看、编辑、打印、创建网页、日历、GIF 动画、墙纸、幻灯片及屏幕保护程序。

操作内容

将拍摄的人像、场景和静物照片各一张存储在计算机的"海鸥小王子"电子相册的一本新相册内，并将这本相册根据要求更名，如将相册改名为"数码影像"。

操作步骤

步骤 1　保证数码相机的存储卡内保留需要下载的照片，关闭数码相机电源，用 USB 连接线将相机与电脑连接。

步骤 2　打开数码相机电源，并将其设置至▶播映状态。

步骤 3　双击电脑桌面的"海鸥小王子"GAZO 图标，启动电子相册软件。

步骤 4　在"海鸥小王子"电子相册的界面按鼠标右键，选"创建新相册"项，如图 1—79 所示。

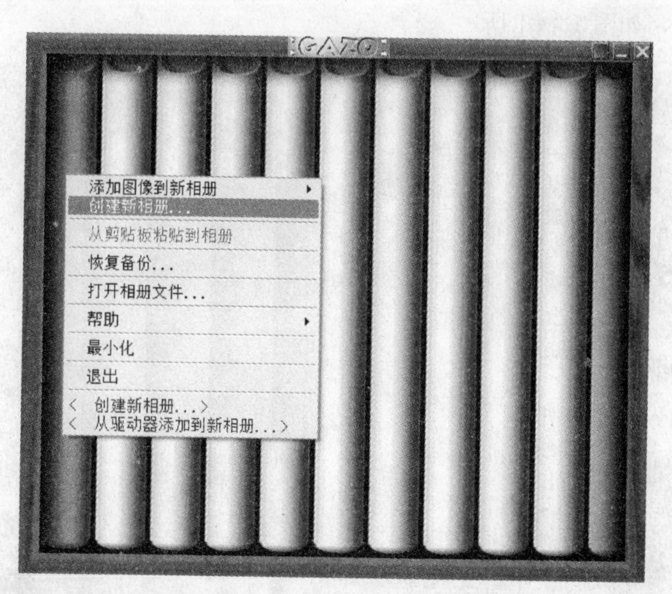

图 1—79　"海鸥小王子"电子相册软件"创建新相册"选项

步骤 5　在"创建新相册"对话框内输入"数码影像 001"，按"确定"按钮，如图 1—80 所示。

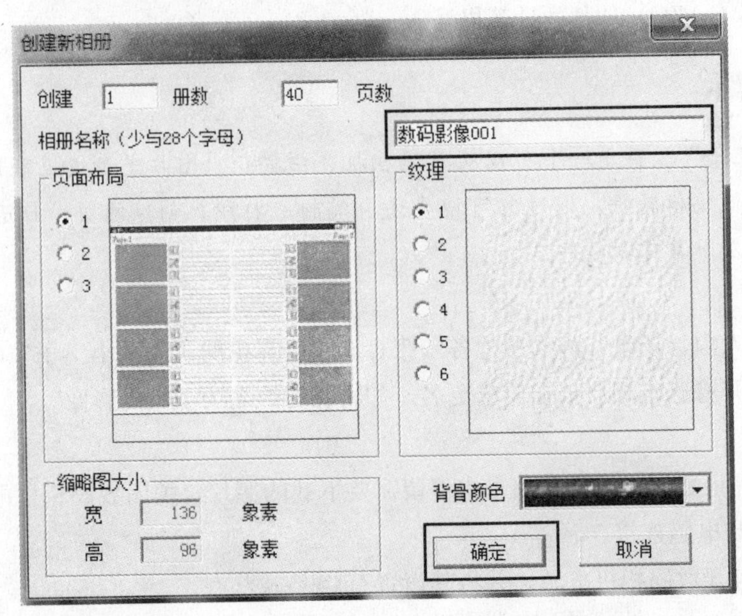

图1—80 “海鸥小王子”电子相册软件相册命名对话框

步骤6 在“数码影像”相册上按鼠标右键，选择“添加图像到新相册”→“从驱动器添加到新相册”，如图1—81所示。

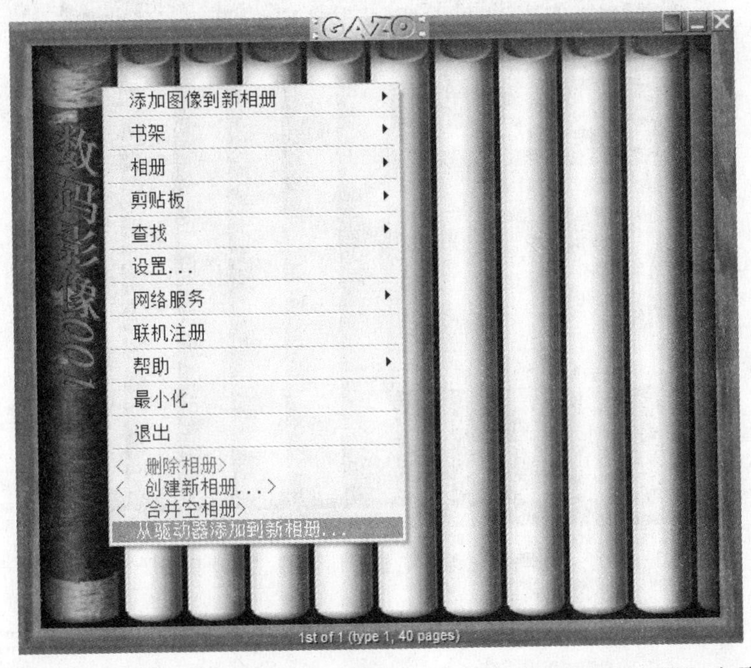

图1—81 “海鸥小王子”电子相册软件“从驱动器添加到新相册”选项

步骤 7　在“选择驱动器”对话框的下拉列表中选择连接的数码相机驱动器，按“确定”按钮，如图 1—82 所示。

图 1—82　“海鸥小王子”电子相册软件“选择驱动器”对话框

步骤 8　程序自动将数码相机中的所有照片导入到“数码影像”相册中。用鼠标点击“数码影像”相册即可打开此相册内被导入的三张照片，如图 1—83 所示。

图 1—83　“数码影像 001”相册内的照片

最后点击右上角的“关闭”按钮，完成操作。

思考题

1. 数码相机与传统相机有哪些不同？
2. 数码相机中的白平衡是什么？
3. 数码相机的存储方式有哪些？
4. 摄影的构图方法有哪些？
5. 简述摄影的基本用光。

第 2 章

数字图像处理与编辑技巧

第1节　数字图像处理制作

学习单元1　数字图像处理软件概况

学习目标

1. 了解数字图像处理基本概念
2. 熟悉 Photoshop 软件的操作界面
3. 掌握 Photoshop 工具操作

知识要求

一、基本概述

Photoshop 是一个非常出色的图像处理软件，它的功能十分强大。为了更好地运用此软件，首先应该了解 Photoshop 的基础知识，其中包括一些图像的基础知识，然后循序渐进地了解 Photoshop 界面、常用命令及操作方法。

1. 图像的类型

图像大致可以分为两种类型：一种是向量式图像，也称为矢量式图像，它是以数学的向量方式来记录图像的，内容以线条和色块为主，向量式图像不易制作色调丰富或色彩变化太多的图像；另一种是点阵式图像，但是数字化的图像不都是点阵式图像，点阵式图像是由许多点组成的，这些点被称为像素（pixel）。这两种图像各有千秋，互为补充。

2. 图像的分辨率和图像大小

（1）图像分辨率。图像分辨率是指在单位长度内所含有的点（像素）的多少，Photoshop 图像的最小单位是像素。

（2）图像大小。Photoshop 可以使用“图像大小”命令来调整图像的像素大小、打印尺寸和分辨率。

执行“图像”→“图像大小”命令，如图 2—1 所示。

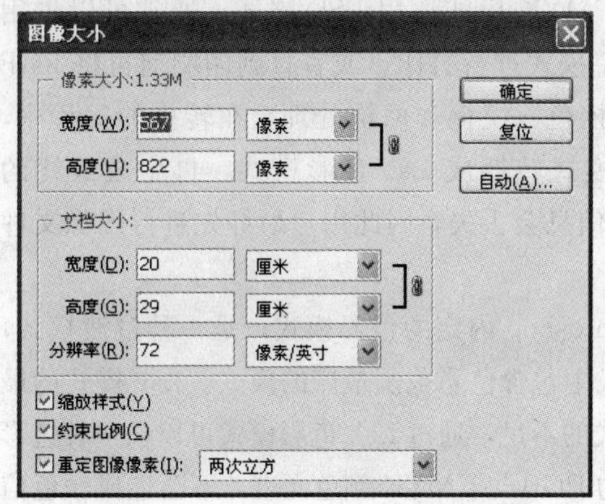

图 2—1 “图像大小”对话框

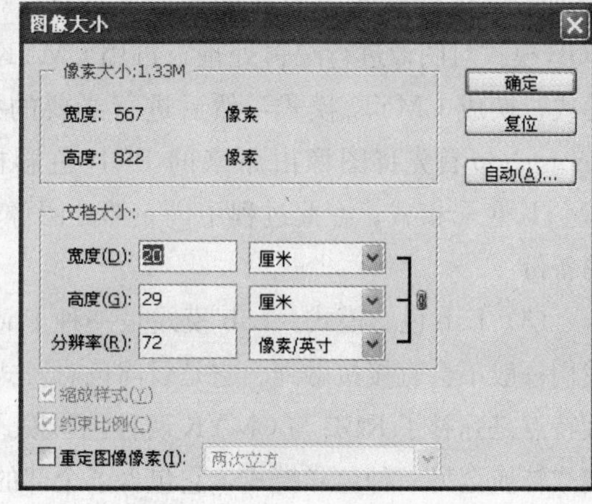

图 2—2 取消“重定图像像素”

在 Photoshop 中，只有选择了“重定图像像素”选项，才能更改图像的像素大小。

“重定图像像素”会使图像的品质下降。取消选择“重定图像像素”则只更改“文档大小”（见图 2—2），Photoshop 将自动调整另一个值以保持总像素数不变。

3. 色彩的模式

（1）RGB 色彩模式。红（Red）、绿（Green）、蓝（Blue）是合成自然界色彩的基本颜色，人们将它们称为三原色。由于三原色都具有 256 个亮度级别，RGB 又是加色模式，因此三种颜色叠加就能形成 256×256×256，即 1 670 万种颜色，这就是我们平常所说的“真色彩”。RGB 是 Photoshop 中最常用的一种色彩模式，不是计算机绘图中的图像格式之一。不管是扫描输入的图像，还是绘制的图像，几乎都是以 RGB 模式存储的。

在 Photoshop 中，改善图像处理工作环境的首要工作就是设置环境优化选项，它们都是与图像处理的最终结果相关的内容。RGB 模式的图像有很多优点，比如图像处理起来很方便，图像文件小，可以使用 Photoshop 所有的命令和滤镜等。但 RGB 色彩模式也不是尽善尽美的，由于 RGB 色彩模式提供的有些颜色已经超过了打印颜色的范围，因此在打印彩色图像时，就必然会损失部分颜色信息，而且那些比较鲜艳的颜色会首当其冲受到影响。

（2）CMYK 色彩模式。CMYK 模式是一种印刷模式。在印刷行业，人们很少会看到 RGB 色彩模式的应用。这是因为在打印时使用的油墨不会自己发光，一些鲜艳的色彩将会成为丢失的对象，目前使用最多的是 CMYK 色彩模式。由于 CMYK 显示的颜色是由打印油墨吸收的光的颜色决定的，因此又称为“减色模式”。

CMYK模式的原色为青色（Cyan）、品红色（Magenta）、黄色（Yellow）和黑色(Black)，这种模式一般在印刷时才使用。CMYK模式适用PSD格式。通常可以先用RGB模式对图像进行编辑处理，再用CMYK模式进行打印，或者直到印刷前再将RGB模式转换成CMYK模式，然后进行必要的校色、锐化和修饰处理。在转换的过程中，Photoshop首先将图像由原来的RGB色彩模式转换成Lab色彩模式，再生成最终的CMYK色彩模式。在此过程中，一部分图像信息会丢失，因此用户最好先进行图像文件的备份。

(3) Lab色彩模式。Lab模式是一种Photoshop内定的色彩模式，是一种过渡模式，我们一般不会直接接触到。它是目前色彩模式中包含色彩范围最广的模式。Lab模式的最大特点是弥补了RGB与CMYK两种色彩模式的不足，通过Lab色彩模式可以从一种色彩模式转换至另一种色彩模式，它包含了全部的RGB与CMYK颜色光谱，不会造成颜色信息的丢失。因此将一幅图像由CMYK模式转换至RGB模式时，Photoshop首先将图像由CMYK色彩模式转换至Lab色彩模式，然后再由Lab色彩模式转换至RGB色彩模式。

(4) Grayscale（灰度）模式。灰度模式图像的像素是由8位的位分辨率来记录的，因此能够表现出256种色调，利用256种色调可以将黑白图像表现得很完美。灰度模式的图像可以和彩色图像及黑白图像相互转换，彩色模式要转换成位图模式时，必须先转换成灰度模式。但要指出的是，彩色图像转换为灰度图像要丢掉颜色信息，灰色图像转换为黑白图像时要丢失色调信息，所以从彩色图像转换成灰度图像，然后再由灰度图像转换为彩色图像时已不再是彩色了。

除了以上的几种色彩模式外，还有HSB色彩模式。HSB色彩模式提供的有些颜色已经超过了打印颜色的范围，因此在打印彩色图像时，就必然会损失部分颜色信息。如果将一幅图像由CMYK模式转换至RGB模式时，Photoshop先将图像由CMYK转换至HSB色彩模式，然后再将它转换至RGB模式。

4. 图像的格式

(1) PSD格式。PSD格式是Photoshop的默认格式，也是由Adobe公司专门开发的适用于Photoshop的图像格式，它支持位图、CMYK等各种图像类型，是最能体现Photoshop功能与特征的优化格式。这种格式已广泛应用于商业艺术领域。这种格式能够存储图层、蒙板、通道和其他的图像信息，后缀名有两种，即psd和pdd。这种格式的文件是进行了压缩的，压缩比和JPEG差不多，并且压缩后并不失真，不会影响到图像的质量。

(2) BMP格式。Windows操作系统的许多图像文件如墙纸等的原始图像都是以BMP格式保存的。它支持RGB、索引色、灰度和位图色彩模式，但不支持Alpha通道。

(3) JPEG格式。JPEG的名称为Joint Photographic Experts Group（联合图像专家

组），也是目前最优秀的数字化摄影图像的存储方式。JPEG 格式的图像通常用于图像预览和超文本文档中，Web 的设计者通常要用 JPEG 文件格式来保存扫描的图像，制作一个网页图像可选择 JPEG 保存格式。JPEG 格式最大的特点是文件比较小，都经过了高倍压缩，是目前所有格式中压缩率最高的，但是这种格式有一个很大的缺点，就是在压缩时会丢失一些数据。

（4）TIFF 格式。TIFF 的出现是为了便于各种图像软件之间的图像数据交换，应用很广泛，支持多种色彩模式，并且在 RGB、CMYK 和灰度三种色彩模式下还支持 Alpha 通道。TIFF 的全称为 Tag Image File Format（标记图像文件格式）。它是 Macintosh 和 PC 平台上支持最广泛的图像格式，与计算机的结构、操作系统及图形设备硬件无关，是不同媒体间交换位图数据时最佳的可选格式之一。TIFF 格式广泛应用于图形图像艺术处理和桌面排版领域。

5. Photoshop CS6 新增的特性及功能

CS6 带来了全新的用户界面（见图 2—3），完善了内容识别填充，整合了新的 Adobe 云服务，改进了 3D 效果、滤层、文件搜索等。该版本同样包括 Photoshop、Illustrator、DreamWeaver、InDesign 等组件。

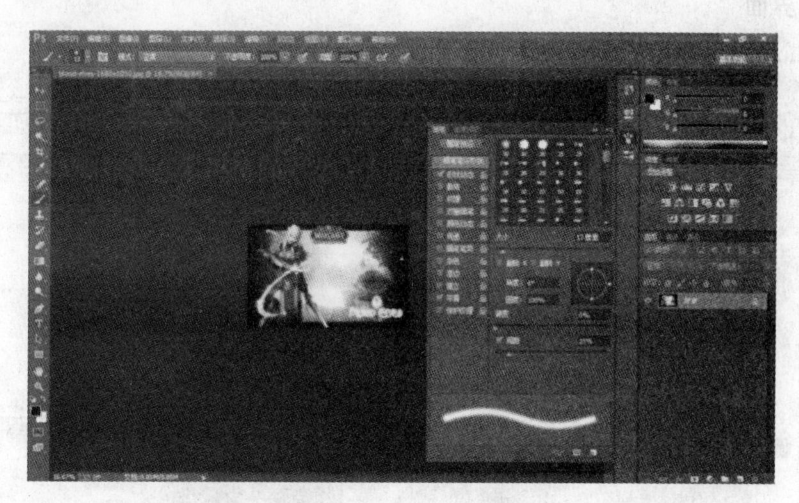

图 2—3　CS6 界面

（1）CS6 引入 GPU 加速 Adobe 新的水星图像引擎，能让 CS6 更多利用 CPU 的处理能力，因此，一些图像处理过程会更加迅速。

（2）图像控制更直观。CS6 里一些滤镜的效果控制条会直接显示在图片上，使得调节过程更直观，视线也可以更多集中在图片上，减少在控制窗口和图片之间来回切换的频率。

(3) CS6 默认使用了接近黑色的背景，如果你更喜欢以前那种浅色的界面背景，可以通过 Edit→Preferences→Interface 选项来更改。

(4) 新的裁剪工具。CS6 里的裁剪工具已经改头换面。当你使用裁剪工具旋转图片的时候，裁剪框本身不会转动，而是图片旋转。对于本身有倾斜角度的图片，它提供了一个 straighten 功能，只要用它沿着倾斜的边缘画一下就能自动调整到水平/竖直方向。

(5) 新的滤镜菜单。Adobe 对 CS5 提供的滤镜进行了重组，并舍弃了一些滤镜如 Pixel Bender，新增了一个 Oil Paint 滤镜，能得到类似油画一样的神奇效果。

(6) 新的图层过滤器。当图层较多时，这个功能可以根据类型、名称、属性、效果、颜色等多种条件来进行筛选。

(7) 新的倾斜/位移模糊滤镜。在菜单 Filter→Blur 下可以找到这个 Tilt Shift 滤镜。

(8) 字符和段落样式和 Adobe 的 InDesign 类似。CS6 的字符样式和段落样式面板，能保存你最喜爱的字体、大小、颜色和其他相关设置。

二、Photoshop 基本操作

1. 操作界面

Photoshop 的界面由七个部分组成，如图 2—4 所示。

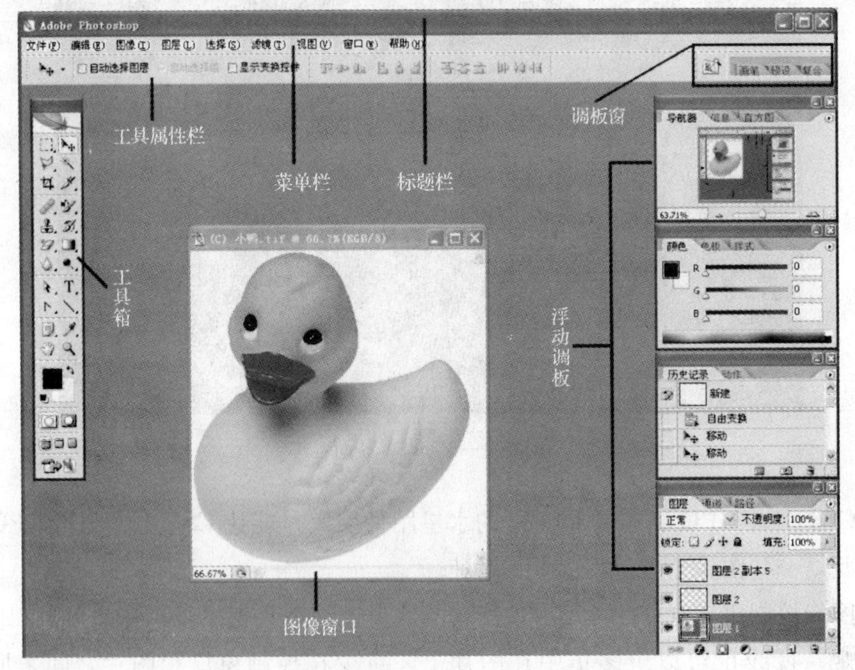

图 2—4　工作界面

标题栏：左边显示 Photoshop 的标志和软件名称，右边三个图标分别是最小化、最大化和关闭按钮。

菜单栏：包括文件、编辑、图像等九个菜单。

工具属性栏：主要用来显示工具箱中所选用工具的一些延展选项，如图 2—5 所示。

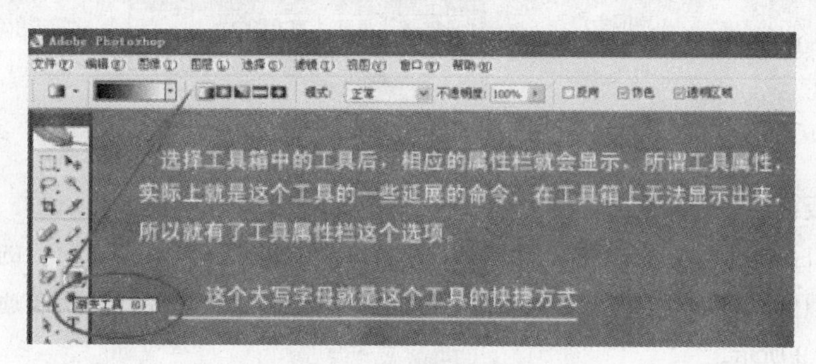

图 2—5　工具属性栏图

工具箱：用 Photoshop 处理图像，首先要熟悉工具的使用。根据工具的作用和特性，可分为选择与切割类、编辑类、矢量与文字类和辅助工具类（见图 2—6），中间用分隔栏分开。此外在一部分工具图标的右下角有一个黑色的小箭头，表示这是一个相类似的工具的集合，用鼠标按下一个工具按钮不放（稍停一下），就会展开下级菜单，显示该集合的全部工具，如图 2—7 所示。

调板窗：调板窗通常用来存放不常用的调板，如图 2—8 所示。调板在其中只显示名称，

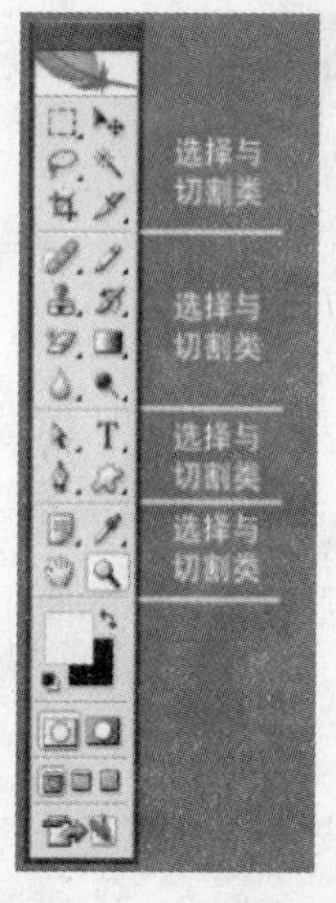

图 2—6　工具箱 1

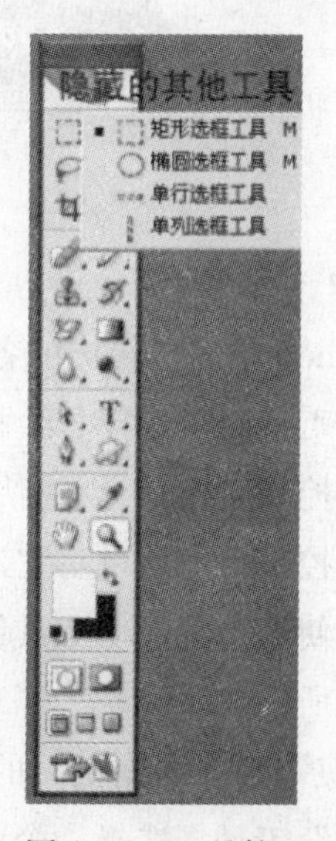

图 2—7　工具箱 2

点击后才出现整个调板，这样可以有效利用空间，防止调板过多挤占图像的空间。

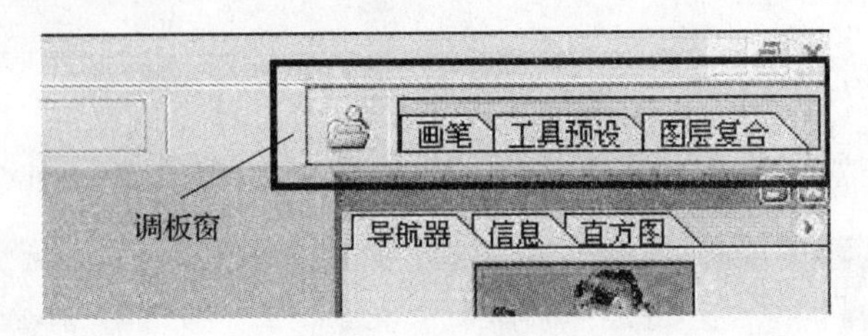

图 2—8 调板窗

浮动调板：浮动调板也可以称为调板区。

图像窗口：是工作界面中打开的图像文件窗口，也叫工作区。图像窗口的上方是标题栏，标题栏中可以显示当前文件的名称、格式、显示比例、色彩模式、所属通道和图层状态，如图 2—9 所示。

图 2—9 图像窗口

2. 工具操作

(1) Photoshop 的工具箱内的各种工具见表 2—1。

工具箱中的工具用于选择、绘画、编辑、输入文本和观察图像，或者选取前景色和背景色（也称颜色控制面板）、创建快速蒙版以及更改屏幕显示模式。选择其中的每一个工具，在"选项"控制条中均可对它进行相关的设置，以限定该工具的使用状态。

裁切工具的使用：用裁切工具创建一个选区框，移动框架使地平线与框架的水平线平行，如图 2—10 所示。

"魔术橡皮擦"和"油漆桶"的使用：用"魔术橡皮擦"工具点击背景，新建一个图层；用"油漆桶"工具（选择一个图案）点击新的图层，如图 2—11 所示。

表 2—1 **Photoshop 各种工具**

图标	名称	用　途
	选框工具	可制作出矩形、椭圆、单行和单列等选区
	移动工具	可移动选区、图层和参考线
	套索工具	可制作手绘、多边形（直边）和磁性（紧贴）选区
	魔棒工具	可选择着色相近的区域
	裁切工具	可裁剪图像
	修复画笔工具	利用样本或图案来绘画，以修复图像中不理想的部分
	修补工具	可利用样本或图案来修复所选图像区域中不理想的部分
	画笔工具	可绘制画笔描边
	铅笔工具	绘制硬边描边
	仿制图章工具	用图像的样本来绘画
	图案图章工具	用图像的一部分作为图案来绘画
	历史记录画笔工具	将所选状态或快照的复制绘制到当前图像窗口中
	魔术橡皮擦工具	通过一次点按将纯色区域抹为透明区
	橡皮擦工具	抹除像素并将部分图像恢复到以前存储的状态

续表

图标	名称	用　途
	背景色橡皮擦工具	通过拖移将区域抹为透明区域
	渐变工具	创建直线、辐射、角度、反射和菱形的颜色混合效果
	油漆桶工具	用前景色填充着色相近的区域
	模糊工具	对图像内的硬边进行模糊处理
	路径选择工具	选择显示锚点、方向线和方向点的形状或段选区
	文字工具	在图像上创建文字
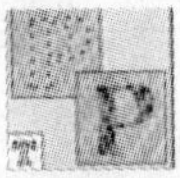	文字蒙版工具	创建文字形状的选区
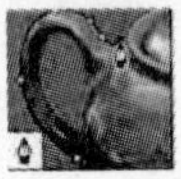	钢笔工具	可以绘制边缘平滑的路径
	自定形状工具	从自定形状列表中选择自定形状
	吸管工具	提取图像颜色的色样
	抓手工具	在图像窗口内移动图像
	缩放工具	放大和缩小图像的视图

选择裁切工具 创建一个框　　　　确定这个框的位置

图 2—10　裁切工具

图 2—11　魔术橡皮擦和油漆桶

（2）在 Photoshop 中，新建一个文件时，可以设置该图像的色彩模式。新建文件流程如图 2—12 所示。

（3）前景及背景颜色（也称为颜色控制面板）的设定如图 2—13 所示。颜色控制面板可调的颜色比色板控制面板多。点击设置前景色图标，打开拾色器，可以输入 RGB、CMYK、Lab 和 HSB 四种数据方法来设定前景色。在选择菜单，有一个色彩范围命令可以按 R、G、B 等颜色选取范围。

（4）选框工具如图 2—14 所示。选区选取后，可以运用选择菜单的修改命令对选区大小进行扩展或收缩调整。

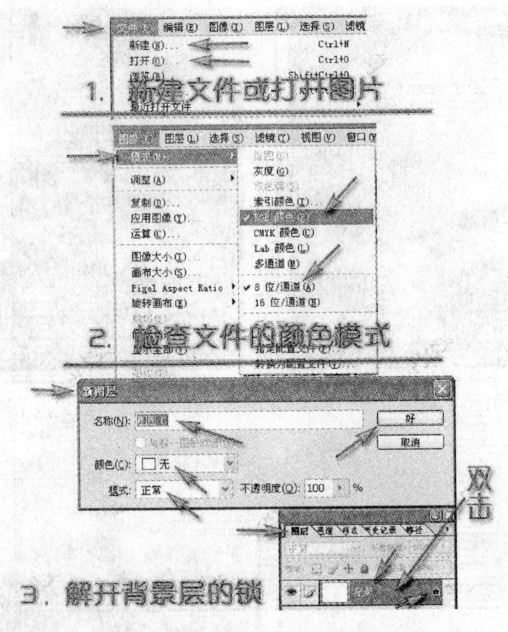

图 2—12　新建文件

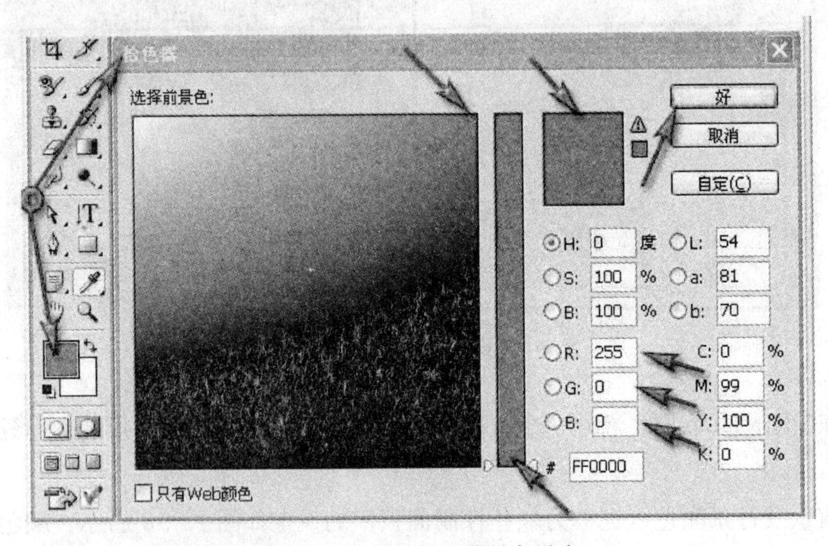

图 2—13　前景色和背景色设定

使用创建选区、设置前景色和“油漆桶”工具来制作图片如图 2—15 所示。

（5）渐变颜色设定如图 2—16 所示。

（6）设定辅助线。辅助线的位置和标尺及网格的设置一样，都是为了让用户能够更准

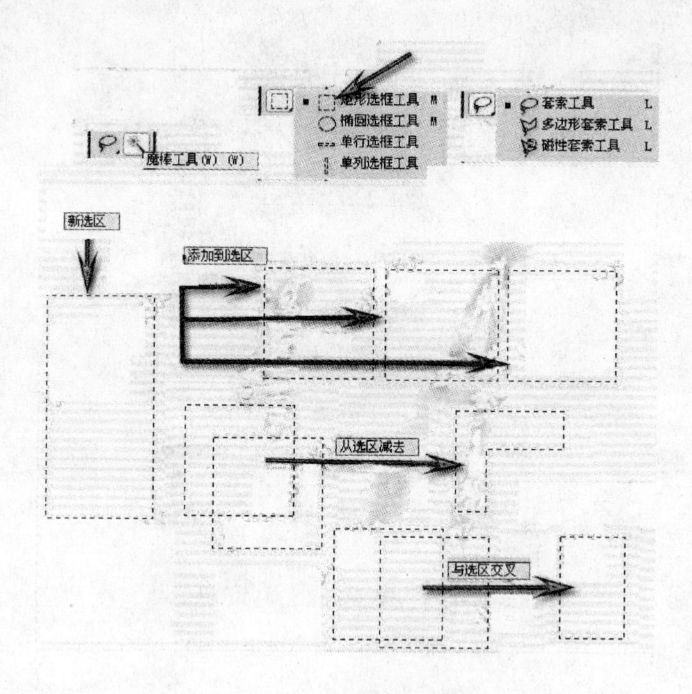

图 2—14　选框工具设定

图 2—15　建立选区

确地对齐对象。但是它的使用要比网格的使用方便一些，因为网格要布满整个图像屏幕，而辅助线可以按照用户的需要进行设置，而且可以任意设定其位置。在设置辅助线之前，

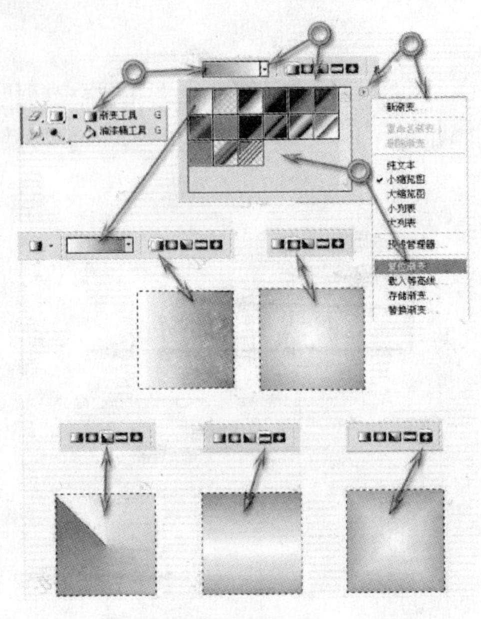

图 2—16　渐变设定

首先要显示标尺，然后在标尺上按下鼠标拖动至窗口中，放开鼠标即可出现辅助线。标尺的原点一般都是在窗口的左上角，用户也可以调整原点的位置。

3. 控制面板的操作

控制面板也称为浮动调板，如图 2—17 所示，用来安放制作需要的各种常用的调板。按照它的默认设置分成了四个组：第一组控制面板包含图像的信息栏，有导航器和信息两

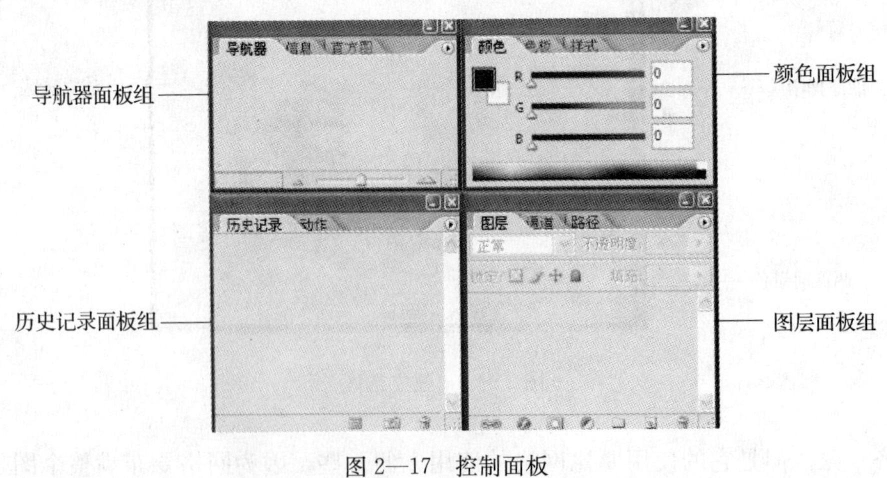

图 2—17　控制面板

个控制面板；第二组控制面板中主要是工具信息，有颜色、色板和样式三个控制面板；第三组控制面板中有历史记录和动作两个控制面板；第四组控制面板中有图层、通道和路径三个控制面板。

技能要求

取消照片日期印记及图片背景颜色

一、使用仿制图章工具

操作步骤

步骤 1　打开“素材 1”图像，选择“仿制图章”工具，设置“仿制图章”选项栏。

步骤 2　按 Alt 键，取相近的图案。

步骤 3　对着红的日期进行拖动，如图 2—18 所示（见彩图 9），直到日期擦掉为止。

设置画笔

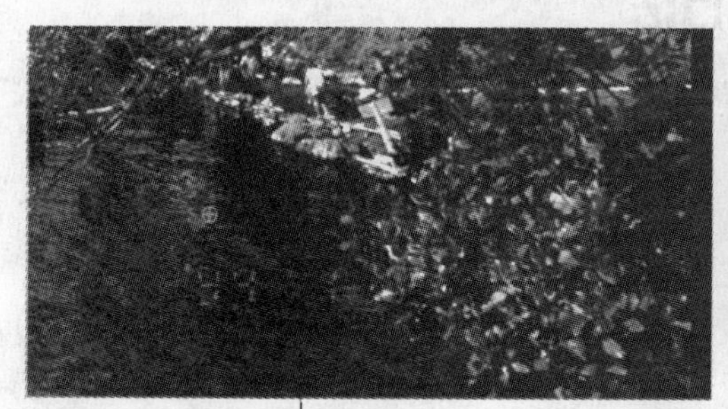

按Alt键，取近似颜色

对着红的日期进行拖动

图 2—18　仿制图章

二、荷花仙女的制作

操作步骤

步骤 1　打开“素材 2－1”图像，用“魔术橡皮擦”工具，容差 10，点击背景，擦掉白色。

步骤 2　用“椭圆选框”工具，羽化 10，创建椭圆框；用移动工具，把人头的部位移到“素材 2－2”中，如图 2—19 所示（见彩图 10）；调整脸部的位置。

魔术橡皮擦工具

椭圆选框工具

移动工具

图2—19　荷花仙女

学习单元2　数字图像编辑方法

学习目标

1. 了解数字图像编辑的方法
2. 熟悉图层和路径的使用
3. 掌握通道和蒙版的应用

知识要求

一、图层和路径的使用

1. 图层的使用

图层是制作精致图像必不可少的工具。如果能有效地用好图层工具，再配以其他的如路径等工具的使用，就能制作出很漂亮的图像。

(1) 图层的基本概念。图层的使用在图像处理中是一个很重要的内容，图层就像一张一张透明的玻璃纸，你在每层上画画，然后根据层的上下排布，该挡住的挡住，该露出的露出，如图2—20所示。用户可以在这些纸上绘制需要绘制的图形，然后再将这些透明的纸按照用户的要求和次序进行叠加，如果用户需要还可以进行透明纸上图像的合并。每个图层都可以有自己独特的内容，各个图层相互独立、互不相干，但是它们又有着密切的联系，用户可以把这些图层进行随意的合并操作以达到满意的效果。

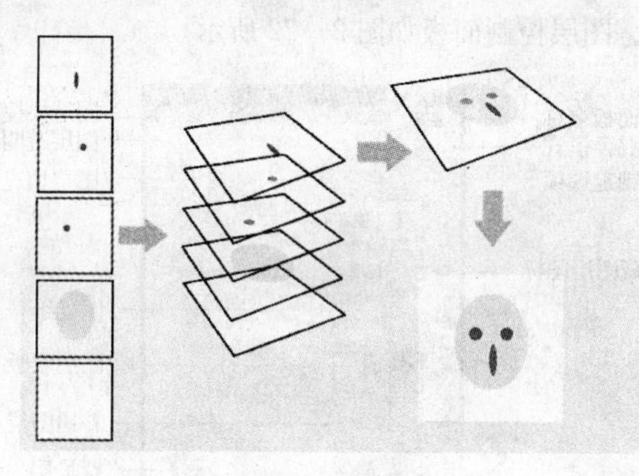

图 2—20　图层

在 Photoshop 中，图层有四种类型，分别是普通图层、文本图层、调节图层和背景图层，下面对它们分别进行介绍。

1）普通图层。普通图层即用一般的方法建立的图层，也就是常说的一般概念上的图层。在图像处理中用户用得最多的就是普通图层。这种图层是无色透明的，用户可以在上面添加图像、编辑图像，然后使用图层菜单或图层控制面板进行图层的控制。

2）文本图层。当用户使用文字工具进行文字的输入后，系统即会自动地新建一个图层，这个图层就是文本图层。文本图层是一个比较特殊的图层，在 Photoshop 中，文本图层可以直接转换成路径进行编辑，并且不需要转换成普通图层就可以使用普通图层的所有功能。

3）调节图层。调节图层不是一个存放图像的图层，它主要用来控制色调及色彩的调整，如图 2—21 所示。调节图层存放的是图像的色调和色彩，包括色阶、色彩平衡等，用户将这些信息存储到单独的图层中，这样就可以在图层中进行编辑调整，而不会永久性地改变原始图像。

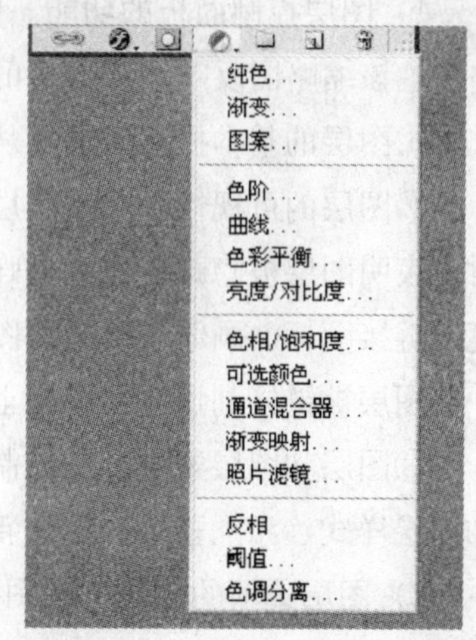

图 2—21　“调节图层”下拉表

4）背景图层。背景图层是一种特殊的图层，它是一种不透明的图层，它的底色是以背景的颜色来显示的。当使用 Photoshop 打开不具有保存图层功能的图形格式如 GIF 和 TIFF 时，系统将会自动地创建一个背景图层。背景图层可以转换成普通的图层，背景图层也可以基于普通图层来建立。

(2) 图层控制面板。所有图层功能都用图层菜单或图层控制面板来控制。Photoshop把大多数相同的命令集成到了图层菜单和图层控制面板中。一般来说，图层控制面板中提供了对图层参数的控制。图层控制面板如图2—22所示。

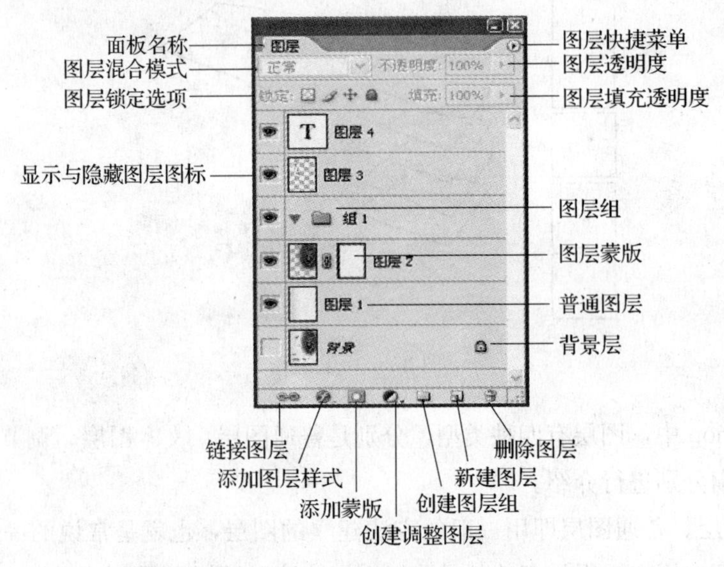

图2—22 图层控制面板

1) 图层控制面板的功能。图层控制面板能实现的功能很多，每个图层都含有一个缩略图，该缩略图反映图层本身的内容。图层控制面板中主要的图层控制功能如下：

①图层的基本控制。通过从窗口菜单中选择“显示图层”命令，打开图层控制面板。

②图层的可视性。单击图层可视性图标可以开关这个图层的可视性。当此图标消失时，表明图层被隐藏；而一只睁开的眼睛表示一个可视图层。下一栏是空白，或者显示画笔或链接图标。画笔表明当前图层是一个用于编辑的活动图层，而链接图标则表明另外有一些图层被链接到该活动图层上。

③图层和图层蒙版。在控制面板的底部还有七个图标，其功能分别是：链接图层、添加图层样式、添加蒙版、创建新组、创建新的填充或调节图层、创建新图层、删除图层。

2) 图层选项的设置。在图层控制面板中可以对图层选项的各项参数进行设置，包括图层名称、透明度、混合模式以及混合模式的参数。在Photoshop中，用户要使用两个命令设置图层选项：一是从“图层”菜单中选择“图层属性”命令，可以设置图层的名称和图层的颜色，如图2—23所示；二是从“图层→图层样式”菜单中选择“混合选项”命令（见图2—24），用户可在此对话框中设置图层的混合模式和各种参数。图层的混合模式只是对活动图层和它下面一层的图层进行混合处理。同样，这两个命令也可以在图层控制面板右上方的小黑三角弹出菜单中找到。

图 2—23　“图层属性”对话框

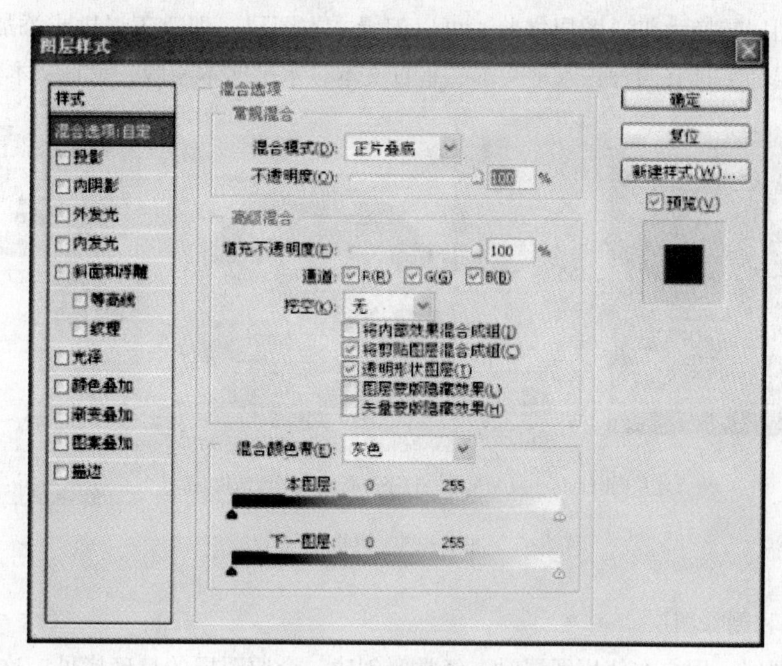

图 2—24　“图层样式”对话框

（3）图层控制。在前面已经详细介绍了图层控制面板的主要功能。如果要熟练地使用 Photoshop 进行图像编辑，就必须掌握图层控制面板的操作方法。这些方法也就是对图层控制的基本方法，下面结合图层控制面板和图层菜单分别进行介绍。

1）新建普通图层。在 Photoshop 中，可以用许多种方法建立普通图层。不仅可以由使用者直接创建图层，而且有些操作在被运用时将会自动地生成普通图层。例如，每当粘贴素材到图像中或创建文本时，Photoshop 就创建一个新的图层。

2）新建调节图层。一个调节图层会把色彩或色调的变化应用到它下面的所有图层上，同时保护所有这些图层中的原有数据。换句话说，调节图层的作用就好比是一个滤镜，把一个模子投射到下面的那些图层上。删除或关闭该调节图层，下面的那些图层就恢复到它们原先的色彩和对比度。因此可以试验各种色调选择，无须担心它们会影响到下面的图层以至于带来不可撤销的后果。

3）新建文本图层。当用户在 Photoshop 中创建文本时，文本图层会被自动添加到图层控制面板上，并被插入到活动图层的上部。文本图层可以通过图层菜单中的“栅格化”子菜单中的各项命令将其转换为普通图层和形状图形等图层模式，这样即可对图层进行各项操作，如图 2—25 所示。如果用户在没有转换成普通图层时使用滤镜菜单中的命令则会出现一个对话框，该对话框将提示用户在进行滤镜处理时会将其自动转化为普通图层。用户在将文本图层转换为普通图层之前，可以编辑文本图层，即改正误拼或添加附加文本。新建文本图层的工具有四种：水平文本、垂直文本、水平文本蒙版、垂直文本蒙版。

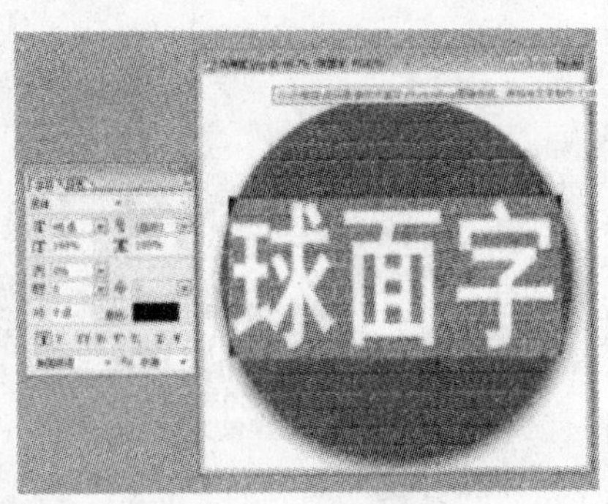

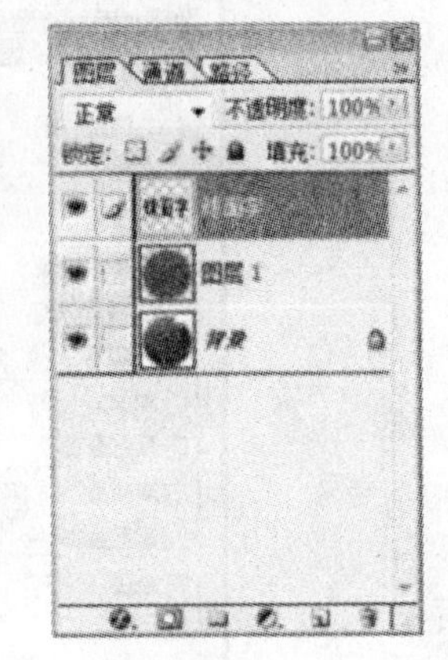

建立椭圆选区→复制粘贴→打字→将球面字栅格化

图 2—25　栅格化

4）复制和删除图层

①复制图层。用户在使用图层时，经常要创建一个原图层的精确拷贝，这时就可以复制图层。

②删除图层。有时有的图层对于用户制作是无用的或者是没有必要的，这时就要删除这些图层。

5）调整图层的叠放次序。图层的叠放次序对于图像来说非常重要，图层的叠放决定着图层中哪些内容被遮住，哪些内容是可见的，这些可见的内容叠放在一起即可形成很好的图像效果，这也是图层的一个重要的功能。

6）图层的链接和合并

①图层的链接。该功能可以方便用户移动多层图像，当几个层进行链接后，同时也可以合并、排列和分布图像中的层。

②图层的合并。向下合并命令即指将图层与它下面的图层合并；但当图层中有链接图

层出现时，该命令则会变成合并链接图层命令，可以利用该命令合并所有可见链接图层；而当图层中有剪辑组出现时，该命令又变成合并组命令，将所有剪辑编组图层合并。合并可视图层指除了隐藏的图层外，将其他可视图层均合并起来。拼合图层则是将所有可见图层都合并进背景图层，从而大大减小文件大小。拼合图层会丢掉所有隐藏图层，并用白色填充留下的透明区域。在大多数情况下，完成所有编辑后才将图层拼合。

7）使用图层工作组。图层工作组是 Photoshop 的新功能，是为了帮助用户组织和管理图层而建立的，以便对图层进行分类管理。它就像一个文件夹，专门用来放图层。

8）建立和使用图层蒙版。使用图层蒙版（见图 2—26）可以擦除所有或部分图层，并且在需要时随时把被删除的部分恢复过来。就图层蒙版来说，实际上是建立一个在该图层上面的蒙版，从而把某些部分隐藏掉，而让其余部分透视过来。当需要恢复一个已隐藏的部分时，只需返回来擦除掉该蒙版即可。这种方法类似于建立一个快速蒙版，单击一个图标激活该蒙版，并在图像上绘画来定义蒙版区；而与快速蒙版不同的是，看不到定义该选择的着色区域，而下面的图层或者被暴露，或者被隐藏。

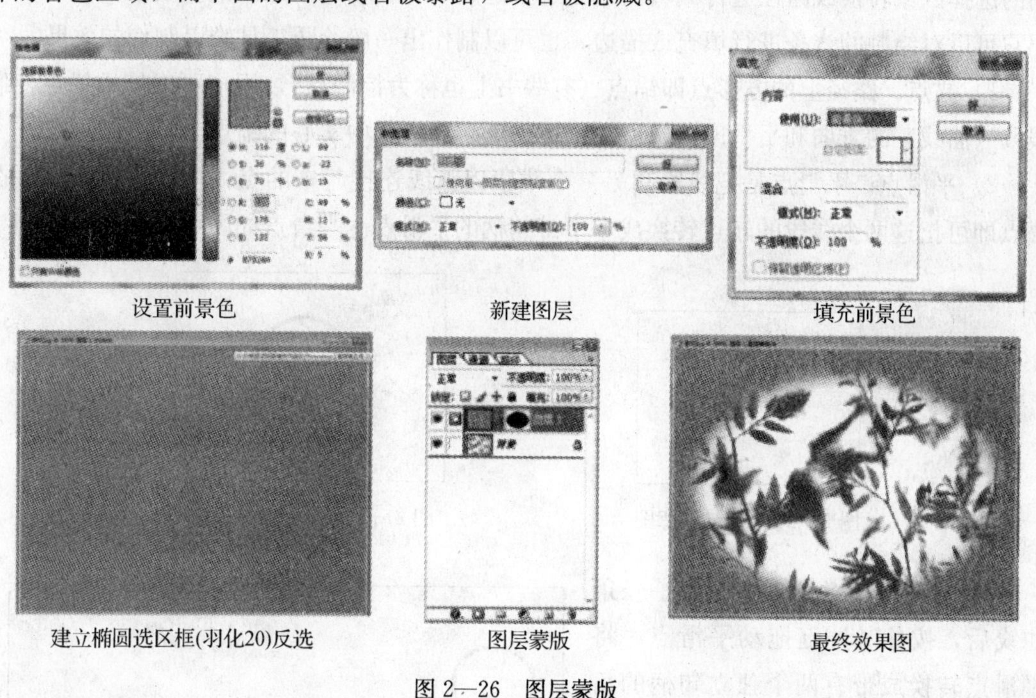

设置前景色　　新建图层　　填充前景色

建立椭圆选区框(羽化20)反选　　图层蒙版　　最终效果图

图 2—26　图层蒙版

（4）图像合成。在一个图像中经过多个层的使用后要进行层效果的制作，因为只有各个层的效果进行叠加才能得到好的效果，但是不同的叠加方式会产生不同的效果，比如调整图层的透明度（见图 2—27），通过降低透明度滑块的值，可以为整个图层建立透明度，从而把一个图层叠加到另一个图层上。

2. **路径的使用**

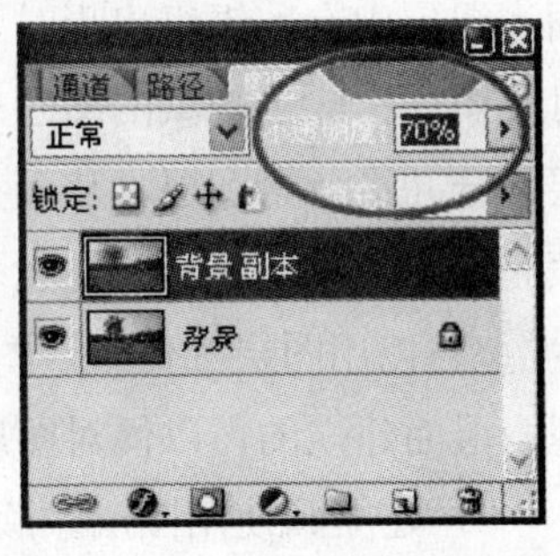

图 2—27 “不透明度”降低

在实际设计过程中，由于构思的不断改变，很可能经常做各种各样的修改，比如缩放、旋转、五边形改六边形、直线改曲线和改变选区的形状等。

钢笔工具属于矢量绘图工具，其优点是可以勾画平滑的曲线，在缩放或者变形之后仍能保持平滑效果。钢笔工具画出来的矢量图形称为路径，路径可以是不封闭的开放路径，或是起点与终点重合的封闭路径。

(1) 路径的基本概念。路径工具对于初学者来说是一个很陌生的工具，并且路径这个名称也不是一个很直观的称呼，所以一般的用户很难理解。虽然用户可以使用选取工具绘制一些图形，但是路径工具比选取工具的绘图效果要强得多，而且它还可以将一些不够精确的选择区域转换成路径进行编辑。路径工具是 Photoshop 用来绘图的重要工具之一，使用它可以对绘制的线条进行填充或描边，也可以制作出一般绘图工具难以制作的效果。

1) 锚点。路径上的方形点即锚点（有些书上也称为控制点），用户可以使用锚点控制线段（曲线）的方向和平滑度。锚点如图 2—28 所示，其中实心的锚点表示当前锚点。

2) 平滑点。平滑点是把线段和另一个线段以弧线连接起来的点，用户只要拖动一个锚点即可把这两个线段的转点转换成一个带句柄的平滑点。平滑点如图 2—29 所示。

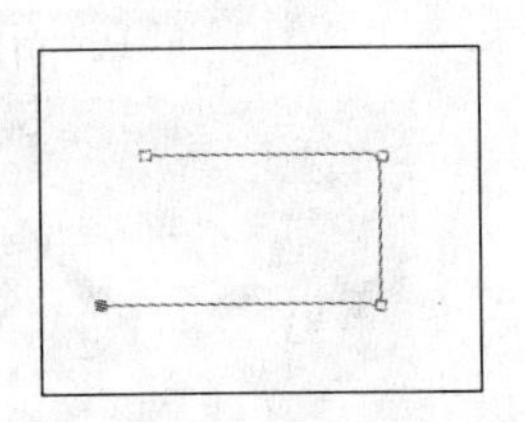

图 2—28 锚点示意图

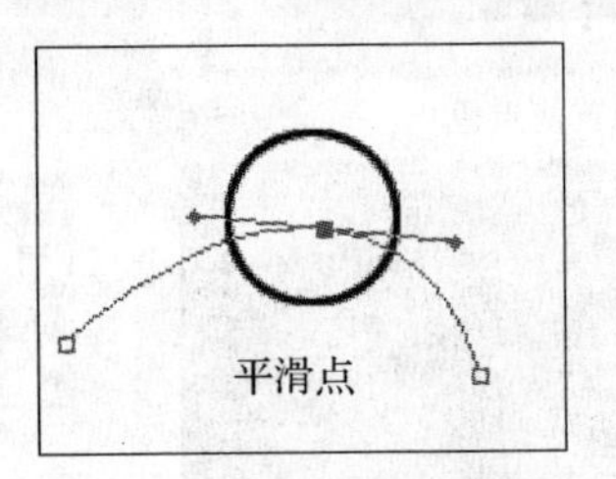

图 2—29 平滑点示意图

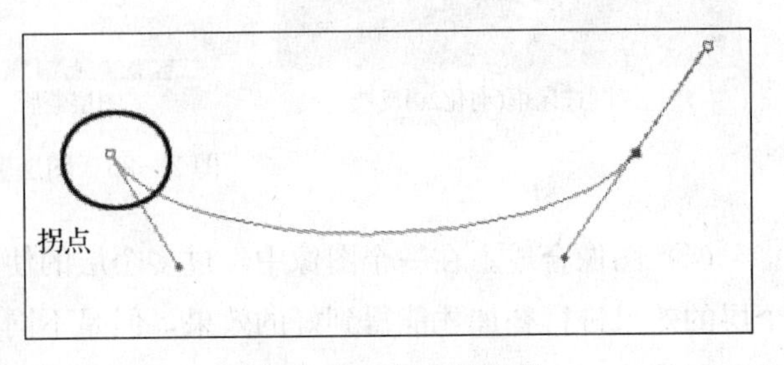

图 2—30 拐点示意图

3) 拐点。拐点是用户在画了一条曲线后，按住 Alt 键拖动平滑点，将平滑点转换成带有两个独立句柄的角点，然后在不同的位置再拖动一次，即可创建一个与先前曲线弧度相反的曲线，在这两个曲线段之间的点就称为拐点，如图 2—30 所示。拐点是一个很有用的点，用户可以通过拐点进行线段的各种调整操作。

4）开放路径。开放路径是不闭合的路径，也就是说路径的起点与终点不重合，其特点是有明显的起点和终点。

5）闭合路径。闭合路径是起点和终点重合的路径。闭合路径可以转化为选区。

（2）创建路径。用户可以使用钢笔工具、自由钢笔工具和磁性钢笔工具在图像窗口内创建任何开放路径或闭合路径，如图 2—31 所示（见彩图 11）。

使用钢笔工具。在 Photoshop 中，钢笔工具是制作路径的主要工具，利用钢笔工具可以制作各种形状的路径，包括直线段、曲线段、直线后接曲线、曲线后接直线等。在工具箱中选择钢笔工具后，Photoshop 的工具属性栏自动更新为钢笔工具属性栏，如图 2—32 所示。

a)　b)　c)　d)

图 2—31　用钢笔工具创建闭合路径

a）用钢笔工具创建闭合路径　b）建立选区　c）复制并粘贴　d）最终效果图

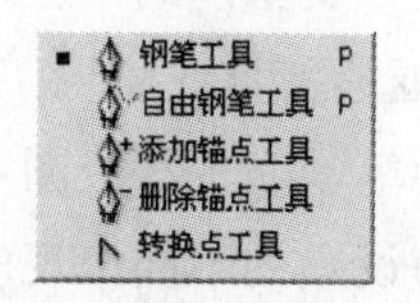

图 2—32　“钢笔工具”的选项栏

（3）调整路径。通过前面的介绍可以看出，使用 Photoshop 中的各种路径工具创建路径，在移动鼠标时很容易出现一些误差，这就需要通过添加或删除锚点、移动锚点和方向线、改变锚点的属性等方法来调整路径的形状，最终得到满意的结果。

1）选择路径和点。在调整路径之前，首先必须选择路径。在 Photoshop 中，完成选择任务的工具是路径组件选择工具和直接选择工具。通常路径组件选择工具用于选择整条路径；直接选择工具用于选取路径的一部分，也可以选取路径上的某一个点或几个点。在使用路径选择工具选择路径或点时，必须注意以下几点：

①选择一个路径或路径段会显示所选部分上的所有锚点。如果所选路径是曲线路径，则会显示该路径上所有的方向线和方向点。方向点显示为实心圆圈，所选锚点显示为实心正方形，未选择的锚点显示为空心正方形。

②要选择整条路径或子路径，从工具箱中启用路径组件选择工具，单击路径的任一部分，即可完成整条路径的选择操作。

③要选择路径中的某一部分，启用直接选择工具后，在想要选择的那一部分路径的开始部分单击并拖动一个选框来围住该部分路径两端的锚点。

2）添加、删除和转换锚点。在 Photoshop 中，添加、删除和转换锚点的方法非常简单，主要是使用钢笔工具栏中的添加锚点、删除锚点及转换锚点等工具。

转换锚点工具可以用来改变锚点的属性。用转换锚点工具单击并拖动直线路径中的锚点，将生成平滑的曲线路径。单击曲线路径的转换点，则原平滑的曲线路径消失，并在曲线的两个锚点之间生成直线路径。注意：按住 Alt 功能键，用转换锚点工具拖动路径控制句柄中的一个，将不影响另一个调节句柄的位置。同时，转换锚点工具具有路径的复制功能，按住 Ctrl 功能键，拖动路径中的线段，将把该路径复制到目标处。

（4）编辑路径。在 Photoshop 中，用户除了对创建的路径进行修改之外，还可以对路径进行填充、描边、选取、保存等操作，并且可以进行路径与选区之间的相互转换。

1）填充路径。填充路径的方法和填充选区的方法差不多。首先绘制一个路径，然后选择一种前景色，点击路径控制面板中的填充路径按钮即可，如图 2—33 所示。

2）描边路径。路径的描边方法和选区的描边差不多，使用路径控制面板的描边按钮可以使用前景色进行描边，但是描边的控制比填充的控制要复杂一些，要牵涉到一些绘图工具的使用。如果用户在点击描边按钮时没有在工具箱中选择一种画笔工具或喷枪工具，则会按照一种默认的画笔工具来填充。但是在描边时用户可以使用画笔、喷枪甚至图章工具来制作描边效果，当然这些工具首先要进行各种参数的设置，因为设置的不同出现的描边效果就不一样。路径的描边效果如图 2—34 所示。

3）路径和选区之间的相互转换。路径和选区之间的相互转换是使用路径和选区的一项非常有用的操作。比如：在填充路径时可以先转换成选区，然后使用各种填充效果；在选取的选区不够精确时可以先转换成路径，对路径进行编辑，然后再转换为选区，因为路径比选区更容易编辑。

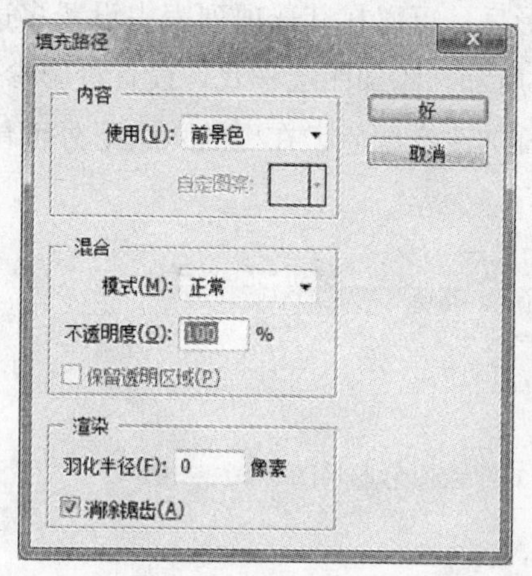

图 2—33 填充路径

4）路径的保存。制作完路径后，可以将路径保存起来。当保存路径时，Photoshop 将屏幕上所有的路径段作为一个路径保存而不管这些路径是否被选定。当用户对路径存储之后再对该路径进行编辑或加入一个子路径时，这些修改都会被自动保存。

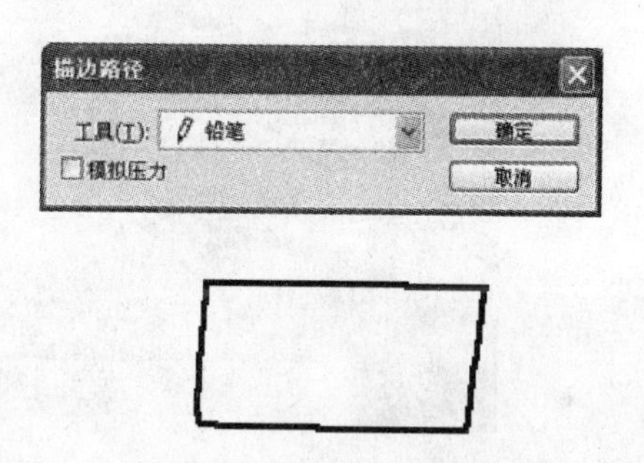

图 2—34 描边路径

保存路径的方法是：单击路径控制面板右上角的小黑三角按钮，打开弹出菜单，选择菜单中的“保存路径”命令，会弹出如图 2—35 所示的对话框。

（5）形状工具使用。Photoshop 将一些常用的形状放置在型工具中，这样用户可以不使用路径工具进行绘制。单击工具栏下的▭按钮，弹出如图 2—36 所示下拉表，在下拉列表中包含了各种形状工具。

1）绘制形状。在工具箱或属性栏中设置不同的选项后，可以在图像窗口中绘制不同

图 2—35 “存储路径”对话框

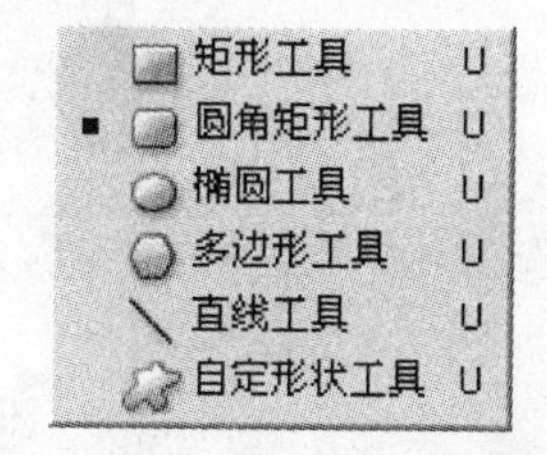

图 2—36 “型工具”下拉列表

的形状。例如，在属性栏中选择了多边形后，可以在其选项列表中设置多边形的边数，创建形状图层（设置六边形），如图 2—37 所示。添加图层样式，设置投影参数，如图 2—38 所示。复制、粘贴六边形，并进行颜色叠加改变颜色，在黑的六边形外面围一圈白的六边形，最后形成如图 2—39 所示图形。

图 2—37　六边形形状图

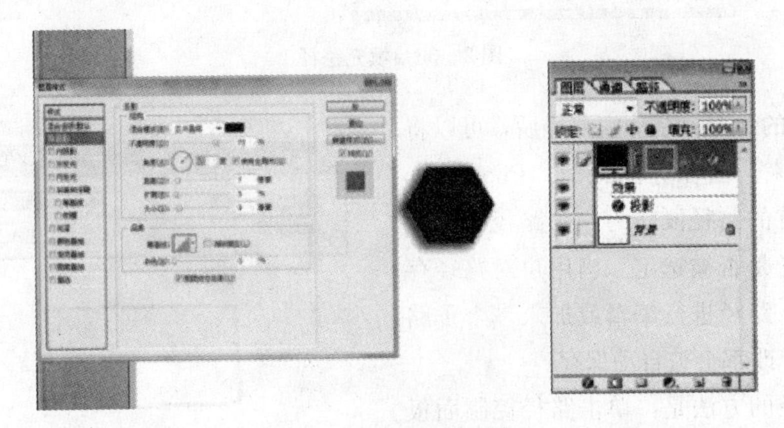

图 2—38　添加图层样式

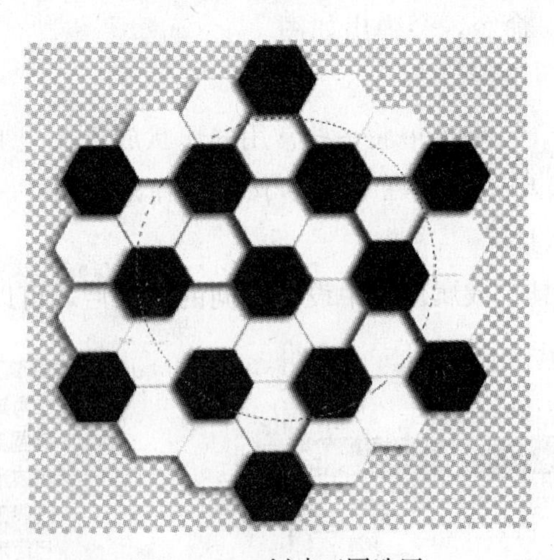

图 2—39　创建正圆选区

创建一个正圆选区，在菜单栏上选择“图层”→“新建”→“通过拷贝的图层”，制作一个动感球，如图 2—40 所示。

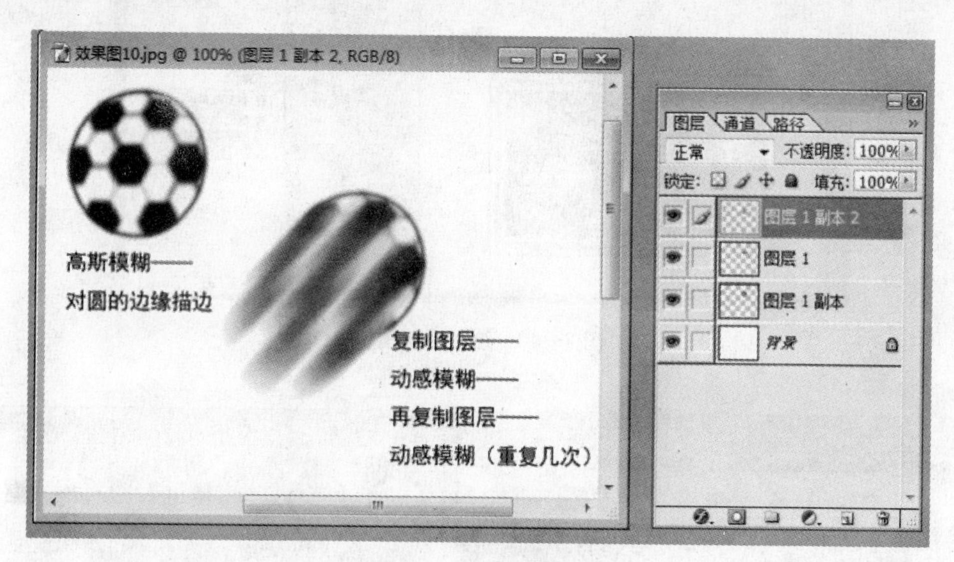

图 2—40　动感模糊的球

2）使用自定义形状工具。编辑型层与编辑路径方法基本相同，用户可以对其进行大小、位置和各种变换，也可以删除、移动、添加锚点。

选择工具箱中的“自定义形状”工具绘制一个特殊图形（用选项栏中的“样式”，如图 2—41 所示）。用自定形状工具画的图像是矢量图。

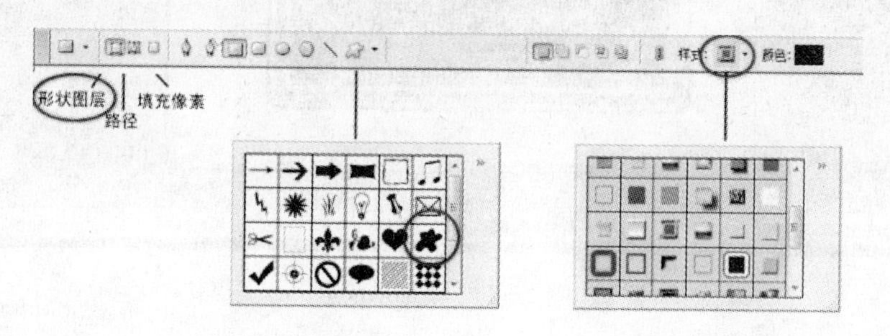

图 2—41　选项栏中“样式”

选择“形状图层”，绘制的形状被置于型层的蒙版中，如图 2—42 所示。

选择“添加到形状区域”，在矩形右上角添加一个水渍形，如图 2—43 所示。

选择文字工具，在图像窗口中输入“品酒屋”，在样式面板中选择“砖墙”，得到如图 2—44 所示的最终效果图。

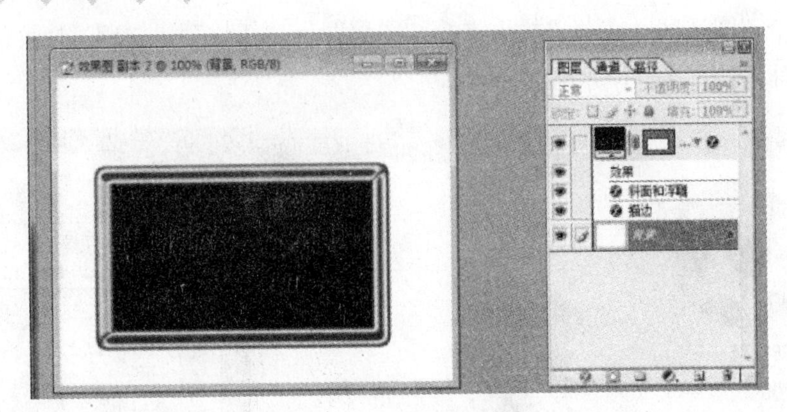

图 2—42　绘制形状图层

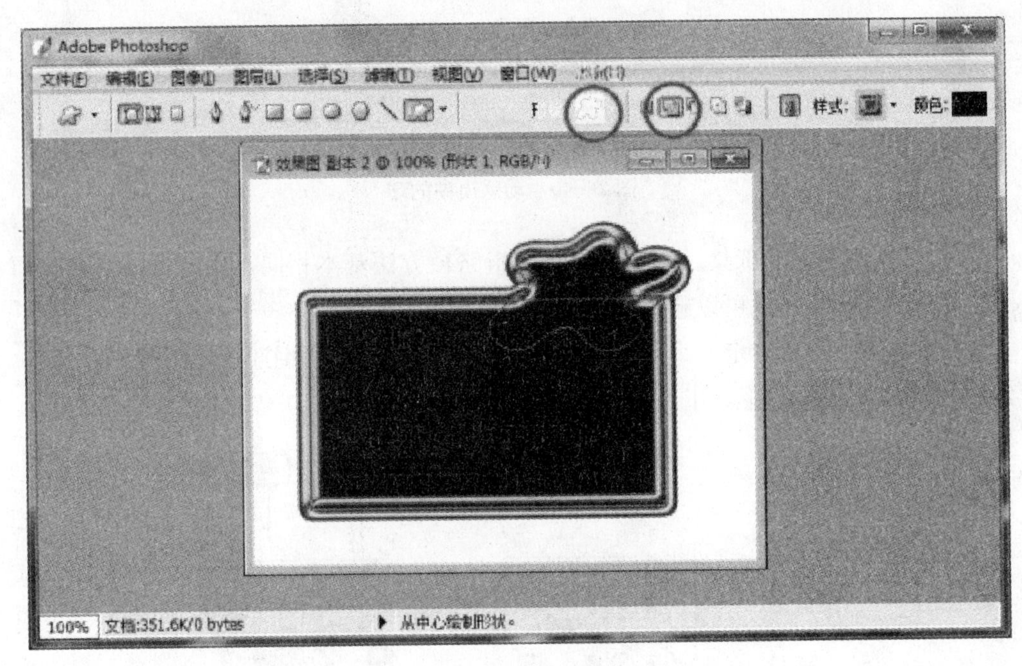

图 2—43　添加水渍形

二、通道和蒙版的应用

在 Photoshop 中，通道和蒙版是两个不可缺少的处理图像的利器。通道用来保存图像的颜色数据，就如同图层用来保存图像一样；同时，通道还可以用来保存蒙版，而蒙版则用来保护图像中需要保留的部分，使其不受任何编辑操作的影响。以下对这两个工具分别进行介绍。

图 2—44　最终效果图

1. 通道的应用

（1）通道概述。在 Photoshop 控制面板中，除了图层面板的功能十分强大外，通道也有强大的功能。Photoshop 提供了许多种不同的方法来修改颜色和选择，选择通道修改颜色是一种非常有效的途径，这样做可以大大节省时间。

色彩斑斓的图像是由一个一个像素组成的，图像的通道中含有每个像素使用的 8 位灰度信息。当来自于每个通道中的那些像素值被组合时，它们即建立了色彩变数，这些变数就构成了在屏幕上看到的那幅连续色调的彩色图像，但是具体的图像通过什么方式组合，仍然取决于使用的颜色模式。下面就来介绍这些颜色模式。

选择“窗口”菜单中的“显示通道”命令，打开通道控制面板，如图 2—45 所示。

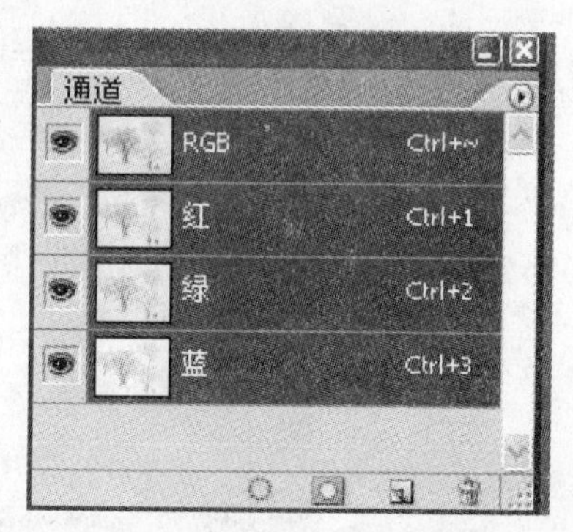

图 2—45　通道控制面板

所有图像都是由一些通道组合而成，它们组成了图像的颜色模式的要素；这些通道不能被删除，但是在单色通道下显示的图像可以任意修改，通过改变通道的部分内容从而实现对图像的编辑。Photoshop 默认的通道模式是 RGB 通道。

1）RGB 通道。RGB 模式的图像文件由三个通道组成：R、G、B 单色通道，分别为红色、绿色和蓝色通道。在通道面板上，如显示了复合通道，则同时也显示所有单色通道。

2）CMYK 通道。CMYK 模式的图像文件由青、洋红、黄以及黑色通道组成。由于有四个通道，所以 CMYK 文件比等效的 RGB 文件要大一些。

3）Alpha 通道。当将一个选取范围保存后，就会成为一个蒙版保存在一个新的通道中，这些新增的通道被称为 Alpha 通道。通过这些 Alpha 通道，可以实现蒙版的编辑和存储。在 Alpha 通道中存储的不是图像的色彩。

（2）通道的特点。每个图像能够包含最多 24 个通道，包括所有颜色通道和 Alpha 通道，所有通道都是 8 位灰度图像。所有新通道具有与原图像相同的尺寸和像素数目。通道的顺序不是任意排列的，首先是复合通道（RGB、CMYK 和 Lab 图像），然后是单个颜色通道、专色通道，最后是 Alpha 通道。不管 Alpha 通道的顺序如何，颜色信息通道将一直位于最上面。颜色通道与颜色模式密切相关，不同颜色模式的图像，会有不同数目的颜色通道。图像的颜色数据可以用通道来保存。在某个单色通道中，其暗色调部分表示图像上这种颜色淡。

（3）通道的基本操作。用户在进行图像处理时，有时需要对某一颜色通道进行多种处理，以获得不同的效果；或者把一个图像的通道应用到另一个图像中；当某一颜色通道不需要时，用户又要将它删除掉。在合并通道时，各源文件的模式和尺寸必须一样，否则不能进行合并。

在进行图像处理中，可用某一颜色（如红色）通道建立选区（见图 2—46），然后进行反选，选择“菜单栏”→“图层”→“新建”→“通过拷贝的图层”，得到一个图层（见图 2—47），编辑图层中图像，得到如图 2—48 所示最终效果图。

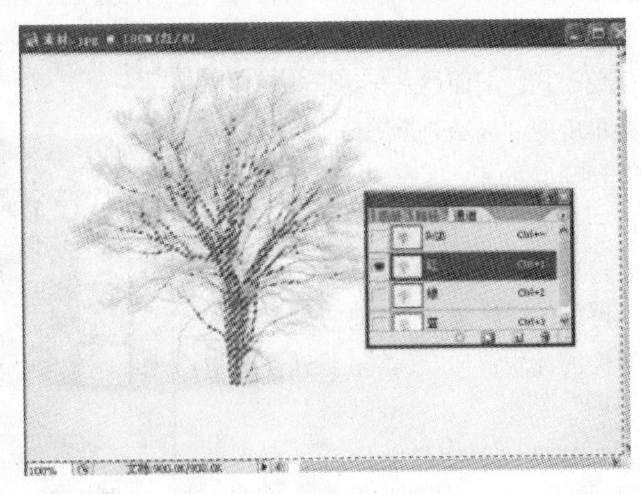

图 2—46　建立红的通道选区

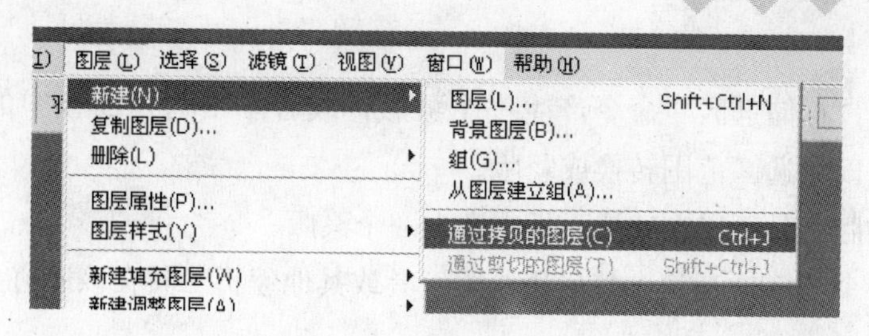

图 2—47　通过拷贝的图层

图 2—48　最终效果图

2. 蒙版的功能

蒙版是用来保护被遮蔽的区域，使被遮蔽的区域不受任何编辑操作的影响，这样的操作对于图像的编辑非常重要。可以说，使用通道和蒙版的熟练程度和深度是检验一个图像编辑人员水平的重要因素。Photoshop 的蒙版有三种形式：快速蒙版、图层蒙版和通道蒙版。要实现蒙板的编辑和存储，可通过 Alpha 通道。

（1）快速蒙版。快速蒙版是 Photoshop 中的一个特殊模式，它是专门用来定义选择区域的。在快速蒙版模式中，Photoshop 的每个工具以及菜单命令都与定义选区有关：当绘图时，正在定义一个区域；当使用模糊工具时，正在模糊一个被选区域；当应用滤镜时，实际正在过滤一个被选区域。

快速蒙版是建立选取的一种直观的、美术似的方法，如果处理得当，应用它可以制作一些特别精确且富有创意的艺术选区效果，而且这些选区是用其他任何一种方法都无法创建的，选区的范围也可用工具箱中的快速蒙版来选择。

（2）建立蒙版

1）建立蒙版的方法。在 Photoshop 中建立蒙版的方法很多，下面介绍几种常用的方法：

①通过使用“存储选区”命令产生一个蒙版；或者单击通道面板中的“保存选取区域”按钮，也可以将选区范围转换成蒙版。

②利用层蒙版工具可以在通道面板中产生一个蒙版。

③先建立一个 Alpha 通道，然后用绘图工具或其他编辑工具在该通道上编辑即可产生一个蒙版。

④使用工具箱中的“快速蒙版”工具可以产生一个快速蒙版。

⑤在 Photoshop 中，用户还可以通过新建填充图层来建立蒙版，只要使用图层菜单中“新建填充图层”中的子命令即可建立蒙版。

2）建立快速蒙版的步骤。建立快速蒙版的步骤如下：

①在工具箱中，双击色块下方的快速蒙版图标，弹出相应的对话框，如图 2—49 所示。

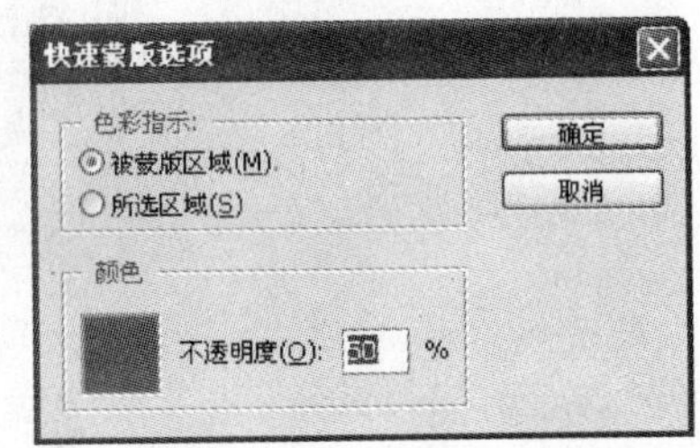

图 2—49 “快速蒙版选项”对话框

②在色彩指示选框中选定一个选项。选取“被蒙版区域”意味着任何一个着色区域在退出快速蒙版模式时将不被选取，而“所选区域”则意味着着色区域在退出快速蒙版模式时将被选取。在此对话框中设置“色彩指示”时，用户可以看到原图像的前、背景色以灰度显示。

③单击对话框中的颜色编辑块启动“颜色拾取器”，为蒙版选择一种颜色。如果当前颜色类似于被选区域的颜色，更改蒙版颜色成为一种比较容易区分的颜色是特别重要的。如果已经选择了一种蒙版颜色，那么，当处于快速蒙版模式时，就不必担心会更改图像中的任何颜色数据。事实上，Photoshop 不允许在这一模式中处理颜色，因为它把图像的各种像素都转化成灰度图像了。

④输入一个数值设置“不透明度”，以表明当绘画时有多大的透明度。Photoshop 使用灰度值控制当前蒙版的相对密度。黑色作为活动颜色之后，绘画工具以 100%的密度涂画蒙版；如果白色是活动颜色，那么蒙版被删除，并且任何一级灰色将以相对不透明度来涂画蒙版。总而言之，黑色覆盖蒙版颜色，白色删除屏蔽颜色。用户有时会发现不能使用快速蒙版模式，这时需要检查是否在背景图层上进行编辑，因为背景图层不能使用快速蒙版。

（3）编辑和使用蒙版。在建立完蒙版后，下面的工作就是编辑蒙版，以达到满意的遮蔽区域效果。下面介绍编辑和使用蒙版的几种方法：

1）建立半透明的蒙版和选择。一般来说，蒙版和选区是为了激活一个区域，或者遮蔽一个区域以保护其不进入任何编辑状态。但是，建立一个仅部分地影响某个区域的选择也是可能的。例如，如果一个区域被部分地选择，那么用黑色绘画将导致一个更亮或更暗的灰色勾画，明暗程度取决于该区域被选取了多大的部分。这种效果类似于当选择的边界被羽化时，效果向这些边界逐渐淡化。通常把这些选择称作为半透明选择，因为这些半透明是选择使用一种灰度颜色而不是纯黑色画出。这个灰度颜色越暗，透过选择区域的效果就越多；而用越淡的灰色所绘出的蒙版允许效果透过的就越少。半透明蒙版允许区域和图层相互淡化，从而建立平滑的过渡效果。

2）编辑蒙版。Photoshop 允许在自己创建的彩色蒙版上使用所有工具。这意味着可以应用局部或全局锐化或模糊效果，从而进一步修改所建立的选择。当定义了一个基本的快速蒙版区域之后，可以使用下列方法进一步修改。

①使用锐化、模糊或涂抹工具。这些工具都是修改选择局部边缘区的有效工具。如果用户想让一个选择的边缘在一边淡出，但在另一边卷曲和清晰，根据需要就可以使用锐化和模糊工具。同样，选择涂抹工具能以各种不同的程度涂抹和扭曲这个选择的边缘。

②使用减淡或加深工具。使蒙版变得更暗或更亮是减淡或加深工具提供的另一种修改蒙版的方法。使用加深工具能暗化边缘，即锐化边缘并消除任何羽化效果；相反，减淡工具可柔化边缘，以创建边缘已被羽化的选择。在这方面，减淡或加深工具使用同锐化、模糊工具一样的方式来修改蒙版，但能更进一步地修改。减淡或加深工具能修改蒙版的透明度，使蒙版变得更透明或不透明。可以使用加深工具暗化和固化一个选择区域，而减淡工具可以淡化或羽化一个区域，这使用户不仅能修改边缘，而且还能修改蒙版或选择的内部区域。

③使用曲线控制。当使用渐变或者使用以前所列举的任何一个工具开始一个半透明蒙版时，可以用曲线来修改相对半透明度。这非常简单：当处于快速蒙版模式中时，首先打开图像菜单，并选择“调整”子菜单下的“曲线”命令，然后上下移动曲线淡化或暗化当前蒙版；可以用“亮度”“对比度”或“色相”等控制来做类似的修改。

路径工具及图层蒙版使用

一、使用钢笔工具

要求：将“素材 3－1”和“素材 3－2”制作成与“效果图 3”一样的图像，如图 2—50 所示。

操作步骤

步骤 1　复制“效果图 3”图像，选择“钢笔”工具，在图像窗口下方绘制一个边框图案，如图 2—51 所示。

素材3-1　　素材3-2　　　　效果图3

图2—50　素材与样张（望）

图2—51　下方绘制一个边框

步骤2　选择“钢笔”工具，并在选项栏上选择“与路径相交外的区域”，绘制一个左上方到中间的图案，如图2—52所示。

图2—52　左上方到中间的图案

步骤 3　在路径面板上创建一个选区，如图 2—53 所示。

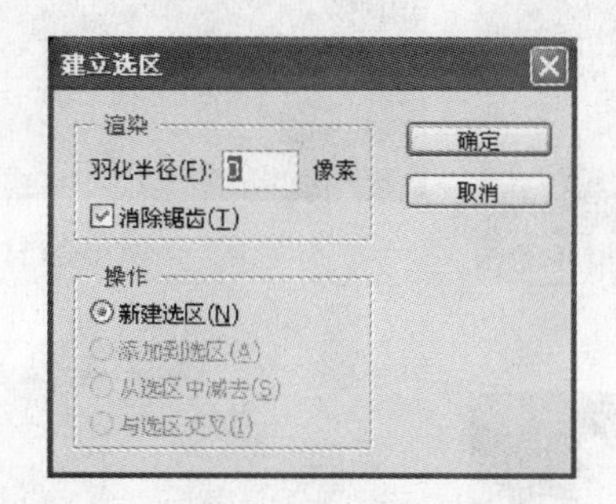

图 2—53　路径面板上“建立选区”

步骤 4　新建图层，填充黑色，创建一个图案，如图 2—54 所示。

图 2—54　填充

步骤 5　将“素材 3—1”的叶子放置在图像窗口中，并拷贝若干个叶子，根据样张上的图案放置。

步骤 6　将“素材 3—2”放置在图像窗口中。

步骤 7　打字“望”，并将“背景层”填充成白色（见图 2—55），完成整个图像。

图 2—55　效果图 3

二、使用自定形状工具

要求：将“素材 4—1”“素材 4—2”和“素材 4—3”制作成与“效果图 4”一样的图像，如图 2—56 所示。

图 2—56　素材与样张（花环）

操作步骤

步骤 1　复制“效果图”图像，选择“裁剪”工具，把“素材 4－3”裁剪到“素材 4－1”中，如图 2—57 所示；把“素材 4－3”放大到与“素材 4－1”一样。

步骤 2　设置前景色为 R180、G250、B160，设置背景色为 R240、G230、B150；然后选择“滤镜”→“渲染”→“云彩”命令，如图 2—58 所示。

步骤 3　选择“自定形状”工具，形状选择心形，如图 2—59 所示。

图 2—57　裁剪工具

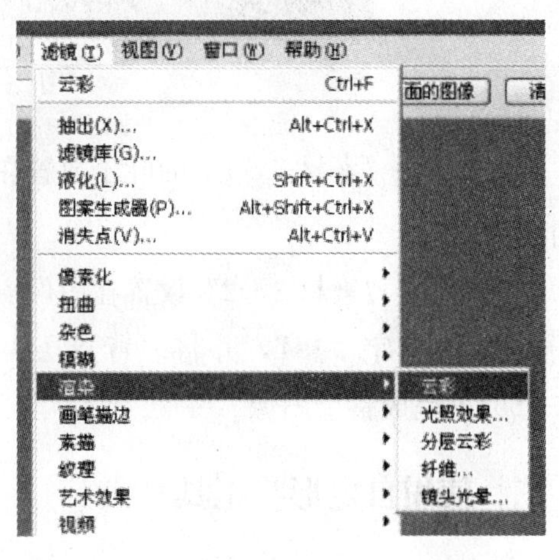

图 2—58　云彩

步骤 4　创建一个心的形状，如图 2—60 所示。

图 2—59　心形

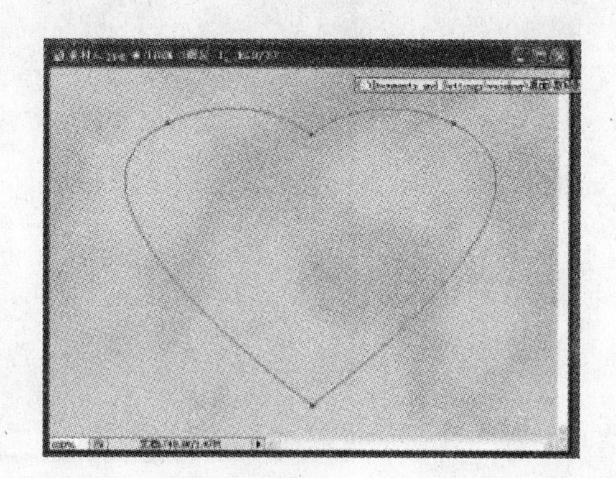

图 2—60　心

步骤 5　选择“素材 4－2”的花（见图 2—61），创建两个定义画笔预设图像，大小分别为 100 像素和 50 像素。

图 2—61　花

步骤 6　设置“历史记录画笔”的源，如图 2—62 所示。选择“历史记录画笔”工具，画笔笔尖形状为 100 花，间距为 100。

步骤 7　在路径面板上选择描边路径，选择历史记录画笔，如图 2—63 所示；按确定按钮，出现图案 1，如图 2—64 所示。

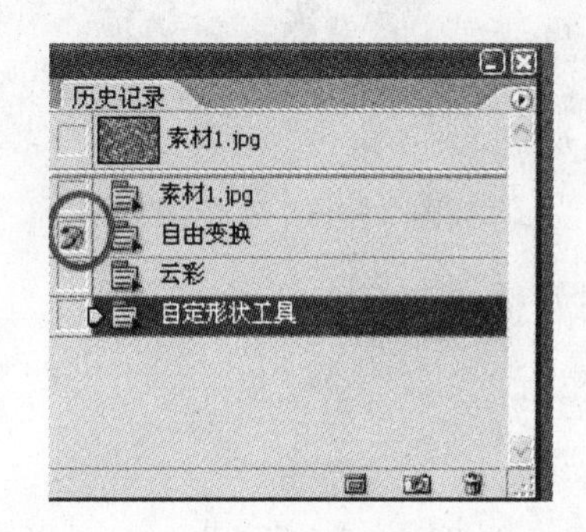

图 2—62　历史记录画笔

图 2—63　描边路径

步骤 8　还原“历史记录画笔”的源，选择“历史记录画笔”工具，画笔笔尖形状为 50 花，间距为 100。在路径面板上选择描边路径，重复几次描边，出现图案 2，如图 2—65 所示。

步骤 9　打字“花环”，完成如图 2—66 所示最终效果图。

图2—64　图案1

图2—65　图案2

图2—66　最终效果图

三、使用图层蒙版修改图像

操作要求

将“素材5”修改成与“效果图5”一样的图像，如图2—67所示。

操作步骤

步骤1　打开“素材5”图像，选择“污点修复画笔”工具，去掉人脸部的斑点。复制图层并选择“滤镜”→“模糊”→“高斯模糊（半径2像素）”，如图2—68所示。

步骤2　点击“添加图层蒙版”按钮，如图2—69所示。

步骤3　选择“橡皮擦”工具（直径10像素），擦去眼睛、嘴唇和头饰等，如图2—70所示。

素材5

效果图5

图 2—67　素材与样张（伞）

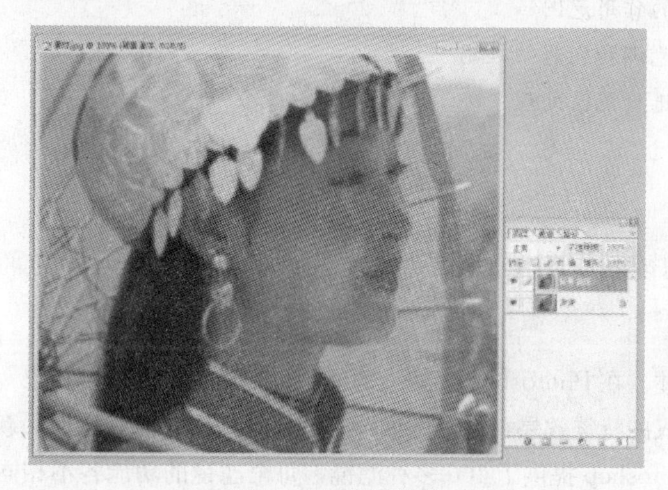

图 2—68　高斯模糊

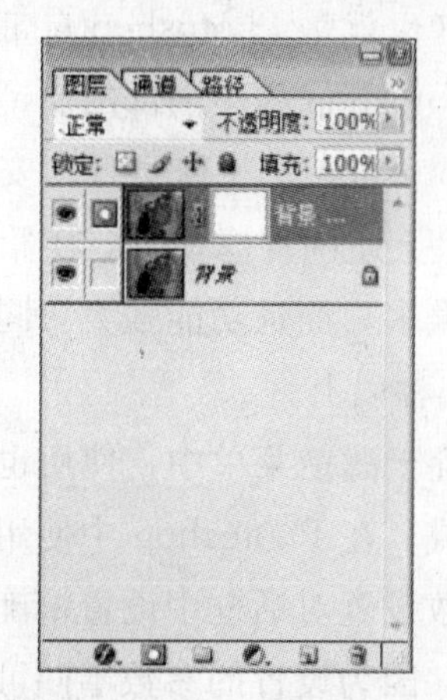

图 2—69　添加图层蒙版

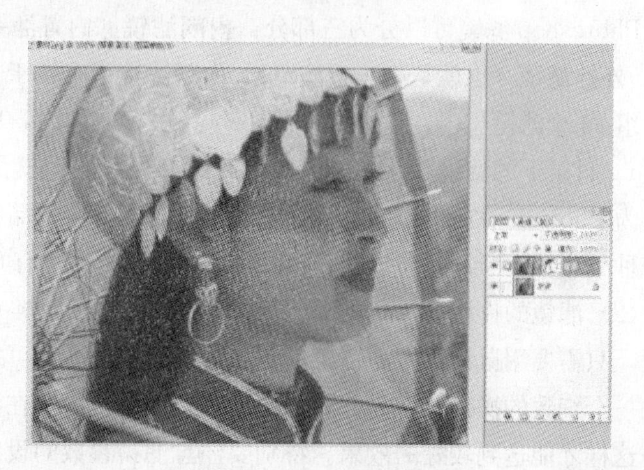

图 2—70　橡皮擦

学习单元3　数字图像的编辑技巧

学习目标

1. 了解数字图像的编辑技巧
2. 熟悉滤镜的作用范围
3. 掌握图像色调和色彩的控制
4. 使用滤镜进行图像处理

知识要求

一、巧用滤镜制作图像

1. 滤镜

（1）滤镜概述。在Photoshop中滤镜的使用也很重要，它可以在很短的时间内产生很多奇特、令人惊叹的特殊效果，许多图像经过滤镜处理后，面貌焕然一新，达到用户意想不到的效果。Photoshop提供了100多种滤镜，每个滤镜的功能各不相同，用户需要对每个滤镜的功能都比较熟悉，综合使用这些滤镜才能制作出满意的作品。

Photoshop滤镜可以分为三部分：内阙滤镜、内置滤镜（也就是Photoshop自带的滤镜）、外挂滤镜（也就是第三方滤镜）。内阙滤镜指内阙于Photoshop程序内部的滤镜，共有6组24个滤镜。内置滤镜指Photoshop缺省安装时，Photoshop安装程序自动安装到pluging目录下的滤镜，共12组72个滤镜。外挂滤镜就是除上述两种滤镜外，由第三方厂商为Photoshop所生产的滤镜，它们不仅种类齐全、品种繁多，而且功能强大，同时版本与种类也在不断升级与更新。Photoshop第三方滤镜有800种以上。

（2）滤镜的作用。Photoshop中所有的滤镜都按照类别置于滤镜菜单中，使用也相当方便，只需要用鼠标单击滤镜菜单中相应的滤镜命令即可完成。在Photoshop中使用滤镜也是一个细致的操作，首先需要选出精确的区域，然后在参数设置对话框中设置精确的参数，这样才能达到较好的效果。特别要注意滤镜参数的设置，因为设置的参数不同可能会产生两种截然不同的效果。

大多数Photoshop滤镜都使用对话框的形式处理用户输入的参数，同时提供预览框供用户观察使用滤镜后的图像效果。为方便用户使用滤镜，下面简单介绍滤镜的操作要领。

1）滤镜的作用范围。如果定义了选区，滤镜将应用于图像选区；反之，滤镜对整个图像进行处理。如果当前选中的是一个图层或者是一个通道，则滤镜只应用于当前图层或当前通道。

2）滤镜效果。滤镜以像素为单位进行处理，滤镜的处理效果与图像的分辨率有关。对选取图像进行特效处理时，可以对选取范围设定羽化值，使经过处理的区域能够在人眼识别的范围内精确结合，减少剥离的感觉。

3）重复使用上一个滤镜。当执行完一个滤镜命令后，在滤镜菜单的第一行会出现刚才使用过的滤镜命令，单击它可以重复执行相同的滤镜命令，系统快捷键为Ctrl＋F。而使用组合键Ctrl＋Alt＋F时将会打开上一次执行滤镜命令的对话框。

滤镜的内容相当庞大，在此只能通过例子来介绍一部分滤镜，用户可以了解这些滤镜的基本功能和操作要领，学会综合应用各种滤镜制作各种图像特效。要想熟练使用滤镜进行图像的特效处理并不是一朝一夕就能做到的，只有通过大量的练习，用心揣摩，注意总结平时创作中的实际经验和心得，才能体会到Photoshop的精华所在。

2. 滤镜的制作效果

（1）运用滤镜的一般步骤

1）要将滤镜应用于整个图层，请确保该图层是现用图层或选中的图层。

2）要将滤镜应用于图层的一个区域，请选择该区域。

3）要在应用滤镜时不造成破坏以便以后能够更改滤镜设置，请选择包含要应用滤镜的图像内容的智能对象。

4）从“滤镜”菜单的子菜单中选取一个滤镜。如果不出现任何对话框，则说明已应用该滤镜效果；如果出现对话框或滤镜库，请输入数值或选择相应的选项，然后单击“确定”。

（2）滤镜的运用

1）滤镜的制作——浮雕效果。浮雕效果能通过勾画图像的轮廓和降低周围色值来产生灰色的浮凸效果。执行此命令后，图像会自动变为深灰色，把图像里的图片凸出出来。

角度：调整当前图像浮雕效果的角度。

高度：调整当前文件图像凸出的厚度。

数量：数值越大，图片本身的纹理也会很清楚地看到。

通过下面的实例，能了解到应用滤镜可以对文字及图像产生逼真的浮雕效果。

前面讲到球面字栅格化，接下来把球面字图层作当前图层：

①选择“菜单”→“滤镜”→“模糊”→“高斯模糊（半径为2像素）”命令。

②选择“菜单”→“滤镜”→“风格化”→“浮雕效果（角度107°，高度30像素，数量103%）”命令。

③在图层面板的“混合模式”上选择“叠加”，如图2—71所示。

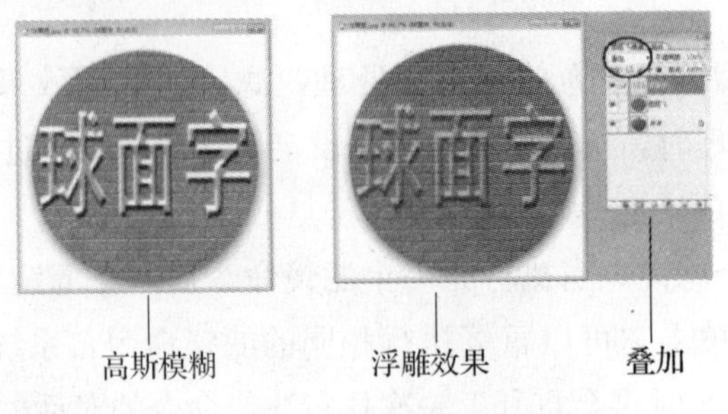

图2—71　球面字滤镜效果1

④选择“菜单”→“图像”→“调整”→“反相”命令。

⑤把图层中的球面字层与墙层链接，选择“菜单”→“图层”→“合拼链接图层”命令。

⑥选择“菜单”→“滤镜”→“扭曲”→“球面化（数量100%）”命令，如图2—72所示。

⑦选择“菜单”→“滤镜”→“渲染”→“光照效果”命令，如图2—73所示。

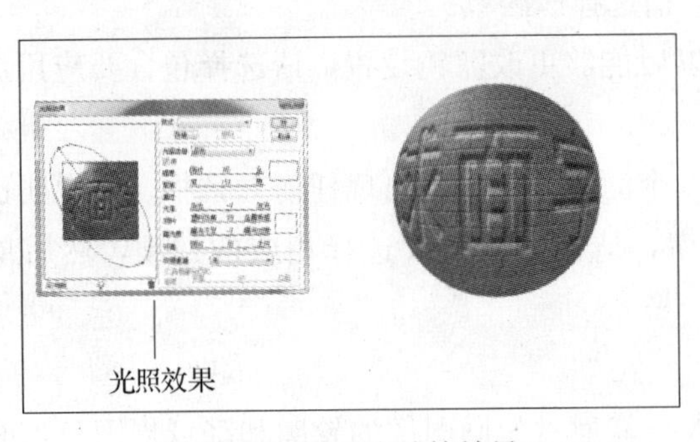

图2—72　球面字滤镜效果2

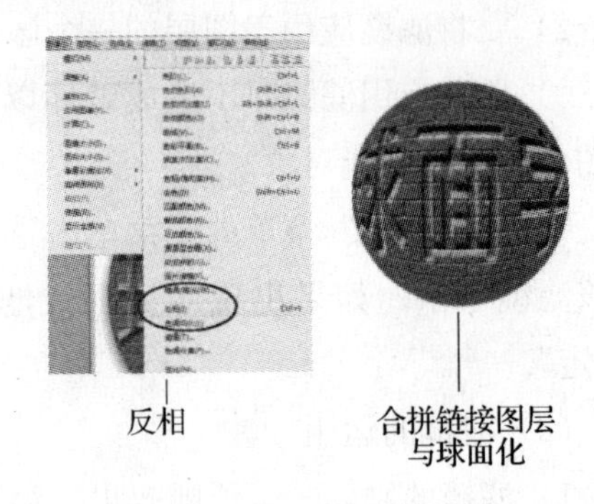

图2—73　球面字滤镜效果3

2）滤镜的制作——模糊

Photoshop自带动感模糊滤镜，可以用它创造出运动效果。动感模糊是把当前图像的像素向两侧拉伸。在对话框中可以对角度进行调整，拖动对话框底部的划杆调整模糊的程度，以及输入数值。径向模糊可以产生具有辐射性模糊的效果，即模拟相机前后移动或旋转产生的模糊效果。下面通过实例来了解模糊滤镜的运用。

① 打开“素材6−1”图像（它是一幅草原风光图片），如图2—74所示。

图 2—74　素材 6—1

②复制“背景”层为“背景副本”层；选择“滤镜”→“模糊”→“径向模糊”命令，在对话框中设置各项参数，如图 2—75 所示。

复制背景层　径向模糊对话框　处理好的图像

图 2—75　径向模糊

③打开“素材 6—2”图像，把“素材 6—2”拷贝到“素材 6—1”中为“图层 1”，如图 2—76 所示。在进行图像编辑中，设定网格可以用来对齐图像。

④复制车的“图层 1”为“图层 1 副本”；选择“滤镜”→“模糊”→“动感模糊”命令，在对话框中设置各项参数，如图 2—77 所示。

⑤复制“图层 1”为“图层 1 副本 2”，选择“菜单”→“编辑”→“填充（黑色）”命令。

⑥选择“滤镜”→“模糊”→“高斯模糊”命令，在对话框中设置各项参数，如图 2—78 所示。车的运动效果出来了。

素材6-2

把素材6-2复制到素材6-1中

图 2—76　把“素材 6－2”复制到“素材 6－1”中

图 2—77　动感模糊

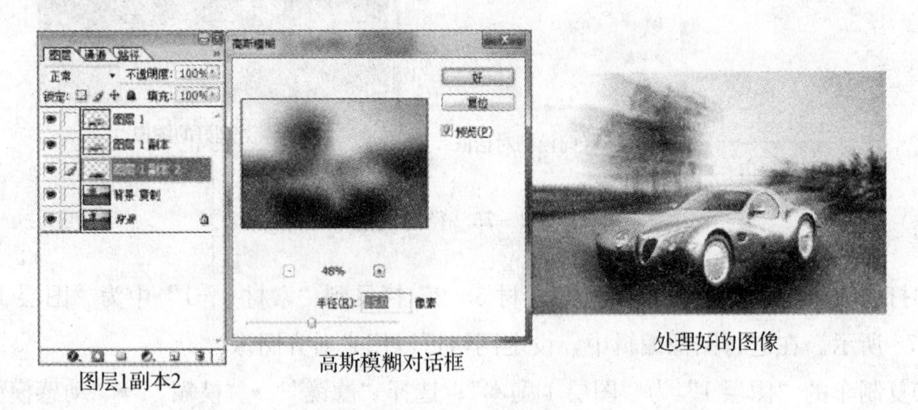

图 2—78　运动效果

二、图像色调和色彩的控制

图像的色调与色彩的细微变化，都将会影响图像的视觉效果。因此，对图像色调与色彩的控制调整，是图像设计与制作过程中非常重要的一个环节。

1. **图像色调控制**

对图像的色调进行控制，主要是对图像亮度和对比度的调整，通过修改图像中像素的分布，达到在一定精度范围内调整色调的目的。当一幅图像比较暗淡时，可以通过此类命令使图像变亮；反之，一幅图像颜色过亮，可以通过此类命令使之变暗。下面介绍图像色调控制的一些功能。

（1）色调分布状况。测定图像是否有足够的细节，对产生高质量输出是非常重要的。区域里像素数目越多，细节也就越丰富。查看图像的细节状况最好的方式就是使用直方图。直方图用图形表示图像的每个亮度色阶的像素数目，它可以显示图像是否包含足够的细节来进行较好的校正，也提供有图像色调分布状况的快速浏览图。打开图像之后，可以选择“菜单栏”→“窗口”→“直方图”菜单命令，打开“直方图”面板，如图 2—79 所示。

（2）控制色调的分布。当图像偏亮或偏暗时，可以使用“色阶”命令对其进行调整。打开图像之后，可以选择“菜单栏”→“图像”→“调整”→“色阶”命令，打开如图 2—80 所示的“色阶”对话框。利用“色阶”命令可以通过图像的暗调、中间调和高光等强度级别来校正图像的色调范围，并可以调整色彩平衡；而且根据“色阶”对话框中提供的直方图，可以观察到有关色调和颜色在图中分配的相关信息。

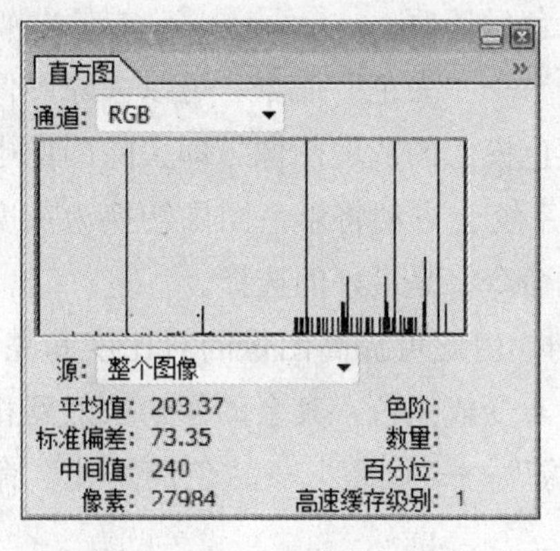

图 2—79 “直方图”面板

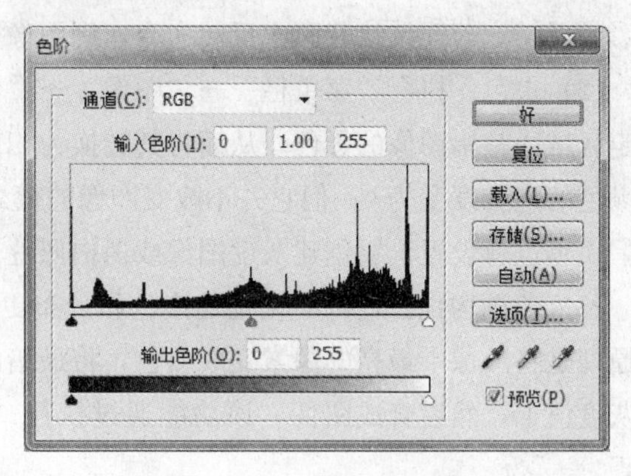

图 2—80 “色阶”对话框

（3）自动控制色调。“自动色阶”命令是为方便用户而设定的，其功能和“色阶”命令中使用自动按钮自动调整是一样的。调整亮度的百分比以最近使用“色阶”对话框时的设置为基准。

（4）色调曲线控制。“曲线”命令是图像颜色调整中功能最强大的命令，是非常灵活的色调控制方式。若要在“曲线”命令下调整图像的色调，请从曲线对话框的“通道”菜单中选取要调整的通道。“曲线”命令的功能和“色阶”命令基本相同，只不过它比“色阶”命令可以进行更细腻、更精确的设置。“曲线”命令除可以调整图像的亮度以外，还可以调整图像的对比度，控制图像色彩。在曲线上单击即可添加一个控制点，然后在这个控制点上按住鼠标不放并往上或往下拖动，即可调整图像的色调。“曲线”对话框如图2—81所示。

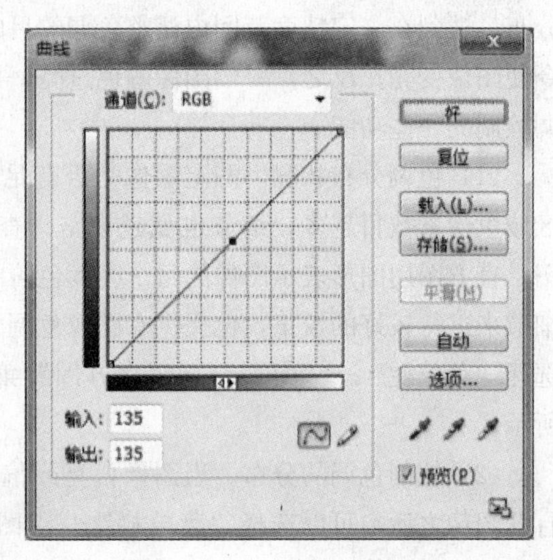

图 2—81 “曲线”对话框

2. 特殊色调控制

特殊色调控制包括图像反转、彩色图像变成单一的黑白图像、色调分离等操作。这些功能用曲线控制命令就可以实现，但Photoshop提供了各种特殊的命令实现这些功能，使得用户操作起来更方便快捷。

（1）色彩反转。色彩反转以及将像素的颜色变成其互补色，如黑变白、白变黑等，它通过反转命令实现。打开图像后，选定反转的内容（可以是层、通道、图像的部分选取范围或者整个图像），执行“菜单栏”→“图像”→“调整”→“反相”命令，可实现色彩的反转。若连续执行两次反转命令，则图像先反色后还原。

（2）去色。执行“菜单栏”→“图像”→“调整”→“去色”命令，可以去除图像中选定区域或整幅图像的彩色，从而将其转换为相同颜色模式的灰度图像，即去除图像中所有颜色的饱和度变为0；但它并不改变图像的模式，系统会自动将彩色图像转换为灰度图像，无须进行设置。要创建灰度图像或黑白照片，此命令将是最好的选择。

（3）色调均化。色调均化就是让色彩分布更平均，由此可提高图像的对比度和亮度。其原理是将图像中最亮的像素变成白色，将最暗的像素变成黑色，其余的像素映射到相应的灰度值上，然后合成图像。该功能通过执行“图像”→“调整”→“色调均化”命令实现。

（4）阈值。阈值是将彩色图像或灰度图像变成一个只有两种色调的黑白图像。打开图像，执行“图像”→“调整”→“阈值”命令，利用“阈值色阶”选项指定黑白像素的分配，其变化范围为1～255。在文本框中输入的数值越大，则黑色像素分布越广；数值越小，则白色像素分布越广。

（5）色调分离。色调分离是将色彩的色调数减少，造成一种色调分离的效果。打开图像，执行“图像”→“调整”→“色调分离”命令，在Levels文本框中输入2～255的任一值后，单击“OK”按钮即可实现色调分离。Levels的值越大，图像色彩变化越小；反之变化越大。

3. **图像色彩控制**

图像色彩控制是PhotoshopCS的强项，也是必须掌握的一项功能。在处理图像时，难免要对图像的色彩或色调进行调整。灵活运用Photoshop CS的色彩调整功能，是学习图像编辑处理的关键一环。对图像的色彩调整，主要是对图像的色相、饱和度、亮度和对比度进行的调整。其中，调整色相就是对图像颜色的改变，调整饱和度就是对颜色鲜浊程度的调整，调整亮度就是调整色彩的明暗程度，调整对比度就是调整颜色之间的差异。

（1）控制色彩平衡。使用“色彩平衡”命令可以更改图像的暗度、中间调和高光的总体颜色混合，它依靠调整某一个区域中互补色的多少来调整图像颜色，使图像的整体色彩趋向所需色调。打开一幅图像，执行“图像”→“调整”→“色彩平衡”命令，或者按下Ctrl＋B快捷键即可。

（2）控制亮度和对比度。亮度和对比度命令不但能实现对亮度和对比度的调整，而且更简便、直观。打开图像，执行“图像”→“调整”→“亮度对比度”命令，弹出相应的对话框，在文本框中键入数值（取值范围为－100～100）或拖动小三角滑块，就可以调整亮度和对比度了。当滑块位于滑杆正中间及文本框的数值为0时，图像不发生变化。当滑块向左滑动及文本框的数值为负值时，图像亮度和对比度下降；反之增加。

（3）调整色相和饱和度。改变图像像素的色相及饱和度通过“色相”→“饱和度”命令来实现。打开图像，执行“图像”→“调整”→“色相饱和度”命令，弹出相应的对话框，在文本框中键入数值或拖动小三角滑块，就可以控制图像的色相、饱和度及亮度。若在编辑列表框中选择“全图”选项，则调整对整个图像所有的像素有效；若选中“红”选项，则调整只对图像中指定范围内红色像素有效。同理，选中其他选项，则只对当前选中的颜色有效。

（4）替换颜色。替换颜色命令可以改变选定颜色的色相、饱和度及亮度值。该命令的功能是集“色彩范围”命令与“色相”→“饱和度”命令的功能于一身。

（5）可选颜色。可选颜色命令可以调整选定颜色的C、M、Y、K的比重，以达到修正颜色的网点增益和色偏的目的。

（6）通道混合器。通道混合命令可以指定改变某一通道中的颜色，并混合到主通道中产生一种图像合成的效果。

（7）变化。在前面介绍中已经知道色彩平衡命令可以调整色彩的平衡，色相/饱和度命令可以调整图像的对比度和饱和度。这里介绍的“变化”命令是集前两种命令于一身，而且更精确、更方便。打开图像，可以选择整个图像，也可以只选取图像的一部分或图像层中的内容。执行“图像”→“调整”→“变化”命令，弹出相应的对话框。对话框中显示了12幅缩略图，其功能如下：

1）对话框左上角的两幅缩略图“原始”和“当前选择”图像中，“原始”图像显示原图像的真实效果，“当前选择”图像显示调整后的图像效果。可以通过这两幅图像的对比很直观地看出调整前后的效果变化。单击“原始”图像可将“当前选择”图像还原到原图像的效果。

2）对话框左下方的七幅缩略图中，中间的“当前选择”图像与左上角的“当前选择”缩略图作用相同；其他六幅图可以改变图像的R、G、B、C、M、Y六种颜色，单击任意一幅图就可以增加与该图相应的颜色。

3）对话框右下方的3幅缩略图可调节图像的明暗度。单击“较亮”缩略图，图像变亮；单击“较暗”缩略图，图像变暗；“当前选择”缩略图用来显示调整后的效果。

技能要求

抠图与制作

要求一：编辑“素材7－1”和“素材7－2”，制作成与“效果图7”一样的图像，如图2—82所示（见彩图12）。

素材7-1

素材7-2

效果图7

图2—82　素材与效果图（项链）

操作步骤

步骤1　打开“素材7－1”，选择“多边形套索”工具，抠出眼睛和嘴的选区；选择“菜单栏”→“图层”→“新建”→“通过剪切的图层”命令，抠出选区部分；选择“菜单栏”→“图像”→“调整”→“去色”命令，变成黑白图像；选择“菜单栏”→“图像”→“调整”→“色阶”命令，如图 2—83 所示。

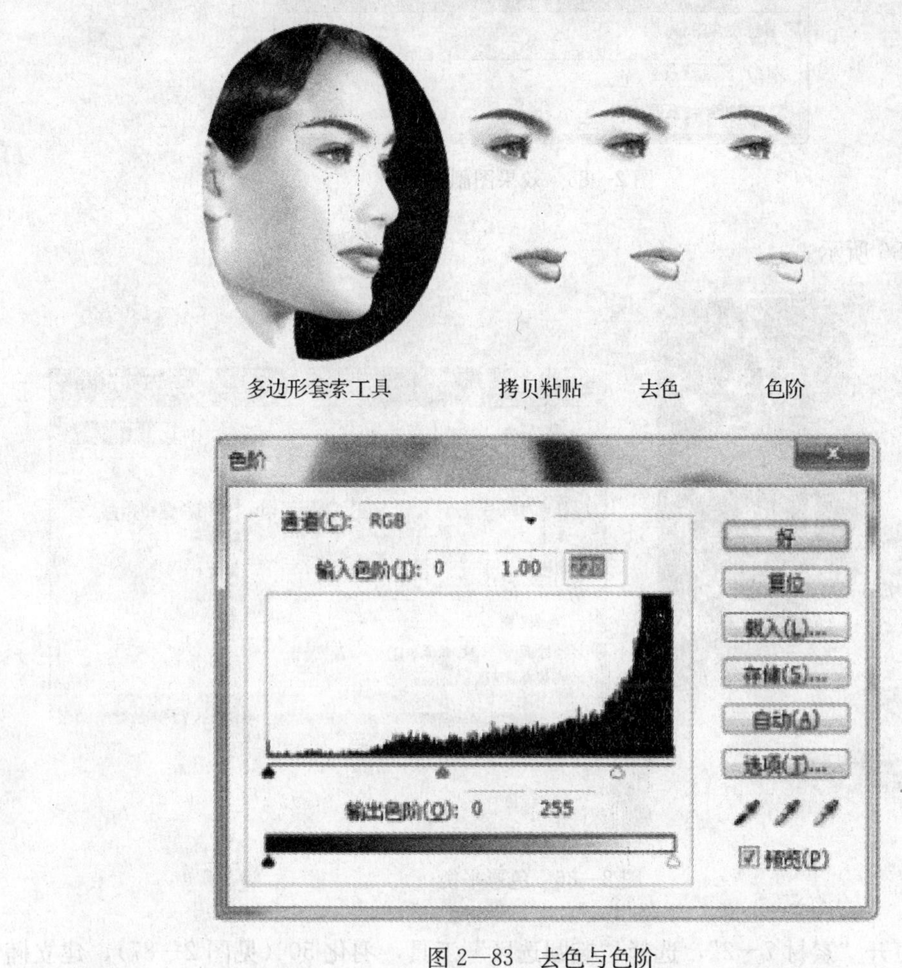

图 2—83　去色与色阶

步骤 2　选择“效果图 7”，在标题栏上按鼠标右键（见图 2—84），选择复制，确定对话框如图 2—85 所示。

步骤 3　选择嘴唇部位的选区，选择“菜单栏”→“图像”→“调整”→“色彩平

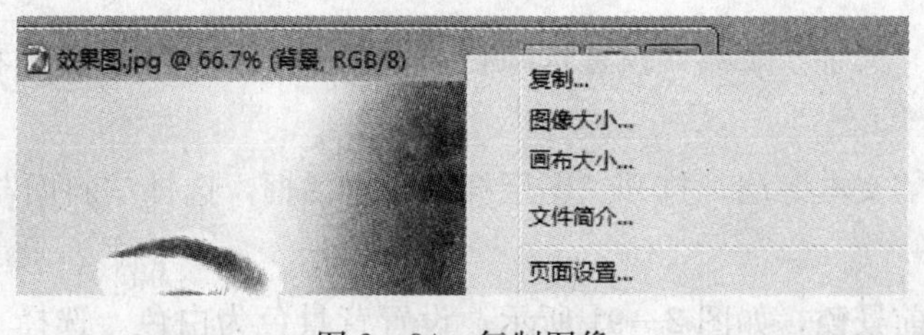

图 2—84　复制图像

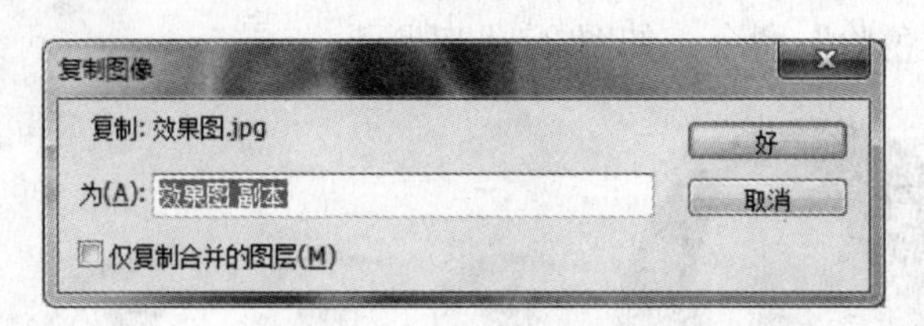

图 2—85　效果图副本

衡”，如图 2—86 所示。

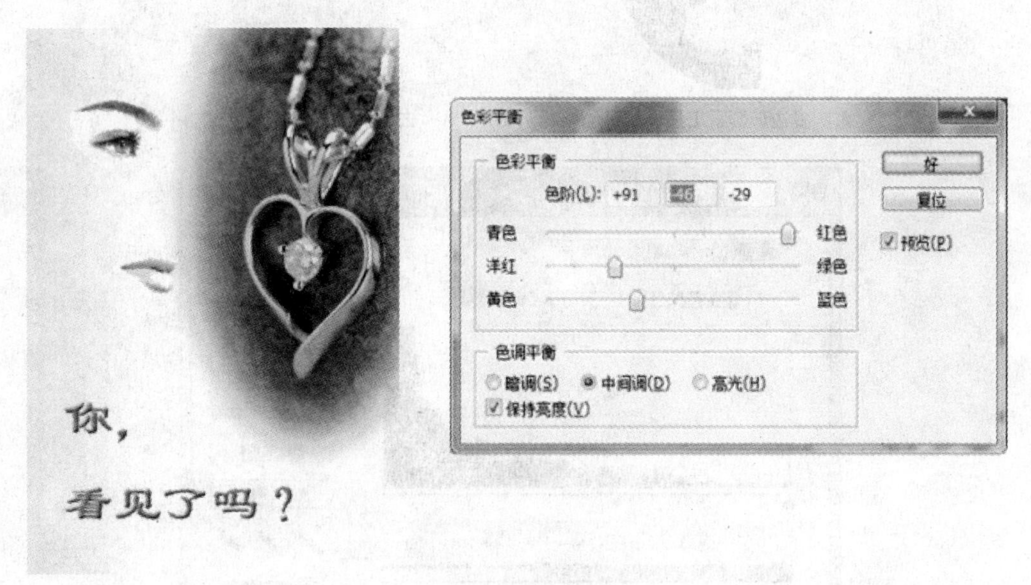

图 2—86　色彩平衡

步骤 4　打开“素材 7－2”，选择“椭圆选区”工具，羽化 50（见图 2—87），建立椭圆选区，将项链移到效果图副本中，改变椭圆大小如图 2—88 所示。

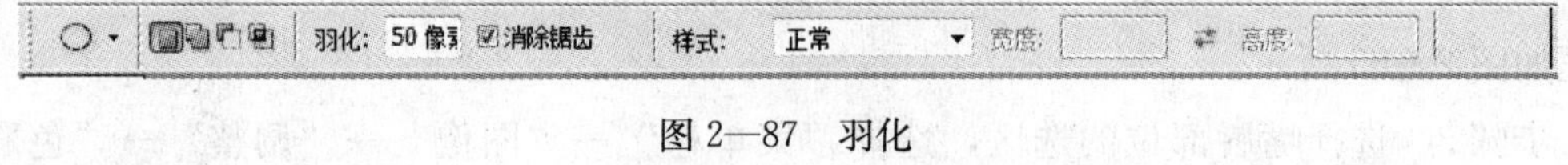

图 2—87　羽化

步骤 5　选择“文字”工具，设置选项栏参数如图 2—89 所示。接着打字，生成一个“文本”层。

步骤 6　双击“文本”层，打开“图层样式”对话框，选择“斜面与浮雕”，如图 2—90 所示。

步骤 7　设置前景色，如图 2—91 所示；设置背景色为白色。选择“渐变”工具，设置渐变编辑器，如图 2—92 所示。

图 2—88　椭圆选区

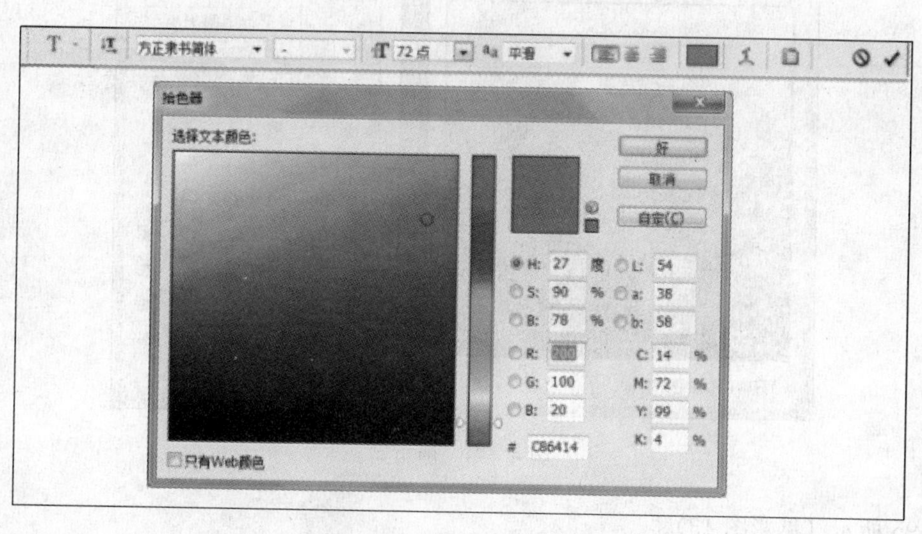

图 2—89　设置选项栏参数

步骤 8　选择“背景”层，从左到中间水平拖动，如图 2—93 所示。

步骤 9　选择“图层 1”（眼睛与嘴），把“图层 1”的“混合模式”改“正片叠底”（见图 2—94），最终效果图完成。

要求二：编辑“素材 8－1”和“素材 8－2”，制作成与“效果图 8”一样的图像，如

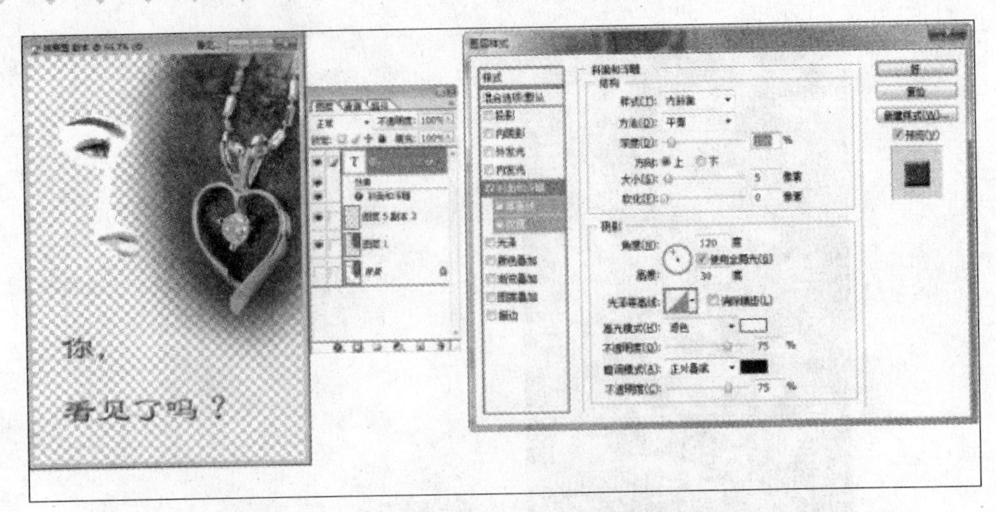

图 2—90　添加图层样式

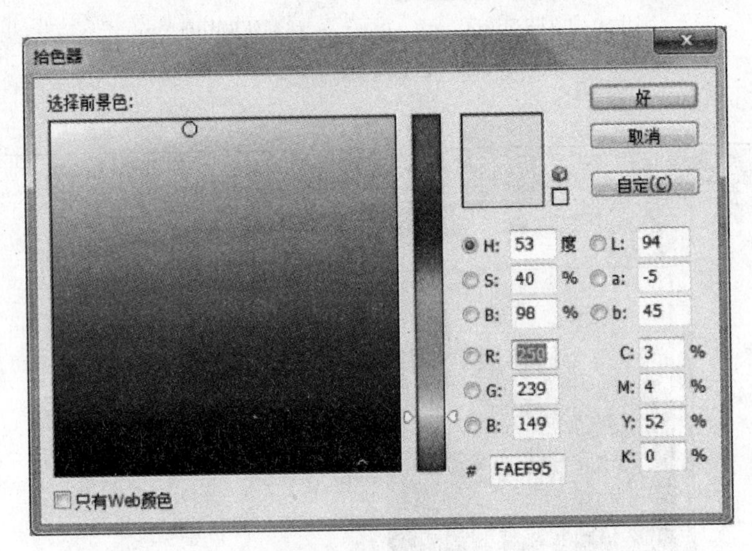

图 2—91　前景色

图 2—95 所示（见彩图 13）。

操作步骤

步骤 1　打开“素材 8—1”图像，选择“魔棒”工具，点击背景选择白色，再按鼠标右键选择“反选”，选择“菜单栏”→“选择”→“修改”命令，如图 2—96 所示。

步骤 2　选择“移动”工具，将车子移到“效果图 8”中，选择“菜单栏”→“编辑”→“自由变换”命令，按照“效果图 8”中的车子改变大小，将车子再移到“素材 8—2”图像窗口中，如图 2—97 所示。

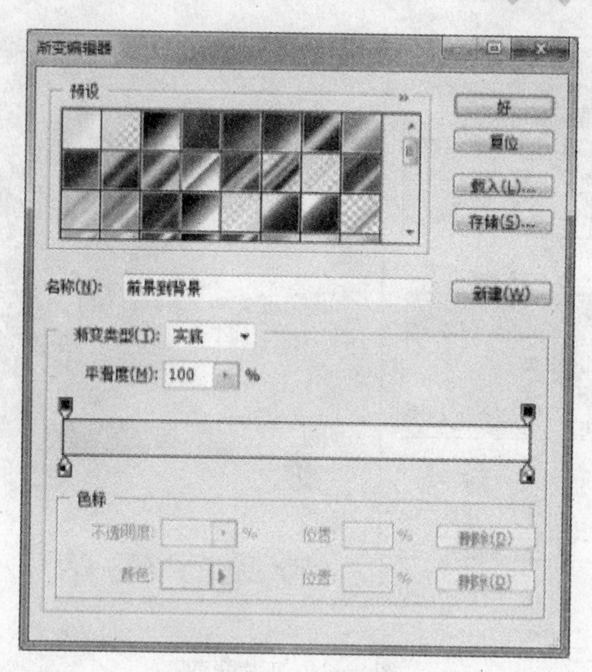

图 2—92 渐变编辑器

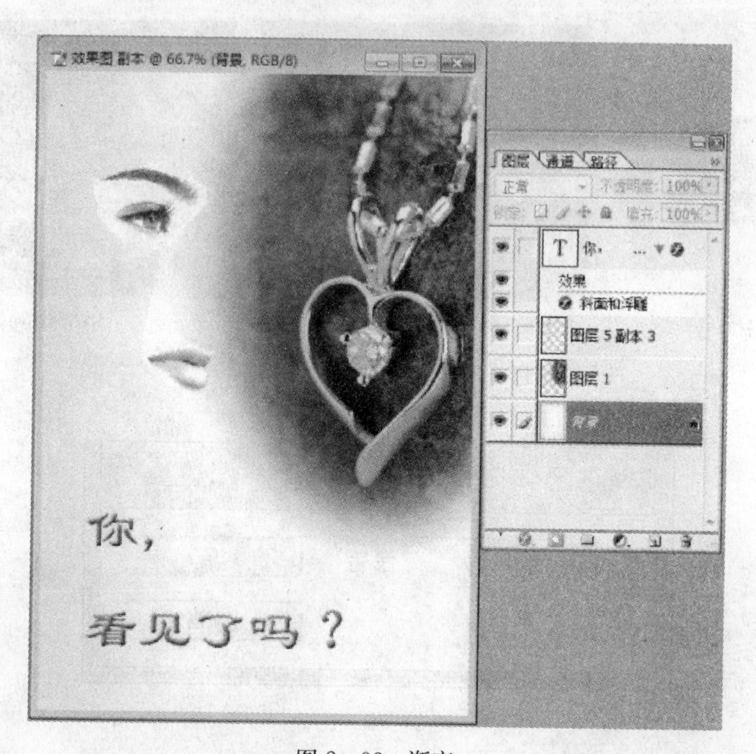

图 2—93 渐变

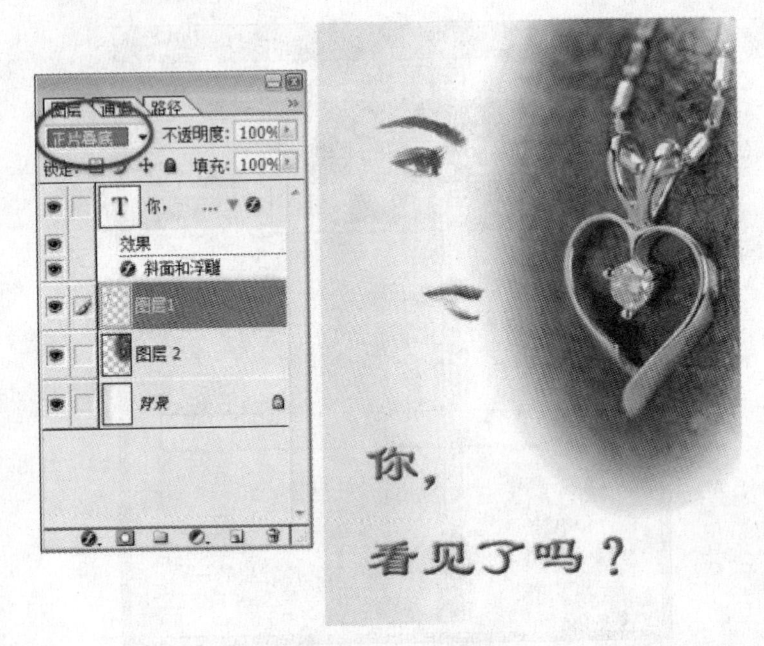

图 2—94　正片叠底

素材8-1

素材8-2

效果图8

图 2—95　素材与效果图（赛车）

收缩选区

收缩量(C): 1 像素

好

取消

图 2—96　收缩

图 2—97 “车子”与“素材 8－2”

步骤 3 复制“图层 1”车子为“图层 1 副本”，选择“滤镜”→“模糊”→“动感模糊”命令，如图 2—98 所示。

步骤 4 复制“图层 1”车子为“图层 1 副本 2”，选择“编辑”→“填充（黑色）”命令，如图 2—99 所示。再选择“编辑”→“变换”→“垂直翻转”命令，如图 2—100 所示。

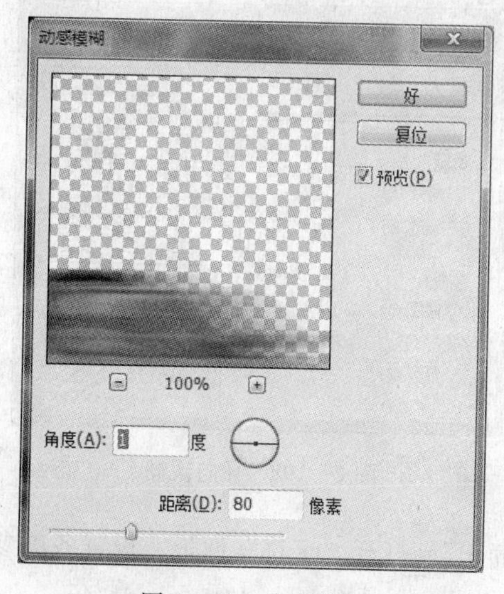

图 2—98 动感模糊

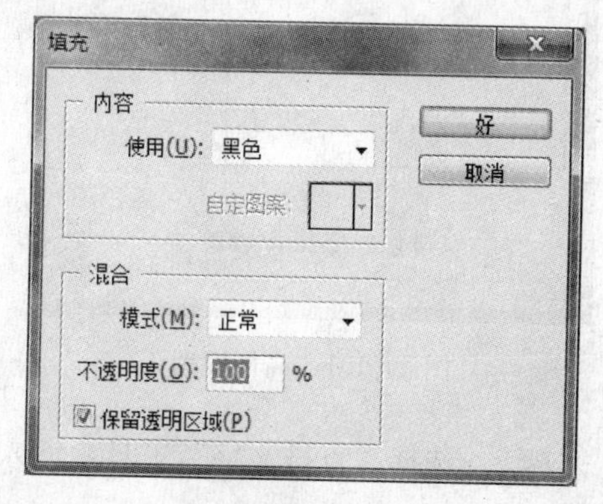

图 2—99 填充

图 2—100　垂直翻转

步骤5　选择“自由变换”，改变黑影的形状，放到车轮子下，选择“滤镜”→“模糊”→“高斯模糊”命令，如图 2—101 所示。

步骤6　复制“背景”层为“背景副本”，选择“滤镜”→“模糊”→“径向模糊”命令，如图 2—102 所示。图层的“不透明度”改为“60%”，如图 2—103 所示。

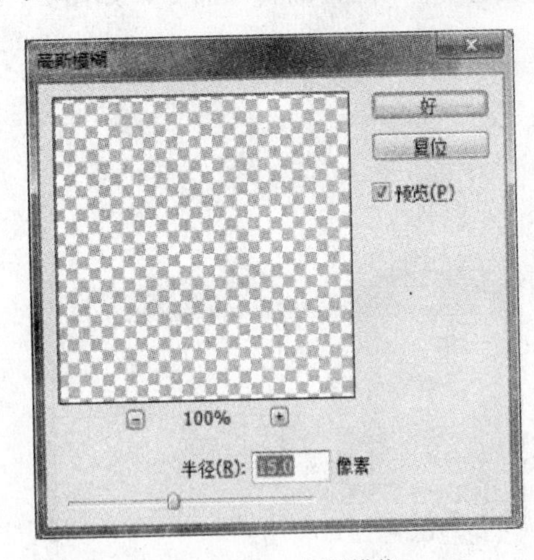

图 2—101　高斯模糊

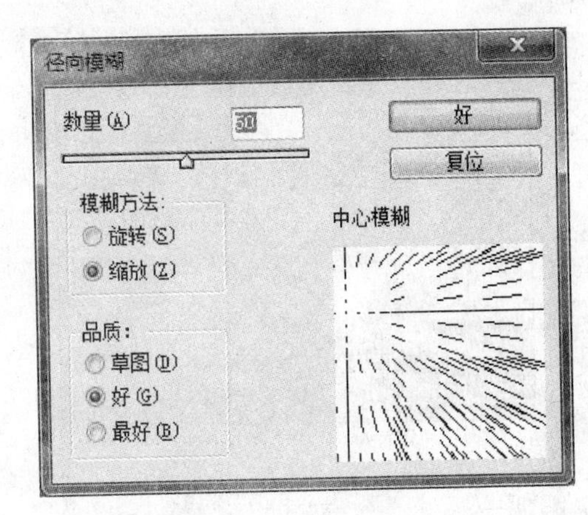

图 2—102　径向模糊

步骤7　选择“直排文字”工具，输入“赛车”；打开“字符”面板，设置各项参数，如图 2—104 所示。

步骤8　在“文本”层中打开“图层样式”对话框（见图 2—105），设置“渐变叠加”，单击“好”按钮（见图 2—106），最终效果图完成。

要求三：编辑“素材 9－1”和“素材 9－2”，制作成与“效果图 9”一样的图像，如图 2—107 所示。

图 2—103　不透明度

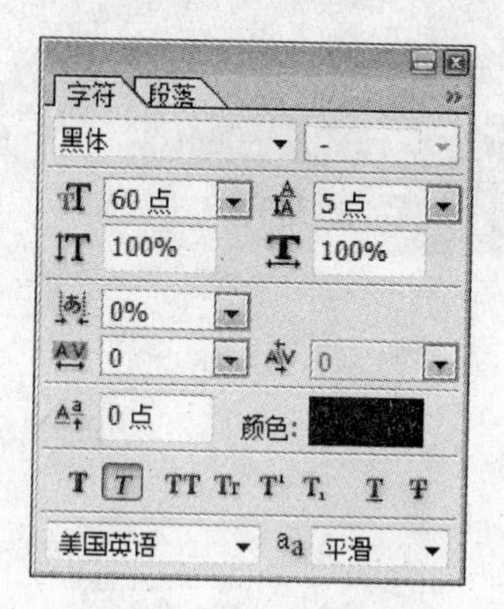

图 2—104　字符面板

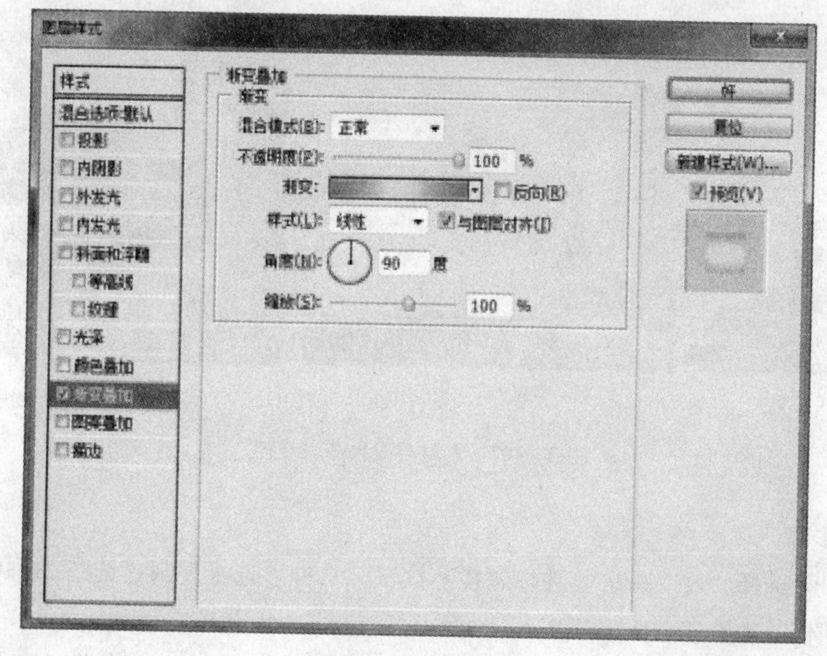

图 2—105　渐变叠加

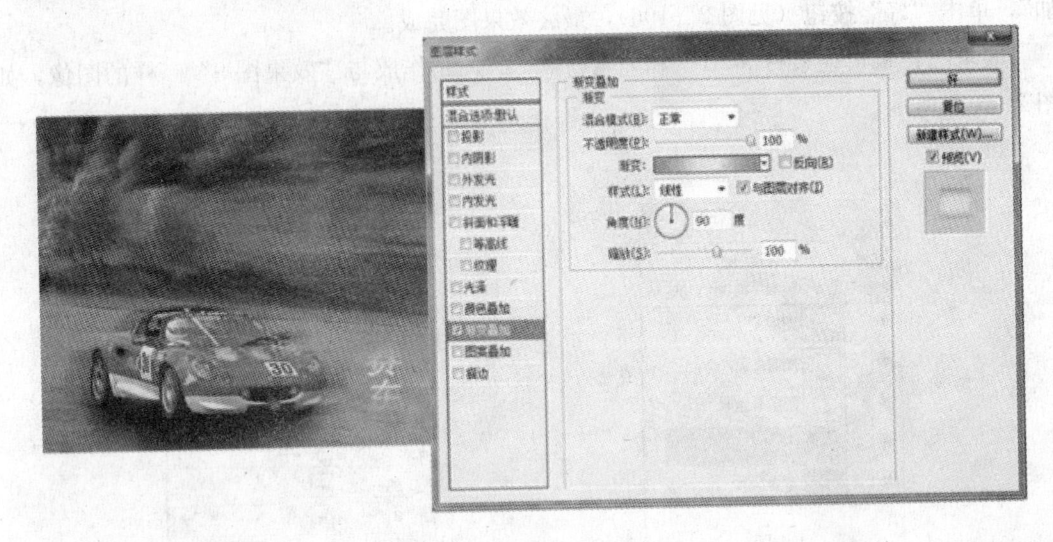

图 2—106　添加图层样式

图 2—107　素材与效果图（女神）

操作步骤

步骤 1　选择“效果图 9”，在标题栏上按鼠标右键，选择复制（见图 2—108），名为“效果图副本”。

步骤 2　打开“素材 9－1”图像，选择“魔术橡皮擦”工具，点击背景擦去白色；选择“移动”工具，把“素材 9－1”的船拖到“效果图副本”图像中，命名为“图层 1”；

调整位置，复制“图层 1”为“图层 1 副本”；选择“菜单栏”→“编辑”→“变换”→“垂直翻转”命令，如图 2—109 所示；缩小船的高度约二分之一，图层的不透明度降低，如图 2—110 所示。

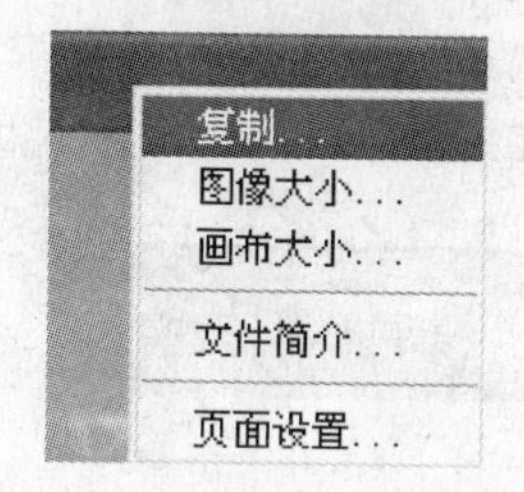

图 2—108　复制图像

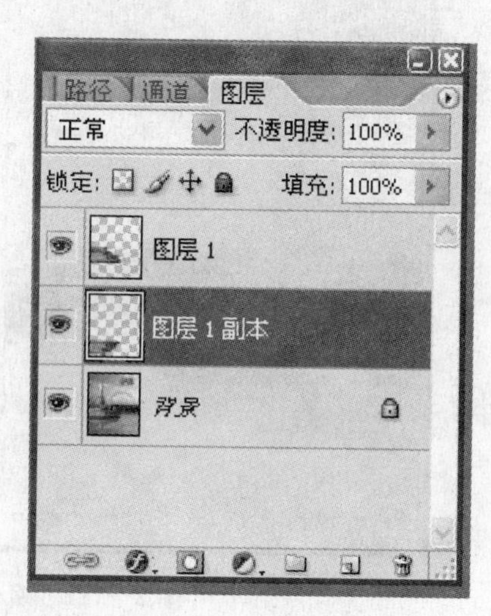

图 2—109　垂直翻转

图 2—110　缩小倒船

步骤 3　打开“素材 9—2”，把“素材 9—2”移到“效果图副本”，图像为“图层 2”；复制“图层 2”为“图层 2 副本”；选择“菜单栏”→“编辑”→“变换”→“垂直翻转”命令，缩小倒影的高度约三分之一，图层的“不透明度”改为“70%”，如图 2—111 所示。

步骤 4　在“图层 2 副本”图层上，执行三次“滤镜效果”。

（1）选择“滤镜”→“扭曲”→“海洋波纹”命令，设置参数如图 2—112 所示。

(2) 选择“滤镜”→“扭曲”→“波纹”命令，设置参数如图2—113所示。

图2—111 缩小倒影

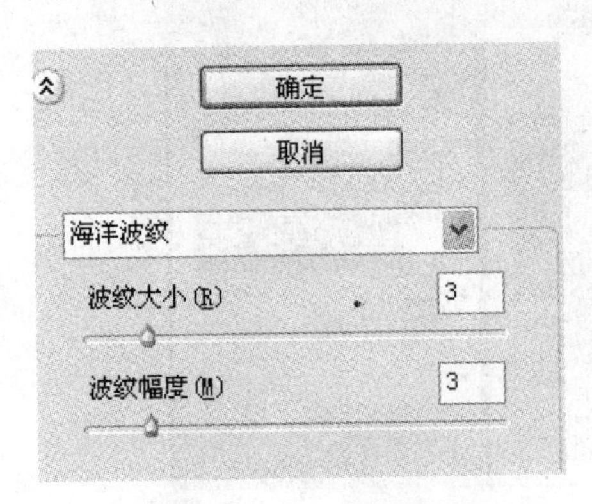

图2—112 海洋波纹

图2—113 波纹

(3) 选择“椭圆选框”工具，羽化20，在“图层2副本”上创建一个椭圆选区，如图2—114所示；选择“滤镜”→“扭曲”→“水波”命令，设置参数如图2—115所示。

步骤5 新建图层为“图层3”，选择“渐变”工具，点击“渐变编辑器”，设置参数如图2—116所示。

步骤6 在图像窗口中，按住Shift键，由上到下拖动鼠标1 cm，如图2—117所示。

步骤7 选择“滤镜”→“扭曲”→“极坐标”命令，设置参数如图2—118所示。选择“矩形选框”工具，羽化10，在图像下方创建一个选框，如图2—119所示。按Delete键，去掉下面的彩虹。修改彩虹大小，如图2—120所示；选择“滤镜”→“模糊”→“高斯模糊”命令，如图2—121所示。

图2—114　椭圆选区

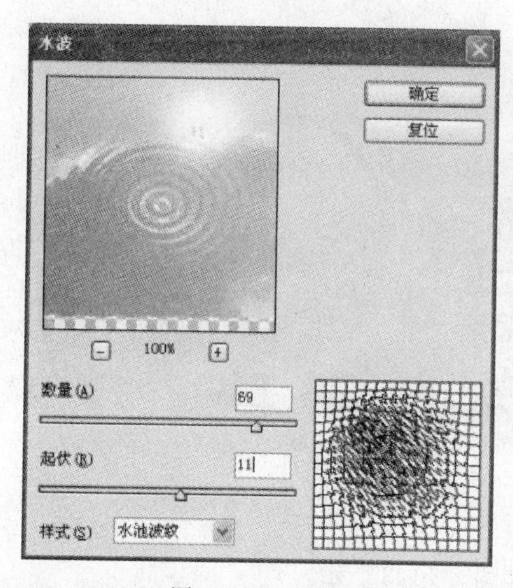

图2—115　水波

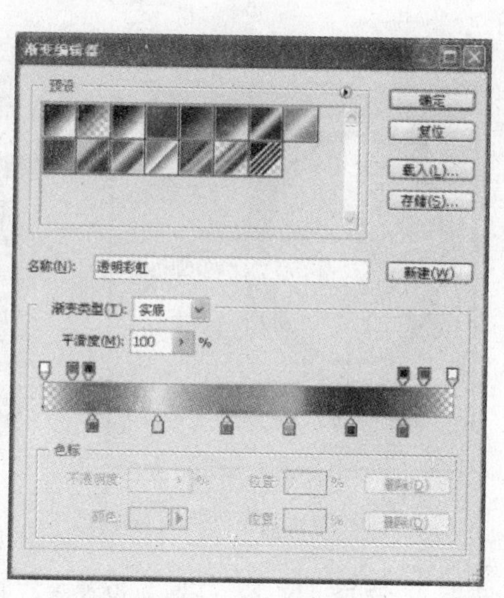

图2—116　透明彩虹渐变

步骤8　复制“图层3”为“图层3副本”，选择“菜单栏”→“编辑”→“变换”→“垂直翻转”命令，把图像翻转下来；改变图层的“不透明度”，把“图层3副本”层移到两个船的图层下面，倒影彩虹的效果更好，如图2—122所示。

图 2—117　渐变（由上到下）

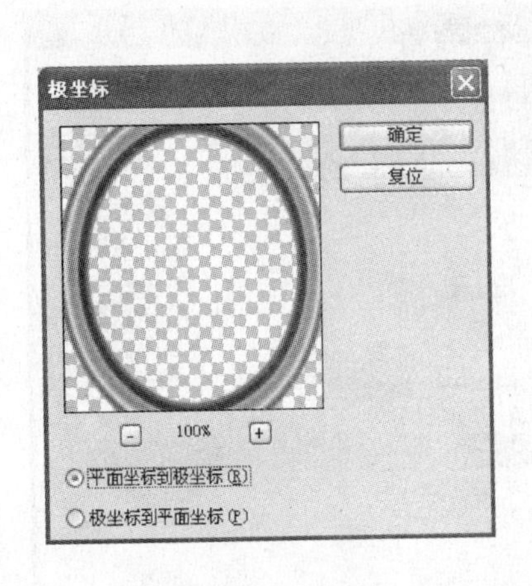

图 2—118　极坐标

图 2—119　裁去下面彩虹

步骤 9　选择“文字”工具，设置参数如图 2—123 所示。

步骤 10　根据“效果图 9”上字样打出“水中女神”。打开“图层样式”对话框，选择“描边”颜色为白色，如图 2—124 所示。

步骤 11　点击“背景层”，设置前景色，如图 2—125 所示；选择“菜单”→“编辑”→“填充”命令，使用“前景色”，填充在背景层上（见图 2—126），最终效果图完成。

图 2—120 “彩虹”不透明度

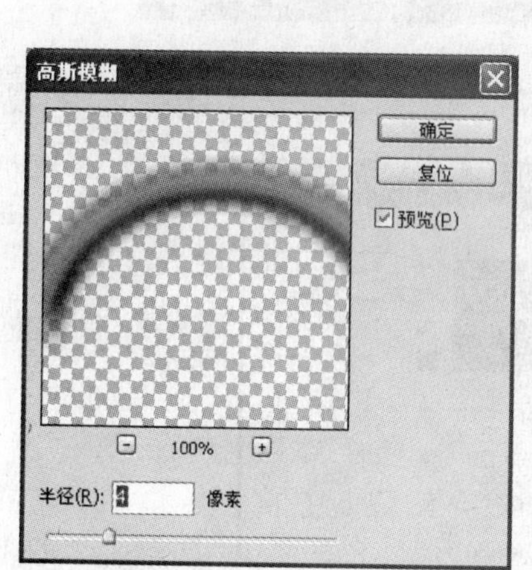

图 2—121 高斯模糊

图 2—122 倒影彩虹

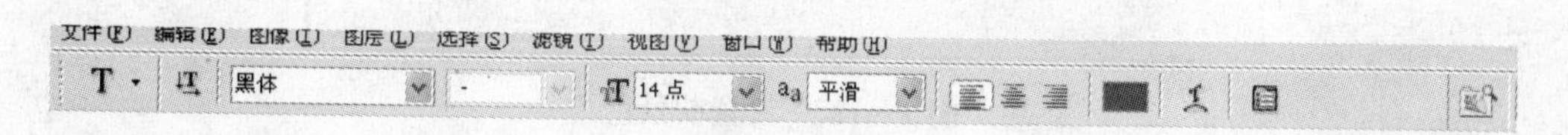

图 2—123 文字选项栏

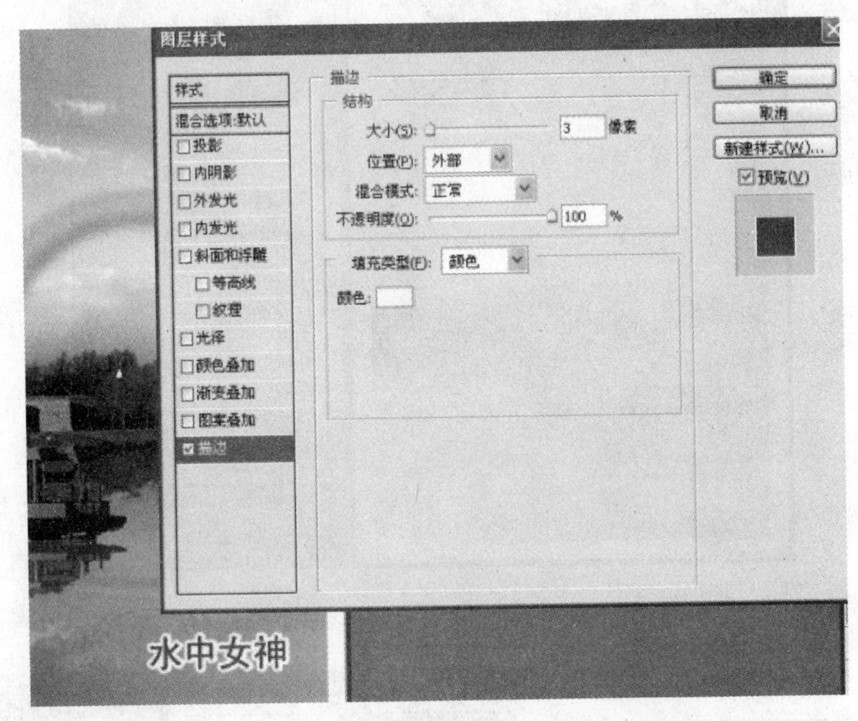

图 2—124　描边

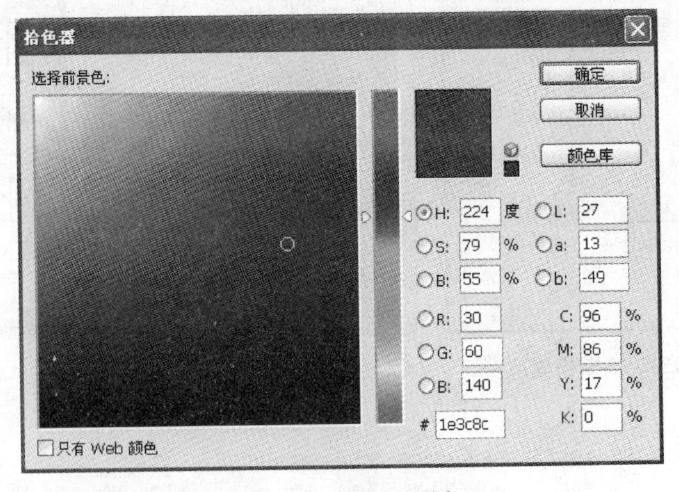

图 2—125　设置前景色

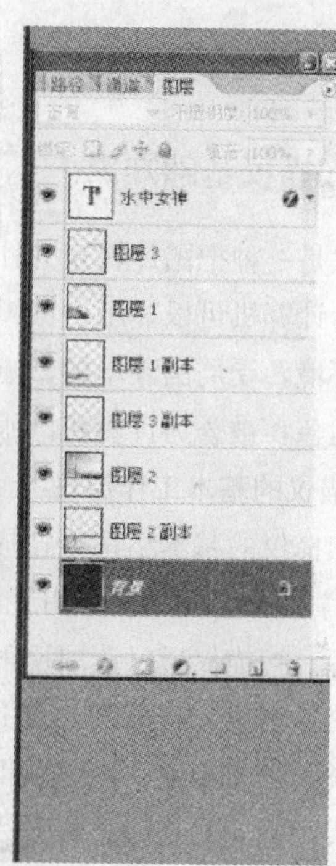

图 2—126　最终效果图

第 2 节　数字图像的输入、输出与存储

学习单元 1　扫描仪

学习目标

1. 了解扫描仪的基础知识
2. 熟悉扫描仪的基本工作原理和性能指标
3. 掌握扫描仪操作的基本方法

一、扫描仪基础知识

扫描仪是一种把图片转换为计算机能够处理的图像的必备工具，它是一种捕获图像并将之转化为计算机可以显示、编辑、储存和打印的一种数字化输入设备。因其采用封闭的光学扫描环境，受周围环境的影响小，图像稳定，扫描精度高，在数字图像输入领域扮演着重要的角色，被誉为计算机的眼睛，受到了人们的青睐。

1. 扫描仪的基本工作原理

（1）扫描仪的基本结构。扫描仪由光学部分、机械传动机构及电路系统三部分组成。

1）光学部分。光学部分由光源（条形灯管）、镜头和扫描头组成。

①光源。扫描仪通过读取反射或透射的光线来获取图像信息，光源品质的好坏将严重影响最终扫描结果。目前的扫描仪光源大多采用低压辉光放电管。低压辉光放电管无灯丝、寿命长、发光稳定，可以获得高质量的扫描图像。

②镜头。镜头的功能是将光线会聚于感光元件上，以产生清晰的、不失真的图像。镜头是影响图像质量的极为精密的重要光学部件。

③扫描头。扫描头是将光信号转换为电信号的组件。常见扫描头上使用的光电转换器件有电荷耦合器件 CCD、接触式图像传感器 CIS 和光电倍增管 PTM。

光电转换器件在芯片表面集成众多光敏器件，这些光敏器件在一条直线上排列，当光线经镜头会聚成像在 CCD 表面上时，每个光敏器件会因感受到光强度的不同而感应出不同数量的电荷，译码电路根据每个光敏器件耦合的电荷量，形成与入射光强度成比例的模拟电信号（指大小连续变化的电信号）输出。

2）机械传动机构。扫描头由圆形支撑滑杆卡在传动皮带上，由传动皮带带动沿着支撑滑杆移动。专业级扫描仪采用精密的导螺杆移动扫描头，能获得更高的纵向扫描分辨率和更为稳定的图像。机械传动机构的功能是带动扫描头沿着扫描仪纵向移动，其中台式平板扫描仪的机械传动机构由步进电动机、传动齿轮和传动皮带组成，步进电动机的步进精度决定了扫描仪的纵向扫描精度（分辨率）。由于步进电动机很容易控制，所以大多数厂商取垂直分辨率为水平分辨率的 2 倍生产扫描仪。

3）电路系统。扫描仪电路系统的作用是转换、处理、传输图像信号，它主要由模/数（A/D）转换器、图像处理器和接口电路组成。

（2）图像扫描原理。置于扫描仪内部的 CCD 器件通常排成一个线状的线性阵列。扫描光源通过待扫材料，再经一组镜面反射到 CCD，CCD 器件将不同强弱的亮度信号转换为不同大小的电信号，最后经 A/D 转换产生一行图像数据。随着扫描光源与待扫材料的相对运动，完成整个图像的扫描。图像数据传输给计算机主机后，经过适当的软件处理，以图像文件的形式储存或使用。图像扫描的基本流程如图 2—127 所示。

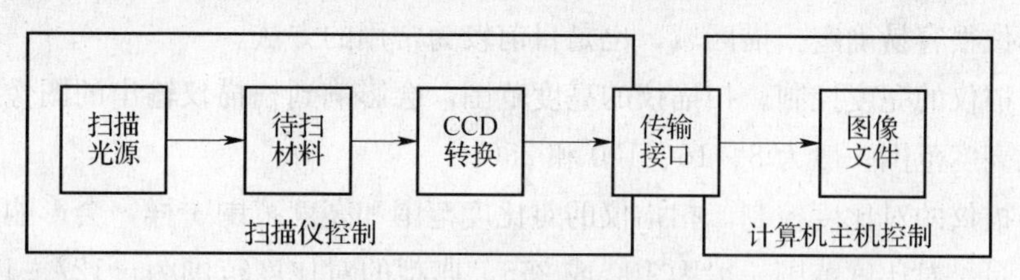

图 2—127　图像扫描的基本流程

（3）基本工作原理

1）反射式图像扫描的基本工作原理。先将光线照射到待扫材料上，光线反射回来后由 CCD 实现光电转换。由于各种颜色不同，其反射率也不同，而光敏器件可以检测到不同区域反射回来的不同强度的光，并将反射光波转换为数字信息，最后控制扫描仪操作的软件读入这些数据，从而重组为计算机的图形文件。

2）透射式图像扫描的基本工作原理。基本上与反射式相同，区别在于不是利用光源的反射，而是光透射过材料，再由光敏器件接收。扫描透明材料需要特别的光源补偿，称作透射适配器。

2. 扫描仪的性能指标

（1）扫描仪的分辨率。扫描仪的分辨率是扫描仪最重要的性能指标之一，是体现扫描仪对图像细节的表现能力。它的单位为 dpi，即表示扫描仪在扫描图像时，每英寸产生的实际像素数。扫描仪分辨率的高低，决定了扫描仪的空间扫描精度。扫描仪的分辨率又分为光学分辨率和实际分辨率。

（2）扫描仪的扫描模式（数据类型）。扫描仪的扫描模式体现了扫描仪所能产生的数据精度，而扫描仪的分辨率反映了扫描仪的空间精度。

（3）扫描仪的扫描速度。扫描仪的扫描速度是扫描仪的又一个重要指标，这一指标决定扫描仪的工作效率，在文字识别应用中尤其如此。它用两种方法表示，一种用扫描标准 A4 幅面所用的时间来表示，另一种用扫描仪完成一行扫描的时间来表示。

（4）扫描仪的扫描区域。扫描区域通常由软件设定，定义为扫描仪可扫幅面内任意大小的矩形区域。在软件应用中，扫描区域一般由鼠标器或键盘直接在计算机屏幕上画定。扫描仪操作时，如没有选定区域，在保存、复制或打印时，它将包括整个扫描玻璃板的区域。

扫描区域的单位有三种：第一种以像素的方式给出，直接给定图像的长、宽各为多少像素，这种方法虽然直观简单，但对于特定的图像区域计算太麻烦，因此现在已不常使用；第二种以厘米（cm）的某一倍数为单位，这种单位很容易确定扫描区域，但由于扫描的分辨率是以每英寸点数来计量的，所以也不十分方便；第三种以英寸的某一倍数为单位，这种单位很容易确定扫描区域，也是目前较为常用的方法。

（5）扫描仪的亮度控制。扫描仪的亮度范围，会影响到扫描仪输出的图像质量。现在扫描仪的光亮度范围一般为 8、16、100 和 256。

（6）扫描仪的对比度控制。扫描仪的对比度范围和亮度范围一样，会影响到扫描仪输出的图像质量。对比度范围一般为 100 或 256，典型的对比度范围为－127～127。在扫描过程中，对比度的增强或减弱，并不表示灰度区域的亮区补偿或暗区补偿。

（7）扫描仪的 γ 校正。所谓 γ 校正，是指根据不同的输出及其他输入装置的需求，对扫描仪的图像数据进行适当的调整，这种校正与专业图像处理中的灰度区域补偿相似，如图像加亮（暗区补偿）、图像加暗（亮区补偿）、对比度增强（中间区补偿）、对比度减弱。

（8）扫描仪的自动送纸器（ADF）。滚动式扫描仪通过适当增大和调整送纸盒，完成多页材料的自动连续送入。台式平板扫描仪则需要像透射板一样，在普通的扫描仪上安装专门的自动送纸器，来实现自动送纸功能。与扫描仪自动送纸器相关的命令有三类，分别为自动换纸、送纸与退纸及其检测、被送材料的扫描范围。目前可一次自动送入材料数量为 50～70 页，纸张厚度要求为 0.06～0.18 mm。

3. 扫描仪操作

（1）安装扫描仪驱动

将扫描仪通过 USB 连接线与电脑连接，打开扫描仪电源，使用自带的驱动光盘安装扫描仪驱动，当驱动程序安装完毕后，扫描仪就可以正常工作了。

（2）扫描图片。本单元介绍 HP ScanJet 型扫描仪操作方法。

1）扫描步骤

①打开计算机电源。

②将需扫描的文件或图像正面朝下放在扫描仪的玻璃板上。

③启动扫描仪的扫描程序。

在 Photoshop 软件中导入扫描程序，如图 2—128 所示。

④利用菜单对所采集的图像进行必要的处理。扫描时，可事先确定所需图像的实际尺寸，然而使用调整尺寸工具来设定尺寸。

2）扫描软件的窗口。扫描软件的窗口如图 2—129 所示，它的上面为菜单栏，右面为工具栏，中间的区域为预览区，下面为信息栏。

①菜单栏。自左至右分别为扫描、基本、高级、输出类型和帮助，各个菜单的窗口内

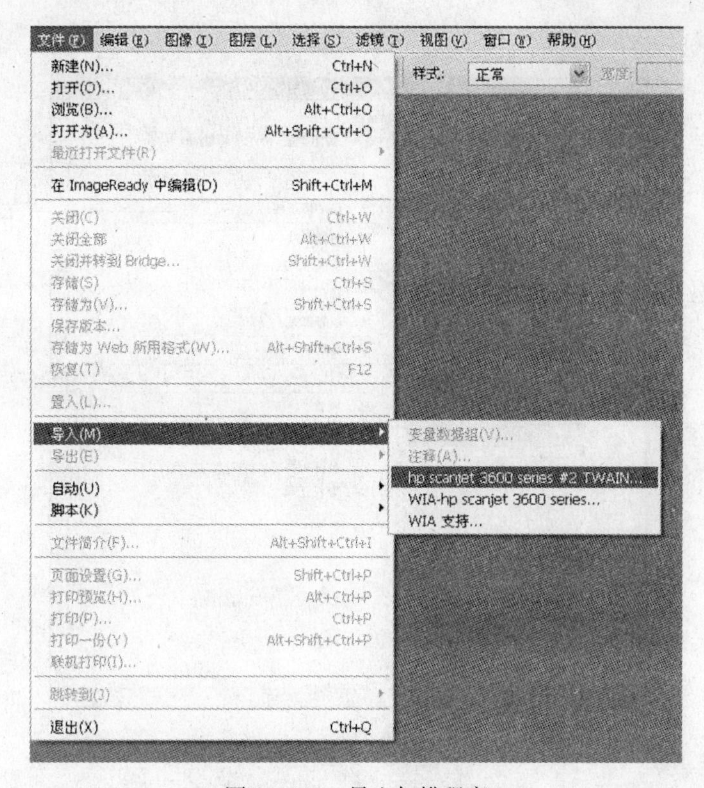

图 2—128　导入扫描程序

容如图 2—130 至图 2—134 所示。

②工具栏。工具栏的功能主要是调整尺寸、分辨率和颠倒颜色等，如图 2—135 所示。

③预览区。主要显示扫描图像，并接受区域的选定。

④信息栏。自上至下分别为输出类型、输出尺寸、文件大小、分辨率、比例缩放，如图 2—136 所示。

⑤扫描图像的存储。扫描图像是一种光栅图像，有许多不同的存储格式，比较流行的图像存储格式有：JPEG（高效率压缩格式）、TIFF（标志图像文件格式）、PCX、BMP、GIF（图形交换格式）、IMG 和 Macpaint 等。

3）扫描操作界面的功能

①单击鼠标以选择预览图像。

②自动检测输出类型，同时可对图片输出质量进行设定。

③自动感测图片图像的曝光度、色彩、黑白阈值、锐化等级和分辨率。

④拖放图像至另一个程序或桌面。

⑤把图像输出到程序或文件之前，先按比例缩放和设定大小。

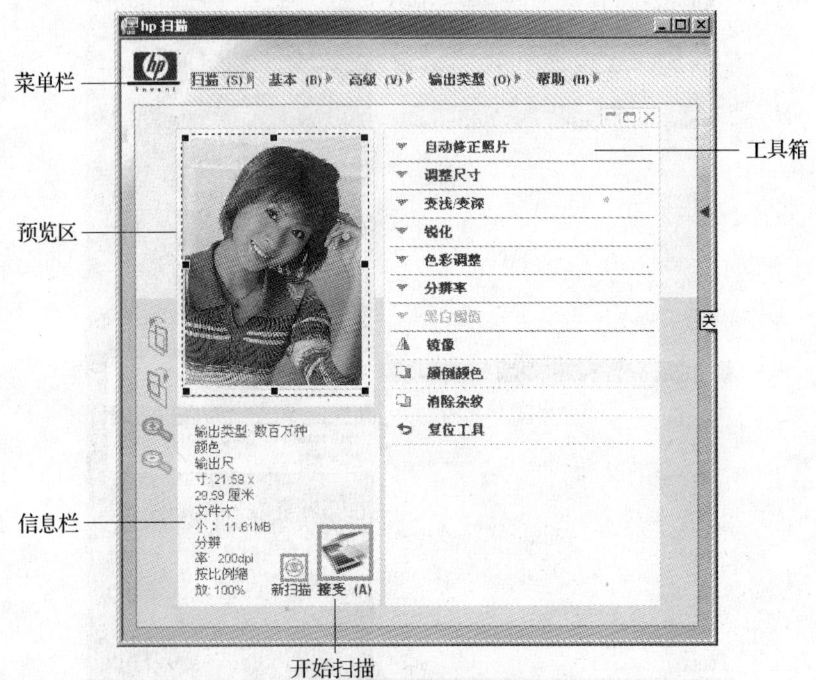

G3010扫描仪窗口

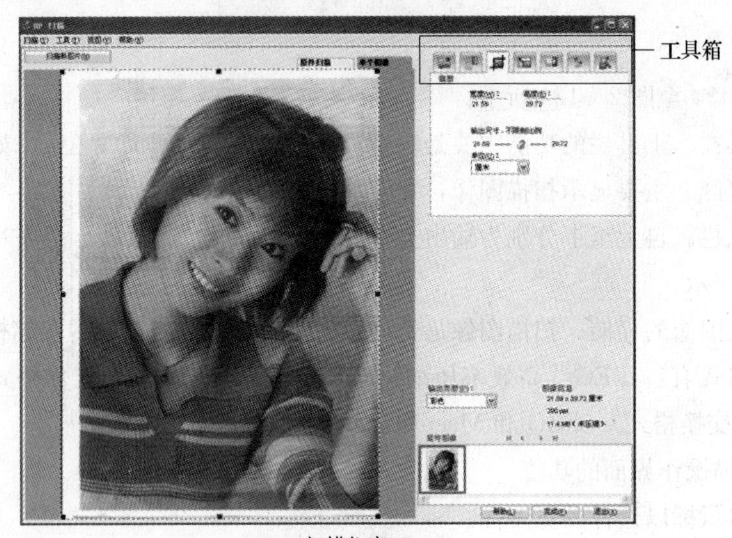

G3110扫描仪窗口

图 2—129　扫描软件的窗口

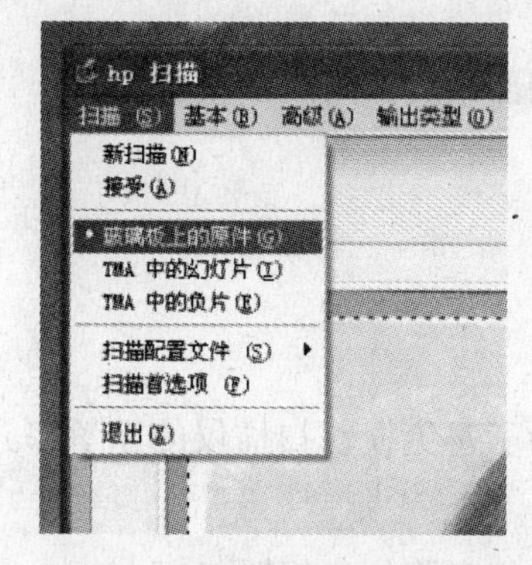

图 2—130　扫描菜单下拉表

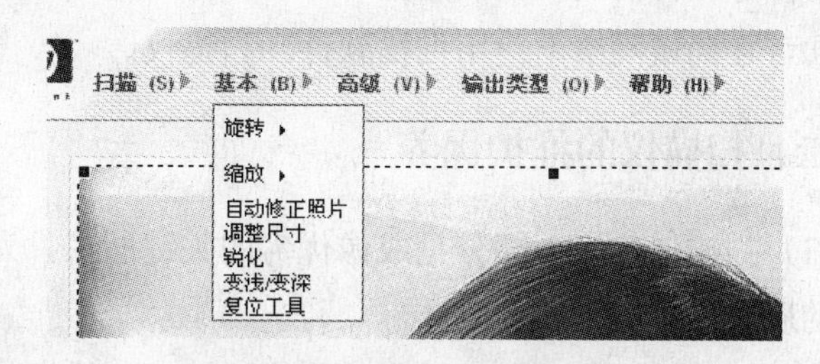

图 2—131　基本菜单下拉表

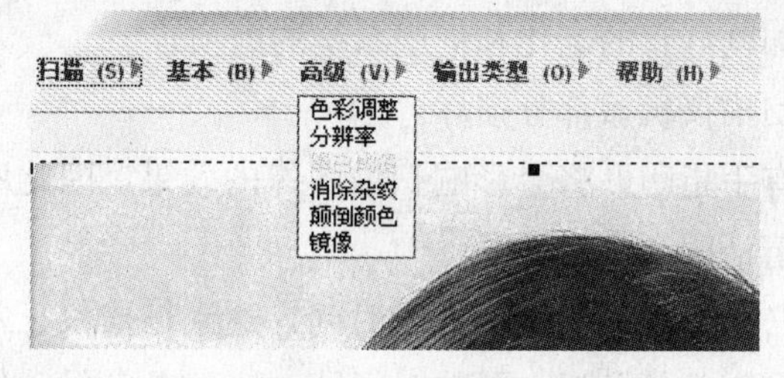

图 2—132　高级菜单下拉表

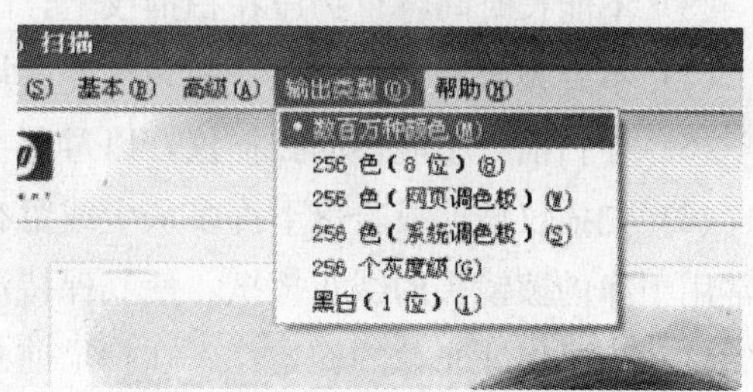

图 2—133　输出类型菜单下拉表

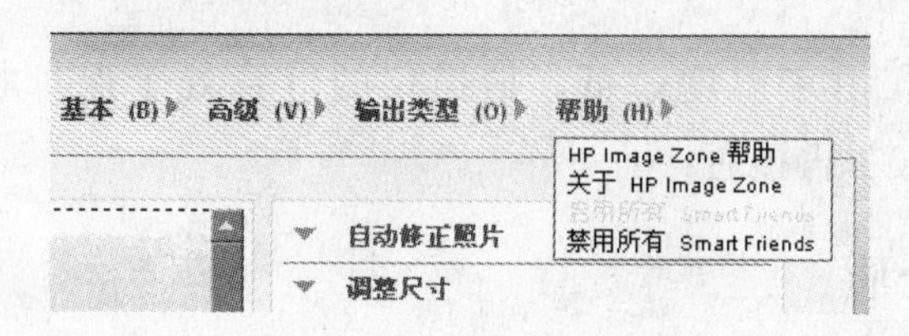

图 2—134　帮助菜单下拉表

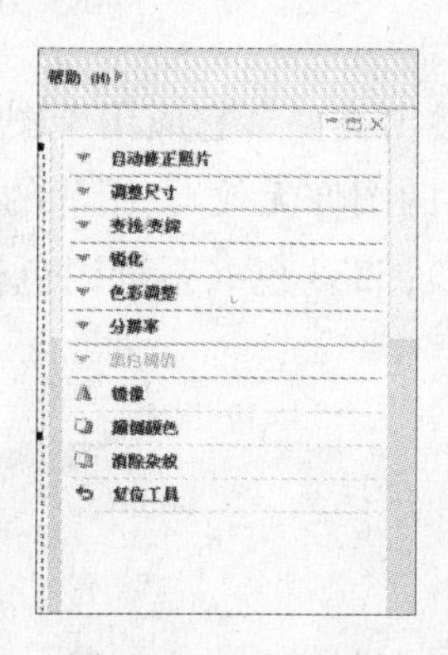

图 2—135　工具栏

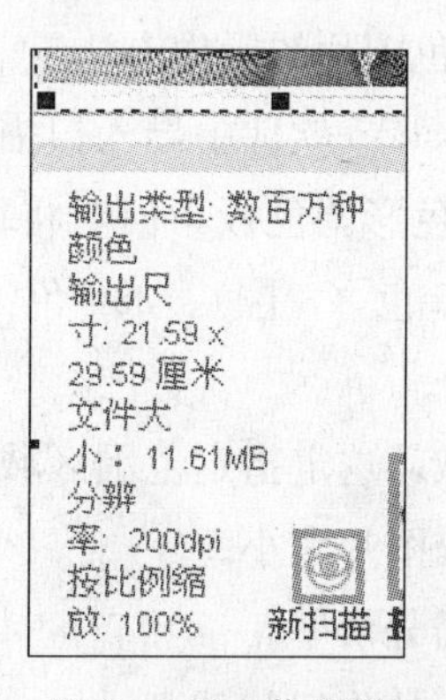

图 2—136　信息栏

⑥不必重新扫描即可返回到预览图像。

⑦能对彩色或灰度图片图像的亮（暗）部和中色调部做细微的调整。

⑧保存和再使用扫描设定值。

⑨可在局域网络上使用扫描软件和扫描仪。

二、扫描仪的维护保养

（1）扫描仪的光学部分是成像优劣的关键所在。为了避免损伤扫描仪的光学部分影响成像的质量，要轻拿轻放。

（2）不用扫描仪时，要做好防尘措施，用一块大的绒布将扫描仪罩起来。

（3）不能长时间将重物压在扫描仪上，因为这样会造成扫描仪的盖板变形。

（4）不要频繁开关扫描仪，因为这样会加剧灯管的老化和伺服系统的磨损。

（5）在扫描时不能移动扫描仪，以避免扫描仪机械部分损坏。

（6）扫描仪玻璃板若落下许多灰尘或留有手指印，将会影响扫描图像的效果，因此应经常用干净的擦镜头的绒布擦拭，使其保持清洁明亮。

（7）为了保证光源的稳定性，在扫描前必须让扫描仪预热一段时间，达到扫描仪正常工作所需的温度，以保证光源的稳定性和达到正常的色温。预热时间从10 s到几分钟，依具体环境而定。

（8）在寒冷季节，由于温度过低，扫描仪的灯管处于保护状态，应先持续通电30 min，关闭电源后60 s再接通。

三、选择扫描介质

1. 扫描图片

（1）扫描彩色图片的操作方法

1）在Photoshop软件中导入扫描程序。选择输出类型（它应用于图片和图形最终扫描的位元深度和色彩调色板，但对将被转换成文本的图像无效）。图片的输出类型有：数百万种颜色、256色（8位）、256色（网页调色板）、256色（系统调色板）、256个灰度级和黑白（1位）。

2）建立区域，选定指定范围区域。

3）设置扫描图片大小。

4）设置扫描分辨率。

5）要求对图片作反相处理。

反相处理就是“颠倒颜色”。“颠倒”工具适用于图形和点状彩色图像，对黑白位图和灰度图像最有用。它的作用就是将图像的白色区域转换为黑色，或将黑色区域转换为白色；若是彩色图像，则扫描互补色。如果将图像保存为光栅输出类型（如 TIFF、GIF、JPEG），则可颠倒该图像的色彩。保存为黑白矢量、文字以及和图像类型的扫描图像不能颠倒。一般而言，"颠倒"工具适用于图形和点状彩色图像。

（2）扫描黑白图片的操作方法

1）在 Photoshop 软件中导入扫描程序。

2）建立选定区域。

3）设置扫描图片的大小。

4）设置扫描分辨率。

5）要求图片以灰度模式进行扫描。

灰度模式就是"256 个灰度级"。256 个灰度级就是黑与白。

2. 扫描底片

扫描仪不仅可以扫描图片、照片，同时也可以扫描胶片，并将这些文稿资料输入到计算机中，进而实现对这些图像形式的信息的处理、管理、使用、存储、输出等。以下以 Epson Perfection V600 Photo 平台式扫描仪（见图 2—137）为例加以介绍。

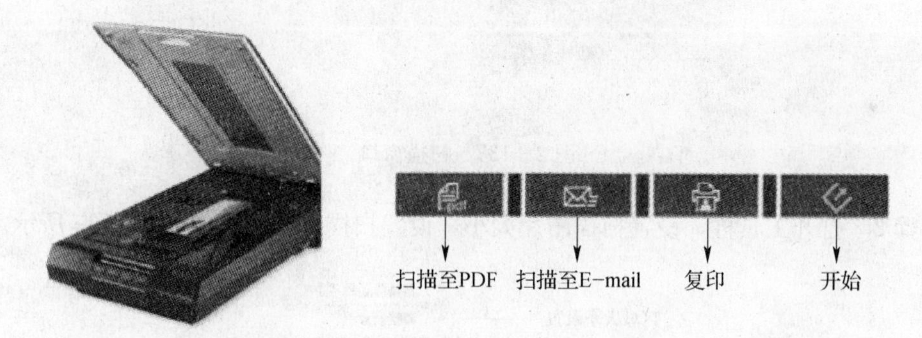

图 2—137　V600 Photo 平台式扫描仪

Epson Perfection V600 Photo 平台式扫描仪除了可以扫描文稿与名片并提供光学识别功能外，也是一台底片扫描仪，可同时扫描 12 帧 135 胶片、4 帧 35 mm 幻灯片或 1 帧中等规格胶片，最大支持到 6 cm×22 cm 全景规格。对于已经弯曲或短于 22 cm 的胶片，可以使用随机的胶片衬纸辅助来完成扫描。

扫描底片时只需选取底片扫描菜单，扫描仪就自动将图片转换成底片输出，其余的操作方法和扫描彩色图片和黑白图片的方法相似，这样就能完成底片的扫描。

技能要求

在 Photoshop 界面中扫描图片和底片

一、扫描彩色图片

操作步骤

步骤 1　在 Photoshop 软件中导入扫描程序，如图 2—138 所示。选定指定范围区域。

图 2—138　扫描窗口

步骤 2　打开工具栏，设置扫描图片大小，设置扫描分辨率，如图 2—139 所示。

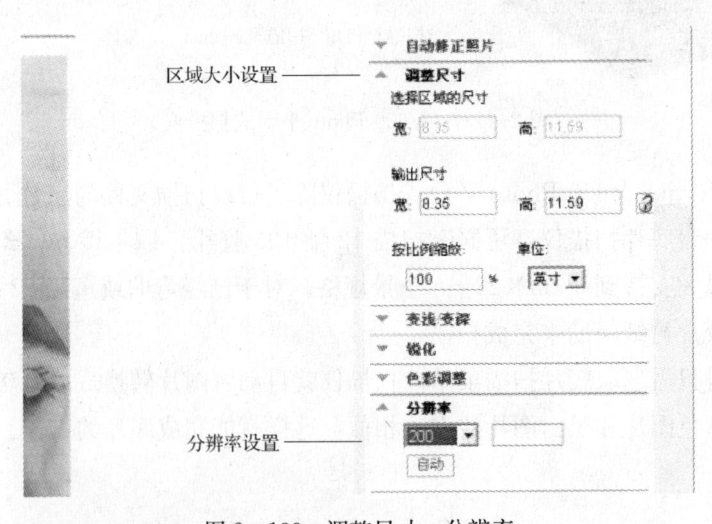

图 2—139　调整尺寸、分辨率

步骤 3　对图片作反相处理，如图 2—140 所示。

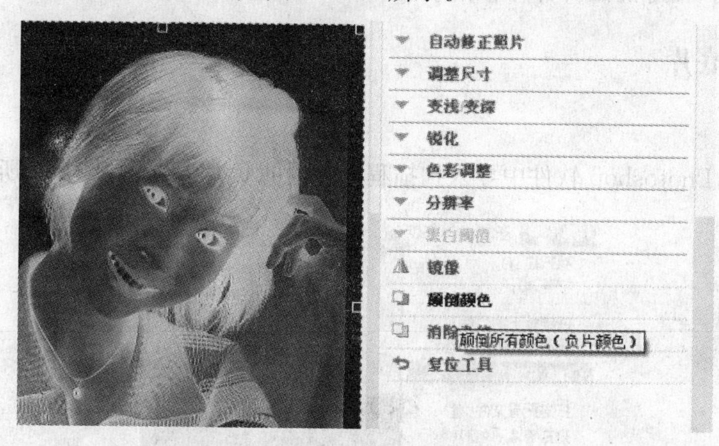

图 2—140　反相处理

步骤 4　将扫描好的图片保存在指定的文件夹中，文件名为“×.jpg”。

二、扫描黑白图片

操作步骤：

步骤 1　在 Photoshop 软件中导入扫描程序。选定指定范围区域。

步骤 2　设置扫描图片大小，设置扫描分辨率。

步骤 3　要求图片以灰度模式进行扫描，如图 2—141 所示。

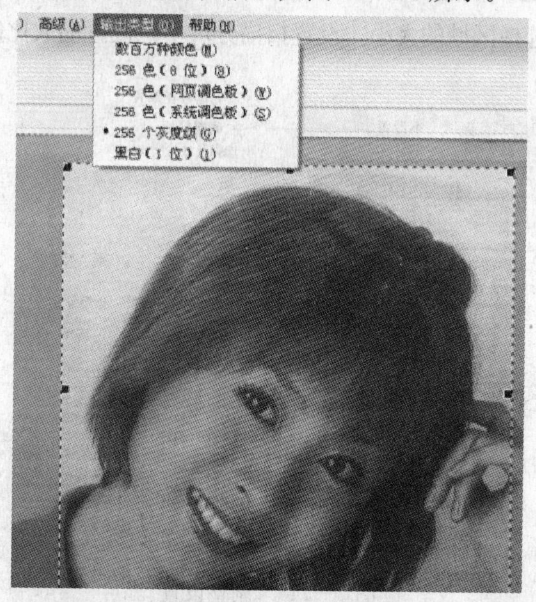

图 2—141　灰度模式

步骤4　将扫描好的图片保存在指定的文件夹中，文件名为“×.jpg”。

三、扫描底片

操作步骤

步骤1　在Photoshop软件中导入扫描程序。设置负片，如图2—142所示。

图2—142　负片

步骤2　建立扫描选区，选定指定范围区域。

步骤3　设置扫描选择区域的大小，设置扫描分辨率，设置缩放比例，如图2—143所示。

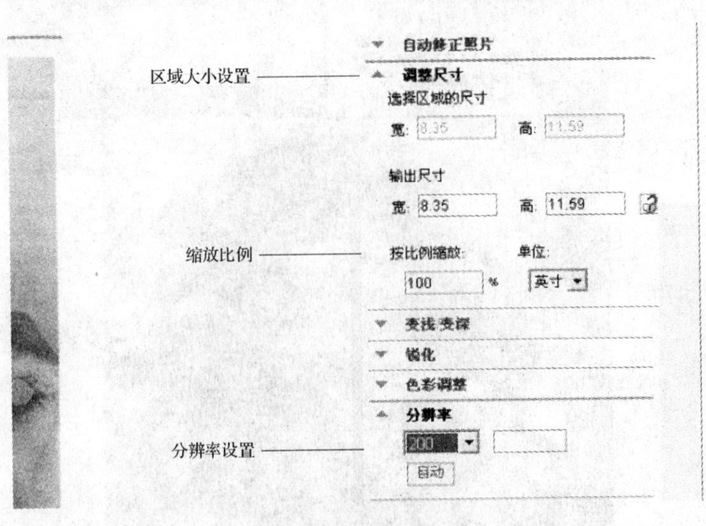

图2—143　调整设置

步骤 4　将扫描好的底片保存在指定的文件夹中，文件名为“×.jpg”。

学习单元 2　打印机

学习目标

1. 了解打印机的基础知识
2. 熟悉打印机的基本工作原理
3. 掌握打印机操作的基本方法
4. 能够熟练进行打印设置

知识要求

一、打印机基础知识

打印机是计算机的输出设备之一，用于将计算机处理结果打印在相关介质上。衡量打印机好坏的指标有三项：打印分辨率、打印速度和噪声。打印机的种类很多，按工作方式分有针式打印机、喷墨式打印机、激光打印机和热转换打印机等。以下以激光打印机为例介绍打印机的使用方法。

1. 激光打印机工作原理

激光打印机工作的整个过程是充电、曝光、显像、定影、清除及除像六大步骤的循环。

整个激光打印流程由“充电”动作展开，先在感光鼓上充满负电荷或正电荷。打印控制器中光栅位图图像数据转换为激光扫描器的激光束信息，通过反射棱镜对感光鼓“曝光”，感光鼓表面就形成了以正电荷表示的与打印图像完全相同的图像信息，然后吸附碳粉盒中的碳粉颗粒，形成感光鼓表面的碳粉图像。感光鼓的碳粉图像转印到打印纸上，然后将感光鼓上残留的碳粉“清除”。最后的动作为“除像”，也就是除去静电，使感光鼓表面的电位回复到初始状态，以便展开下一个循环动作。

2. 打印设置

在确认打印机工作正常以后，就可以开始打印了。具体操作如下：

（1）将打印纸装入打印机。

（2）打开要打印的文件。

（3）改变打印机驱动程序的设置，打开文件菜单并选择“打印”，如图2—144所示。

（4）确认打印机已被选中，并单击“属性”，出现打印机驱动程序界面。

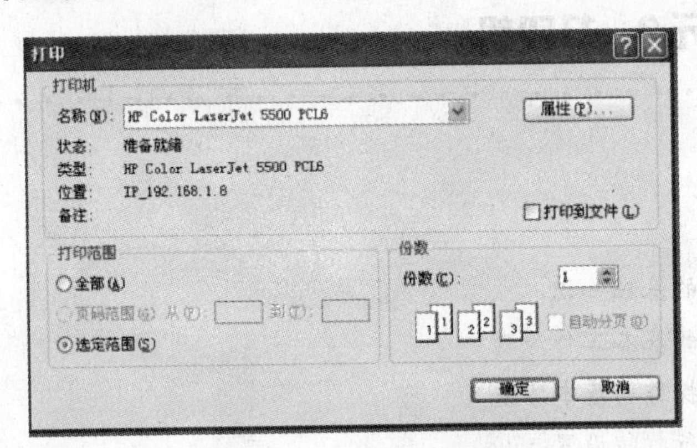

图2—144　打印机对话框

（5）单击“纸张”框或“基本”框，然后选择“纸张尺寸”或“打印方向”。

（6）单击“颜色”框，设置颜色。

（7）单击“确定”，开始打印。

3. 打印机的分类

（1）针式打印机。由于针式打印机结构简单、价格适中、技术成熟，在打印汉字方面有其独特的优势，是办公和事务处理、打印发票的优选机种。但其打印质量很低，工作噪声很大。

（2）喷墨打印机。喷墨打印机使用打印头在纸上形成文字或图像，打印品质根据每英寸上的点数来度量，依赖于打印头在纸上打印墨点的密度和精确度。喷墨打印机更换新墨盒后，最好用控制软件让打印机进行充墨，充墨完毕后再清洗一次喷嘴，把之前残留的墨水去掉。喷墨打印机搁置一段时间后，打印的文稿或图片中出现缺线或断线等现象时，首先应进行喷头清洗操作。

（3）激光打印机。激光打印机是近年来高科技发展的一种新产物，也是有望代替喷墨打印机的一种打印机。激光打印机分为黑白和彩色两种。激光打印机工作速度快、文字分辨率高，作为输出设备主要用于平面设计、广告创意、服装设计等。而且带有网络功能，提高了办公效率。打印纸张尺寸的设置有A3和A4等。

（4）热转换打印机。热升华打印机是热转换打印机的一种，能够达到亮丽的真彩色输出效果。这类打印机输出图像清晰艳丽，还可以使用多种打印介质。

特别提示

格瑞达 812 数码印相机是数码图像的专用输出设备之一。格瑞达 812 数码印相机采用先进的光纤成像技术和可靠的联体冲纸机，在标准数码相纸上打印数码影像。打印尺寸最大至 12 in×18 in；打印分辨率可任意设定，最大为 500 dpi。它可以将传统胶片底片通过底片扫描仪转换成数码图像传入工作站，最后传到数码印相机打印成照片输出；同时数码相机所用的 CF 卡等存储卡可以直接进入工作站，然后传到数码印相机，打印成照片输出。具体工作流程如下：

在格瑞达 812 数码印相机中，主视窗右上方圆形指示信号为绿色时，表示机器已进入正常运行；反之为红时，表示机器不能工作。数码印相机在正式打印照片前，必须做好试验图样的灰度测试，对不同批号相纸标定时，要把打印条插入密度仪，这时应将最暗的一边先输入，如果密度仪读数显示为 18，则可选择 Apply，进入打印待机状态。在数码印相机的主视窗和菜单结构中，Restart 表示重新启动机器键。数码印相机内有五个槽缸，分别为彩显液、漂定液和稳定液。其中的 1 号槽缸、2 号槽缸分别为彩显液和漂定液。废液除了彩显液还有漂定液。新配彩显液里放适量开始液起抑止作用，彩显液（DEV）标准温度为 37.8°。

换储纸盒前，应点击 Comm 菜单中的 Rewind（倒纸），再换储纸盒。储纸盒的修整是指在打印过程中造成小的差别时，通过反复打印内藏灰色设置试验图样并反馈给打印机从而对这些小的差异进行调整。

数码印相机在用一定型号的纸和在某些极端操作条件下，可能发生打印输送问题，如发生打印尺寸的错误等，这时就应该进行储纸盒修整。

数码印相机的基本数据是指为曝光系统提供的纸张属性。数码印相机的所有功能可以从主视窗显示和存取。在格瑞达 812 数码印相机的相纸标定中，试验图样接近自然灰色是正确的。

数码印相机工作站的任务是完成数码图像的编辑和数码图像的发送。

二、打印机的维护

1. 打印机的维护与保养

（1）内部除尘

1）不要擦拭齿轮，不要擦拭打印头和墨盒附近的区域。

2）不要强行用力移动打印头，否则将造成打印机机械部分损坏。

3）不能用纸制品清洁打印机内部，以免机内残留纸屑。

4）不能使用挥发性液体清洁打印机，以免损坏打印机表面。

（2）打印头维护

1）不要用尖利物品清扫喷头，不能撞击喷头，不要用手接触喷头。

2）不能在带电状态下拆卸、安装喷头，不要用手或其他物品接触打印机的电气触点。

3）不能将喷头从打印机上卸下单独放置，不能将喷头放在多尘的场所。

（3）打印机的保养。

1）打印机必须放在一个平稳的水平面上，而且要避免振动和摇摆。

2）在开启电源开关后，电源指示灯或联机指示灯将会闪烁，在此期间不要进行任何操作。

3）要对所打印的纸张幅面进行适当的设置。

4）对喷墨打印机进行清洁保养时，应当用柔软的湿布清除打印机内部灰尘、污迹、墨水渍和碎纸屑。

5）更换墨盒时，需要打开打印机电源，因为更换墨盒后，打印机将对墨水输送系统进行测试。

6）使用喷墨打印机时，不要用手移动打印头，否则将造成打印机机械部分损坏。

2. 打印机的安全使用

（1）使用单页打印纸时，要将纸排放整齐后装入，以免打印机将数张纸一齐送出。

（2）要注意打印机周围环境的清洁。

（3）不要人为地去移动打印头来更换墨盒，以免发生故障而损坏打印机。

（4）禁止带电插拔打印电缆，否则会损害打印机的打印口以及电脑的并行口，严重时甚至有可能会击穿电脑的主板。

（5）在安装或更换打印头时，要注意取下打印头的保护胶带，并一定要将打印头和墨盒安装到位。

（6）如果连续清洗几次之后打印效果仍不满意，就得考虑更换墨水了。

（7）喷墨打印机搁置一段时间后，打印的文稿或图片中出现缺线或断线等现象时，首先应进行喷头清洗操作。

（8）大多数喷墨打印机开机即会自动清洗打印头。如果打印机的自动清洗功能失效，可以先对打印头进行手工清洗。

技能要求

打印图片

一、打印彩色图片

操作步骤

步骤 1　在 Photoshop 软件中打开指定的图片文件。

步骤 2　设置文字大小、字体和颜色。在图片上根据需求输入文字，如“Y1”，如图 2—145 所示。

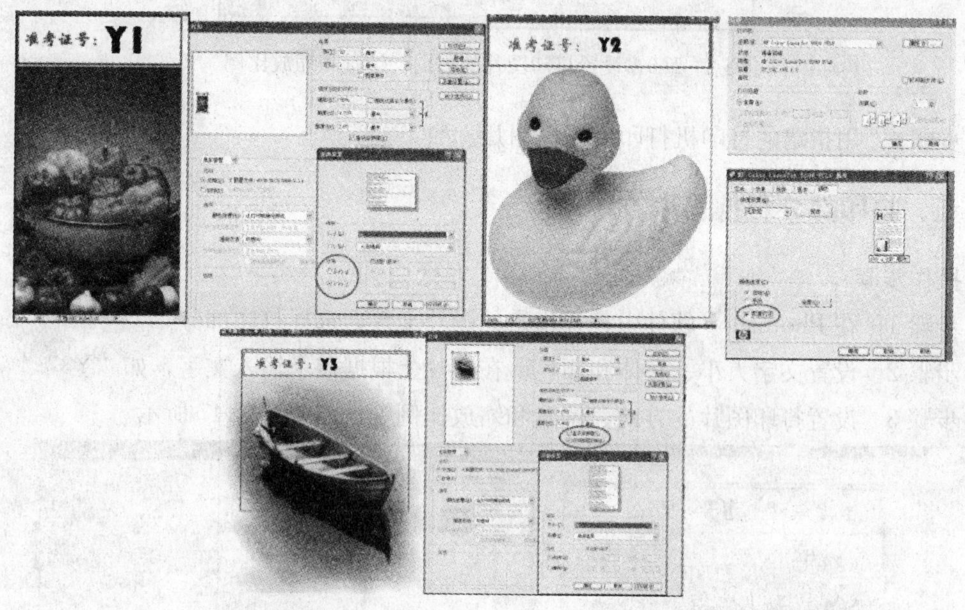

图 2—145　设置文字大小、字体和颜色

步骤 3　设置打印图片的方向、位置和缩放比例，如图 2—146 所示。

步骤 4　用指定的打印机打印出彩色图片。

二、打印黑白图片

操作步骤

步骤 1　在 Photoshop 软件中，打开指定的图片文件。

步骤 2　设置文字大小、字体和颜色。在图片上根据需求输入文字，如“Y2”。

步骤 3　设置打印图片的方向、位置和缩放比例。

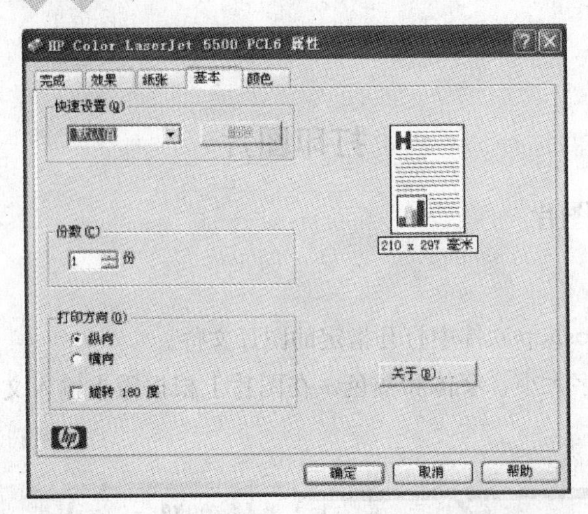

图 2—146　设置打印图片的方向、位置和缩放比例

步骤 4　用指定的打印机打印出黑白图片。

三、打印部分彩色图片

操作步骤

步骤 1　在 Photoshop 软件中打开指定的图片文件，选择打印部分。

步骤 2　设置文字大小、字体和颜色。在图片上根据需求输入文字，如“Y3”。

步骤 3　设置打印图片的方向、位置和缩放比例等，如图 2—147 所示。

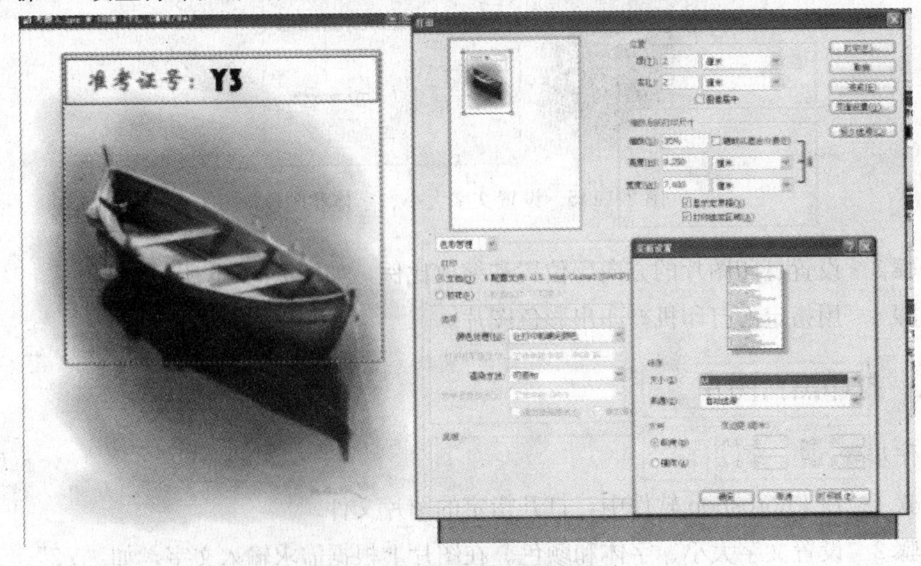

图 2—147　打印部分彩色图片

步骤 4　用指定的打印机打印出红框内的内容。

学习单元 3　刻录机

学习目标

1. 了解刻录机的相关知识
2. 掌握刻录机的操作方法
3. 能够刻录数据光盘

操作环境

Nero 8 中文版。

知识要求

一、刻录机概述

刻录机是一种数据写入设备，它利用激光将数据写到空光盘上从而实现数据的储存。刻录机不仅可以刻录数据光盘，还可以刻录音像光盘、视频光盘，并可以进行数据的备份与复制等。

二、刻录光盘

光盘是一种用光学方法读写数据的信息记录媒体。刻录光盘就是将数据写入光盘中，所有光盘中的数据都由刻录机刻录至光盘。刻录光盘主要有三种，分别为：CD 光盘，英文全称 Compact Disc；DVD 光盘，英文全称 Digital Video Disk；BD 光盘（蓝光光盘），英文全称 Blu－ray Disc。

1. CD 刻录光盘

（1）CD－R 刻录光盘。CD－R 刻录光盘是最早的一种刻录光盘，它可多次在空余部分写入数据，适合于小规模单一发行的 CD 制品或者数据备份、资料存档等。CD－R 盘的容量一般为 700 MB。

（2）CD－RW 刻录光盘。CD－RW 刻录光盘能够重复擦写，即刻录数据后还可将其擦除并重新刻录，其擦写次数可高达1 000次以上。它和CD－R盘的容量一样，一般为700 MB。

2. DVD刻录光盘

（1）DVD－R刻录光盘。DVD－R刻录光盘是先锋主推的DVD刻录格式，并得到了东芝、日立、NEC、三星以及DVD论坛（DVD Forum）的支持。DVD－R具有与DVD－ROM相同的物理格式，因此兼容性较好，即便是早期的DVD－ROM光驱也能够识别其中的数据，同时DVD－R还能够兼容大部分家用DVD刻录机。DVD－R盘是目前兼容性最好的刻录光盘之一，存储能力达到4.7 GB。

（2）DVD－RW刻录光盘。DVD－RW刻录光盘能够重复擦写，它和DVD－ R盘的容量一样，为4.7 GB。

（3）DVD＋R刻录光盘。DVD＋R是由飞利浦制定的DVD刻录格式，目前已得到以飞利浦、索尼、理光和惠普为代表的DVD联盟（DVD Alliance）的支持。而DVD＋R光盘设计之初更多是以数据存储为导向，并且在DVD－R/RW发布之后才推出，技术上必然有所提高。DVD－R/RW的信号辨别率较差，高倍速刻录时容易出现不稳定，因此DVD－R/RW的高倍速刻录相对困难。相比之下，DVD＋R的信号辨别率好于DVD－R/RW，更适合高速刻录。从技术上来说，DVD－R被认为更成熟，而DVD＋R被认为更先进。DVD＋R是目前应用最广泛的DVD刻录盘片标准，目前绝大多数DVD机都能够读取和播放DVD＋R/RW盘。DVD＋R刻录光盘存储能力达到4.7 GB。

（4）DVD＋RW刻录光盘。DVD＋RW刻录光盘是可重写格式刻录光盘，其单面容量为4.7 GB，双面容量高达9.4 GB，是目前使用最多的DVD刻录光盘。

3. BD刻录光盘

BD刻录光盘也称蓝光光盘，它是利用波长较短的蓝色激光读取和写入数据，并因此而得名。

（1）BD－R刻录光盘。BD－R刻录光盘是DVD光盘的新一代标准之一，用于高品质的影音以及高容量的数据存储。BD－R是蓝光的单层刻录光盘，与CD－R、DVD－R、DVD＋R相似，都是一次性刻录光盘，一张光盘可存储25 GB文档，是现有DVD光盘的5倍。一个单层的蓝光光碟的容量为25 GB或27 GB，足够录制一个长达4 h的高解析影片。

（2）BD－RE刻录光盘。BD－RE刻录光盘叫作蓝光可擦写刻录光盘，它采用SERL记录薄膜，该薄膜由12倍速CD－RW采用的相变材料演变而来，并改善了高速性和耐久性，为BD－RE提供了长久可靠的反复擦写与稳定的数据保护能力。

三、刻录软件

不管是哪一种光盘，都必须借助专门的刻录软件才能将数据记录在盘上。目前较为常用的刻录软件有 Nero、光盘刻录大师、UltraISO（软碟通）、ImgBurn 等。以下重点介绍 Nero 刻录软件的操作。

1. 安装 Nero 刻录软件

Nero 刻录软件是一款专业的应用较为广泛的刻录软件。首先将刻录软件安装盘放入光驱内，运行安装执行程序，根据程序内容提示安装刻录程序，直至程序安装完成。

2. 刻录和复制光盘

Nero 刻录软件可以刻录多种类型的光盘，它支持数据光盘、音频光盘、视频光盘等刻录，操作上提供多种可以定义的刻录选项，为广大用户制作数据文件、视频文件及音频文件提供了很大的方便。同时 Nero 刻录软件可以复制光盘，且复制光盘时将数据自动实时转换成 ISO－9660 格式，然后进行刻录，大大提高了刻录效率，这种刻录的方式也叫作飞机式写入。

刻录数据光盘（图片文件、音频文件或视频文件）

操作步骤

步骤 1　选择刻录素材。

选择计算机中需要刻录的图片文件。可以根据刻录内容对刻录文件进行重命名。如重命名后为“我的刻录”，即图片文件为“我的刻录 . JPG”；如果是刻录音频文件或视频文件，分别为：“我的刻录 . MP3”或“我的刻录 . avi”。重命名主要根据用户的要求自行命名。

步骤 2　打开 Nero 刻录软件。

（1）选择“数据光盘”，如图 2—148 所示。

（2）添加刻录文件，如图 2—149 所示。

步骤 3　刻录文件。

（1）点击右下角的“下一步”，勾选“允许以后添加文件”，并根据考题要求选择刻录速度，比如：16 倍速可以达到 2 400 kB/s，40 倍速可以达到 6 000 kB/s 等。点击刻录，如图 2—150 所示。

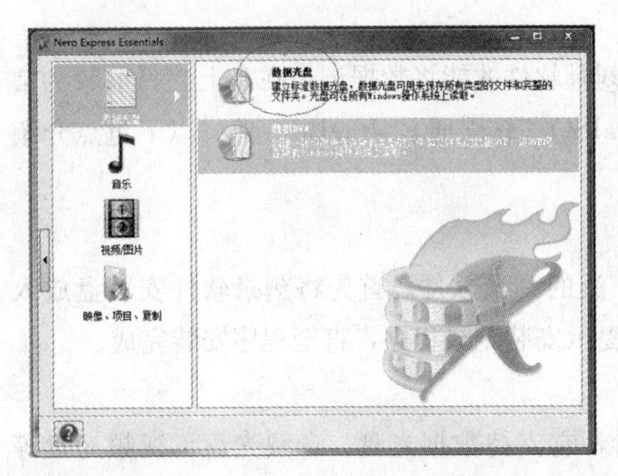

图 2—148 “数据光盘”选项

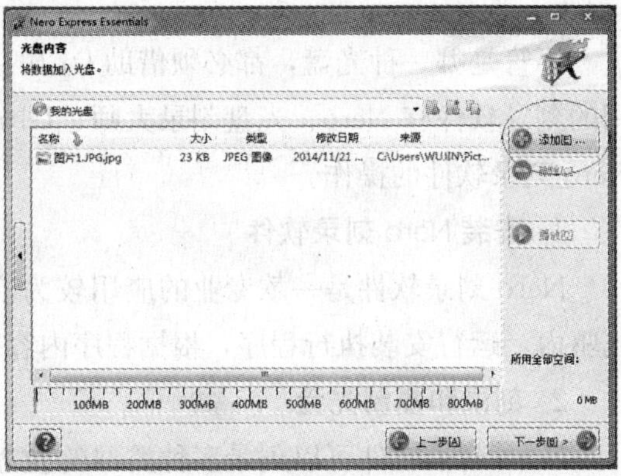

图 2—149 “添加”选项界面

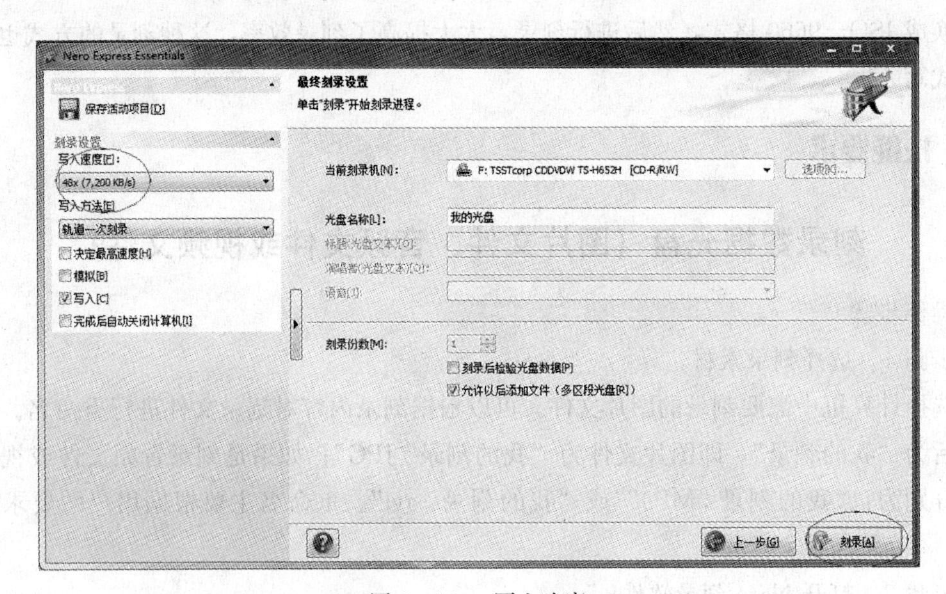

图 2—150 写入速度

(2) 开始刻录文件，此时将出现如图 2—151 所示界面。

步骤 4 完成刻录。

(1) 刻录结束后将出现如图 2—152 所示界面，点击“确定”。

(2) 点击“确定”后，将出现如图 2—153 所示界面，再按“下一步”，关闭刻录软件，如图 2—154 所示。

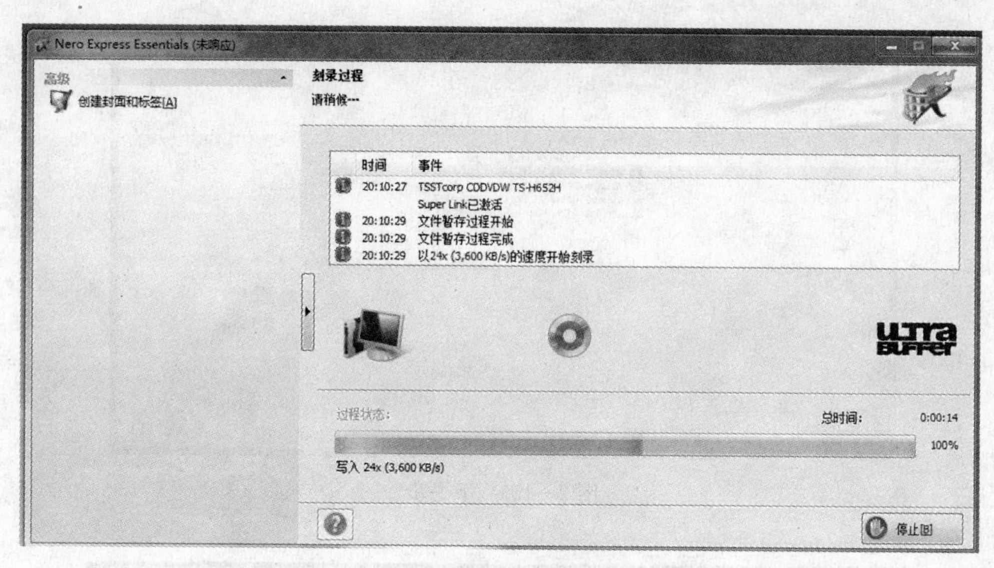

图 2—151　开始刻录

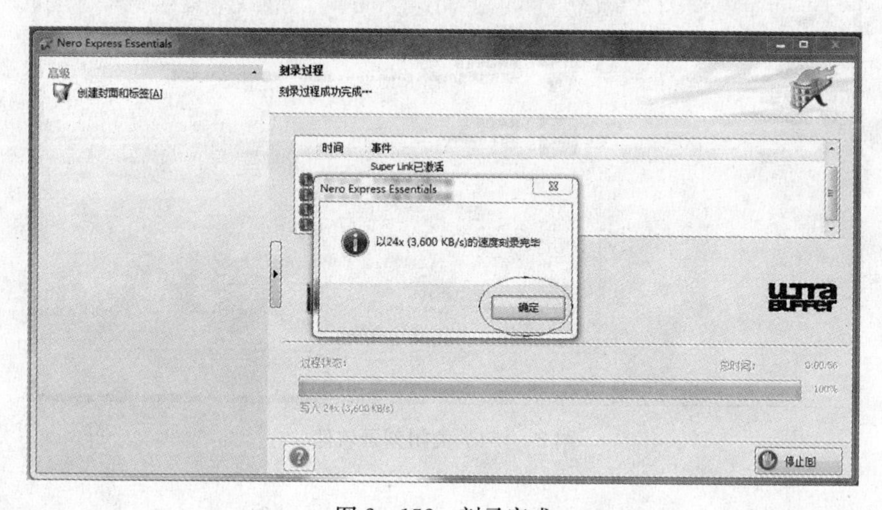

图 2—152　刻录完成

相关链接

网盘又称网络U盘、网络硬盘，是由互联网公司推出的在线存储服务，该服务向用户提供文件的存储、访问、备份、共享等文件管理功能。用户可以把网盘看成是一个放在网络上的硬盘或U盘，不管你是在家中、单位或其他任何地方，只要连接到互联网，并可以查看网盘里的文件，并可以管理、编辑网盘里的文件，不需要随身携带，更不怕丢失。

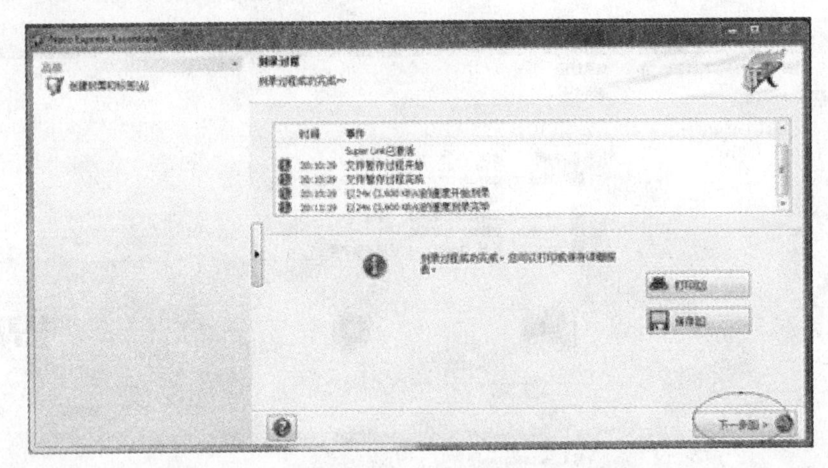

图2—153　下一步

图2—154　关闭刻录软件

学习单元4　电子邮件与幻灯片制作

学习目标

1. 掌握电子邮件的创建与收发

2. 了解 PowerPoint 的功能

3. 掌握 PowerPoint 的基本制作方法

知识要求

一、电子邮件

电子邮件（E—mail，Electronic Mail）又称电子信箱，是一种用电子手段提供信息交换的通信方式。这种非即时交互式的通信，加速了信息的交流及数据的传送。通过网络的电子邮件系统，用户可以以非常低廉的价格（不管发送到哪里，都只需负担网费）、非常快速的方式（几秒钟之内可以发送到世界上任何指定的目的地），与世界上任何一个角落的网络用户联系。电子邮件不只限于书信的传递，还可用来传送文件、图形、声音、影像等各种信息。

1. 电子邮件的构成

电子邮件像普通邮件一样，也需要地址。所有在 Internet 网上有信箱的用户都有一个信箱地址，并且这些信箱地址都是唯一的，邮件服务器就是根据这些地址将邮件传送到各个用户的信箱中。因此，发送的 E—mail 是否能到达预定目的地，主要取决于电子邮件地址是否正确。

电子邮件地址的格式由三部分组成。第一部分“user”代表用户信箱的账号，对于同一个邮件接收服务器来说，这个账号必须是唯一的；第二部分“@”是分隔符；第三部分是用户信箱的邮件接收服务器域名。域名就是上网单位的名称，是一个通过计算机登上网络的单位在该网中的地址，通过该地址，人们可以在网络上找到所需的详细资料，所以域名是上网单位和个人在网络上的重要标识，起着识别作用。

电子邮件的显示格式如下：用户标识符＋@＋域名。中间用一个符号“@”分开，读“at”。@符号的左边是登录账号，右边由主机名和域名组成，小数点“.”用来隔开不同的域。所以，一个完整的 Internet 邮件地址是：“登录名”@“电子邮件服务器”.“域名”。

2. 电子邮件选择

在选择电子邮件服务商之前，要明白使用电子邮件的目的是什么，根据自己不同的目的有针对性地去选择。

如果经常和国外的客户联系，建议使用国外的电子邮箱，如 Gmail、Hotmail、MSN mail 等；如果是想当作网络硬盘使用，经常存放一些图片资料等，那么就应该选择存储量大的邮箱，如 Gmail、网易 163 mail、126 mail 等都是不错的选择。

如果自己有计算机，那么最好选择支持 POP/SMTP 协议的邮箱，可以通过 Outlook

Express 邮件客户端软件将邮件下载到自己的硬盘上，这样就不用担心邮箱的大小不够用，同时还能避免别人窃取密码以后偷看你的信件，这样做主要是从安全角度考虑（前提是不在服务器上保留副本）。Office 软件内的 Outlook 与 Outlook Express 是两个不同的软件平台，它们之间没有共享代码，但是这两个软件的设计理念是共通的。

3. 收发电子邮件

在收发电子邮件前，先要对 Outlook Express 进行设置，即 Outlook Express 账户设置，如没有设置过，自然就不能使用。设置的内容是你注册的网站电子邮箱服务器及你的账户名和密码等信息（设置时，其设置内容同时也进入了 Office 软件的 Microsoft Outlook 程序账户中）。所以在设置 E－mail 账号时，电子邮件地址、接收邮件服务器、外发邮件服务器和账户名是必须设置的。

Outlook Express 是 Windows 操作系统的一个收、发、写、管理电子邮件的自带软件，即收、发、写、管理电子邮件的工具，使用它收发电子邮件十分方便。

通常我们在某个网站注册了自己的电子邮箱后，要收发电子邮件，须登入该网站，进入电邮网页，输入账户名和密码，然后进行电子邮件的收、发、写操作。使用 Outlook Express 后，这些顺序便一步跳过。只要你打开 Outlook Express 界面，Outlook Express 程序便自动与你注册的网站电子邮箱服务器联机工作，收下你的电子邮件。发信时，可以使用 Outlook Express 创建新邮件，通过网站服务器联机发送（所有电子邮件可以脱机阅览）。另外，Outlook Express 在接收电子邮件时，会自动把发信人的电邮地址存入“通讯簿”，或者会把写到一半又不急于发送的信存放在草稿文件夹中，供你以后调用。

技能要求

电子邮件的创建

步骤 1　启动 Outlook Express，从菜单中选择“工具→账户”菜单项（见图2—155），随即出现“Internet 账号”界面窗口，单击“添加”按钮，从子菜单中选择“邮件”选项，如图 2—156 所示。

步骤 2　输入您的显示名，如“user1”（见图 2—157），此姓名将出现在您所发送邮件的“寄件人”一栏；单击“下一步”按钮；输入邮箱地址，如 user1@163. com，单击“下一步”按钮，如图 2—158 所示。

步骤 3　输入邮箱的服务器名称。在弹出的“电子邮件服务器名”窗口中，系统默认“我的接收邮件服务器”为“POP3”，不需要修改。单击“下一步”，如图 2—159 所示。

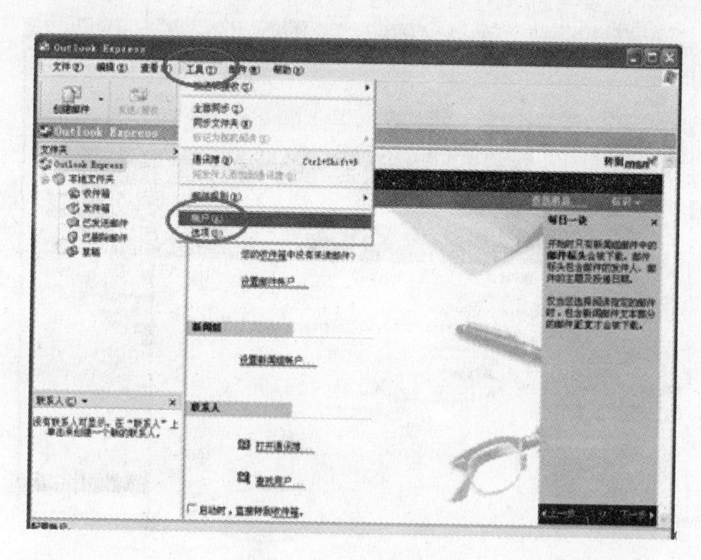

图 2—155　工具选项

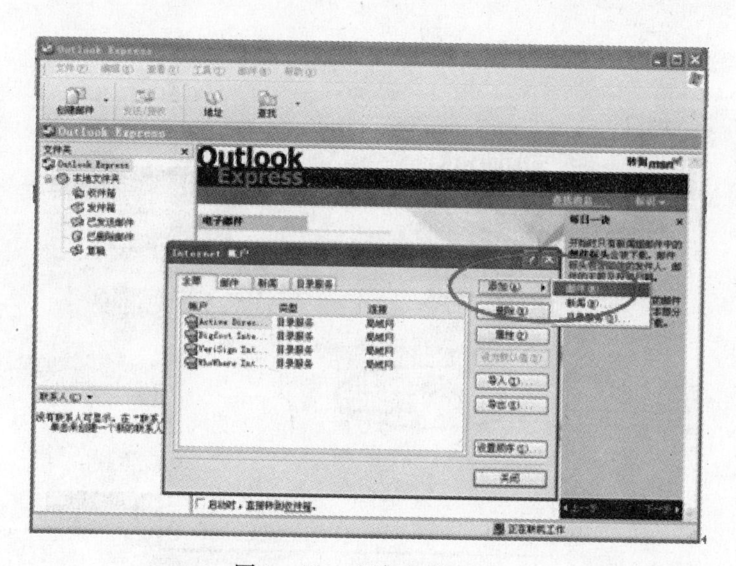

图 2—156　添加邮件选项

步骤 4　输入密码。如果您的计算机只有您一人使用，可以把电子信箱的密码填在此处，以免每次收信时都要输入密码，例如“111111”。为安全起见，您也可以空着不填。按“下一步”按钮，如图 2—160 所示。

步骤 5　按“完成”按钮。此时已将电子信箱账号设置完毕，如图 2—161 所示。

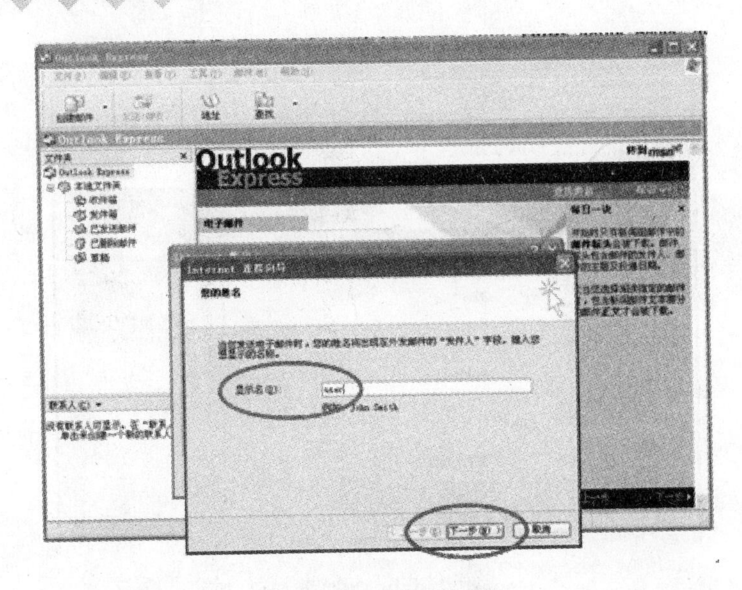

图 2—157　添加显示名

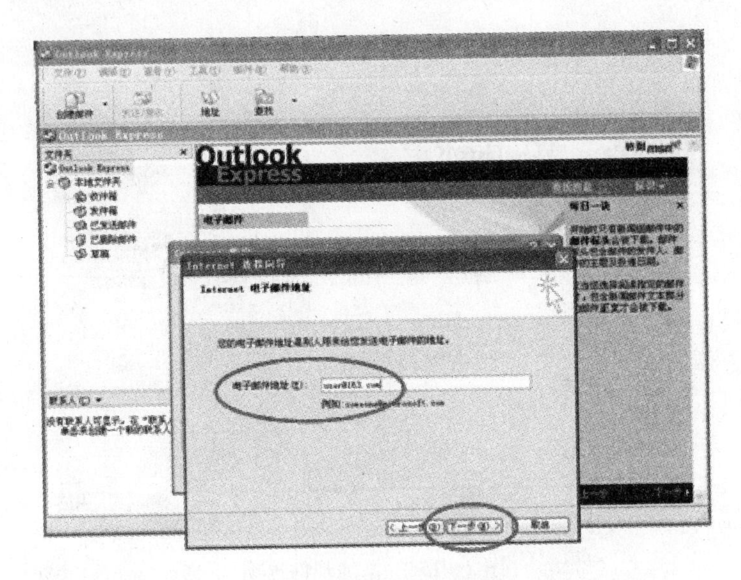

图 2—158　输入邮箱地址

二、演示文稿制作

1. 演示文稿概述

演示文稿也称 PPT，它由若干张文稿组合而成。一个完整的演示文稿一般包含片头、

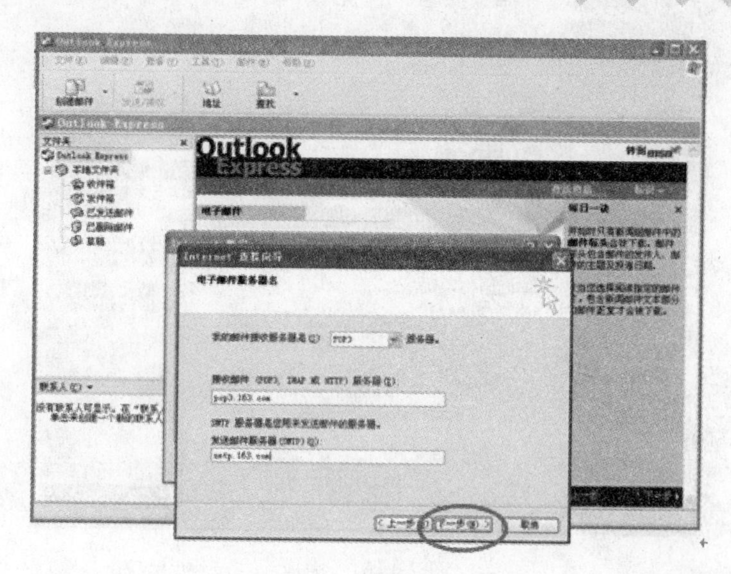

图 2—159　电子邮件服务器名

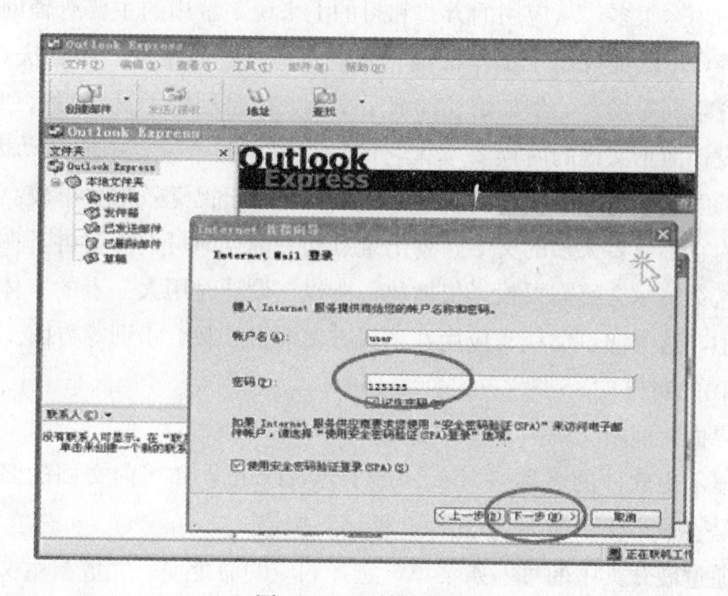

图 2—160　输入密码

动画、封面、前言、目录、图表页、图片页、文字页、封底、片尾等，所采用的素材有文字、图片、图表、动画、声音、影片等，用户不仅可以在投影仪或者计算机上进行演示，也可以将演示文稿打印出来。用于制作演示文稿的软件就是 PowerPoint，PowerPoint 是微软公司设计的演示文稿制作软件。

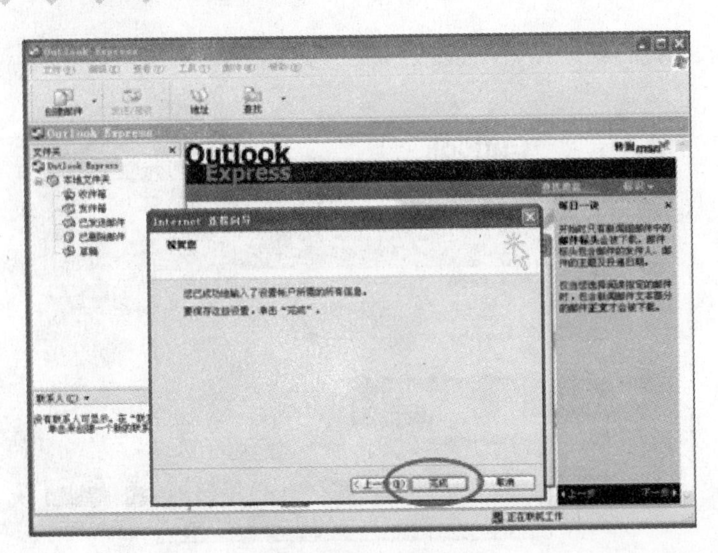

图 2—161 完成

演示文稿的用途很多，从应用的方式和目的上来说，常用的主要有辅助演讲、自动演示、屏幕阅读等，广泛地应用于工作汇报、企业宣传、产品推介、婚礼庆典、项目方案、管理咨询、教育培训等场合。例如婚礼的演示文稿，就是利用了自动演示和屏幕阅读的功能，这就要求设计演示文稿的时候要掌握它的特点，在演示过程中能带动大家一起回忆，达到渲染现场的气氛的目的。辅助演讲的演示文稿，对于视觉效果要求较高，需要设计得美轮美奂，因为它不需要太多的文字，列出重点和关键点即可，而演讲者在讲解时根据要点展开介绍。这类演示文稿需要投影仪播放，所以在设计时用大一点的字体更加醒目。在日常工作生活中，这类演示文稿常应用在项目方案演讲、教育培训等方面。

2. 演示文稿的制作

(1) 工作界面。演示文稿的工作界面如图 2—162 所示。

标题栏：显示出软件的名称（Microsoft PowerPoint）和当前文档的名称（演示文稿3)；在其右侧是“最小化、最大化/还原、关闭”按钮。

菜单栏：通过展开其中的每一条菜单，选择相应的命令项，完成演示文稿的所有编辑操作。

工具栏：通过选择所要编辑的菜单，将有一系列工具显示在菜单的下方进行编辑。

编辑窗口：编辑演示文稿的工作区。

大纲视图窗口：通过“大纲视图”或“幻灯片视图”，可以快速查看整个演示文稿中的任意一张幻灯片。

(2) 演示文稿的制作过程。演示文稿制作的目的就是把发表者设定的内容准确地传达

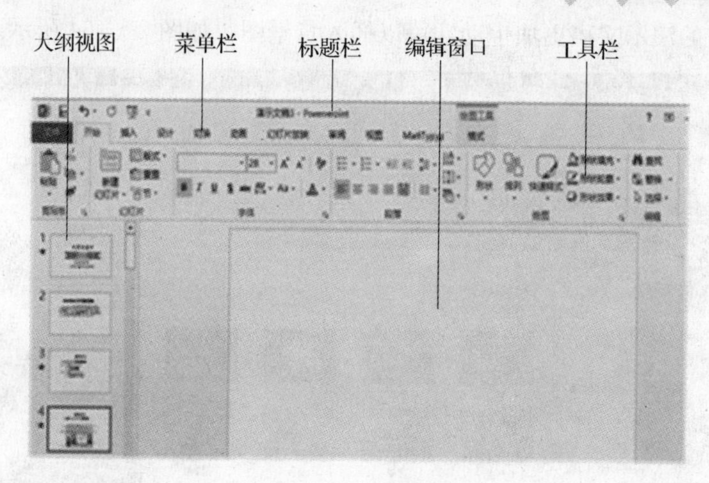

图 2—162　工作界面

给观众，为了让其更加尽善尽美，必须在设计或制作过程中遵循以下原则：重点突出原则、移动原则、统一原则、结合原则以及形象生动原则。下面以制作文本型演示文稿为例，介绍 PPT 的制作过程。

1）创建演示文稿。新建一个演示文稿会出现“可用的模板和主题”，选择你需要的模板（这里选择“空白演示文稿”）然后按“创建”，如图 2—163 所示。

2）制作背景图。在制作过程中，演示文稿的内容很多，所以应当对内容进行精细设计，要去繁取简，去乱取顺，使画面一目了然。

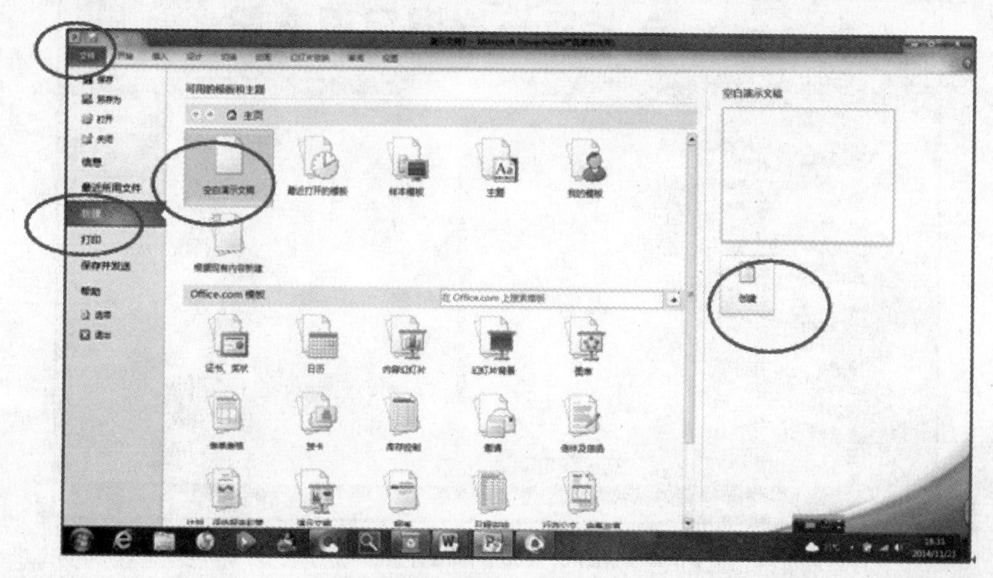

图 2—163　创建文稿

为了使制作的演示文稿更加生动，可以插入背景图，如图 2—164 所示。

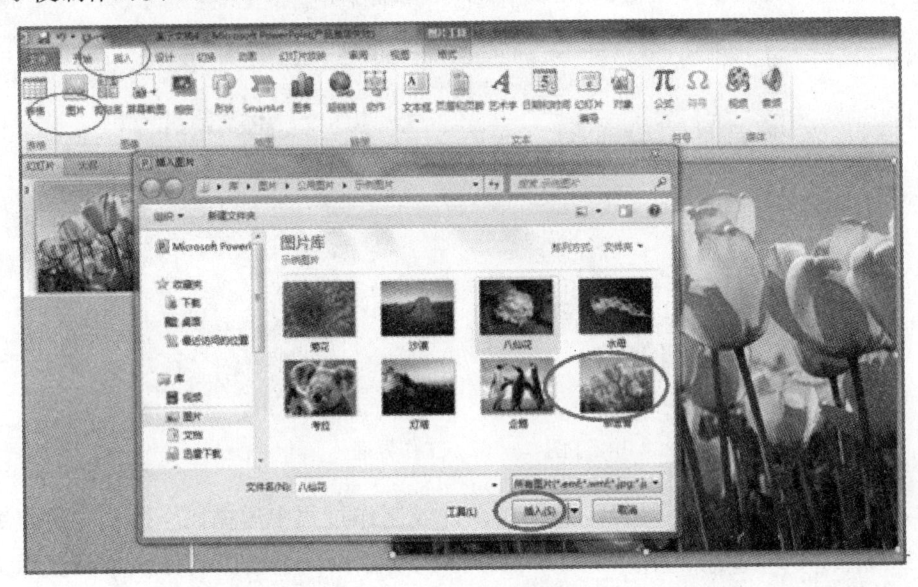

图 2—164　制作背景

3）修饰背景图。对背景图进行简单的图片格式处理，起到图文并茂的效果，如图 2—165 所示。

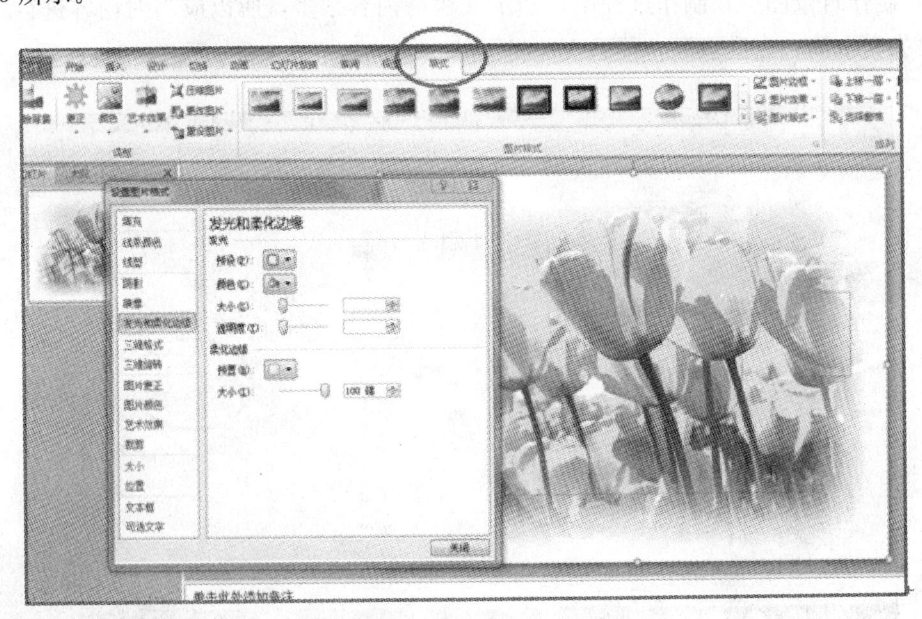

图 2—165　修饰背景

4）进行文字编辑。编写演示内容，此时的文字则应该和图片的色调形成鲜明的对比，如图 2—166 所示。

图 2—166　编写文本

5）动画效果应用技巧。所谓动画，就是在演示文稿放映时，利用一种或多种动画方式让对象出现、强调或消失的过程。设置对象动画的具体操作方法如下：

在打开的演示文稿中选择“动画”，然后选中需要设置动画效果的对象，如图 2—167 所示。

图 2—167　动画

6）设置演示文稿切换方式。选择“切换”将出现一组切换对象，具体操作方法如下：

① 选择要设置的幻灯片，在“切换”下面的选项上选取切换的效果。

② 按照相同的方式为其他文稿设置切换方式，如“形状”（见图 2—168）。

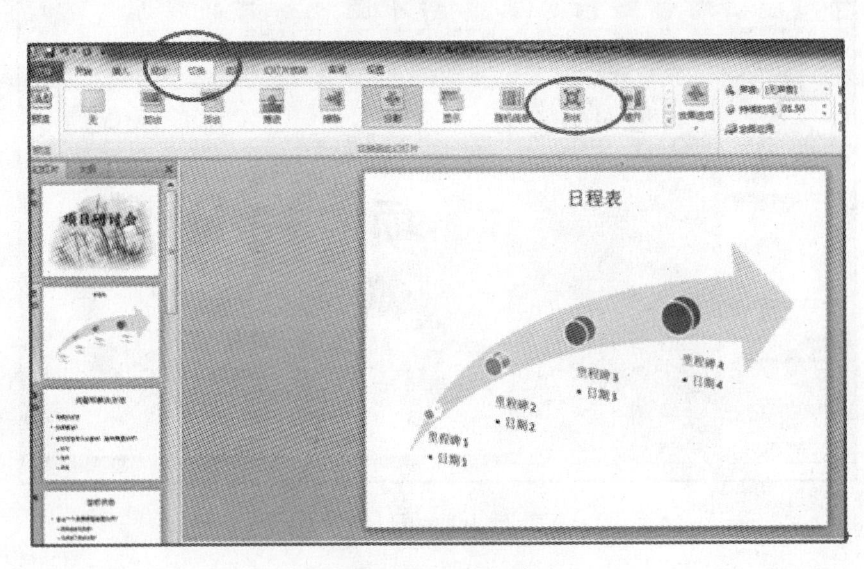

图 2—168　切换

7）播放幻灯片。选择“幻灯片放映”，将会出现各种放映方式。根据演讲者的需要选择放映的方式（见图 2—169），演示文稿制作完成。

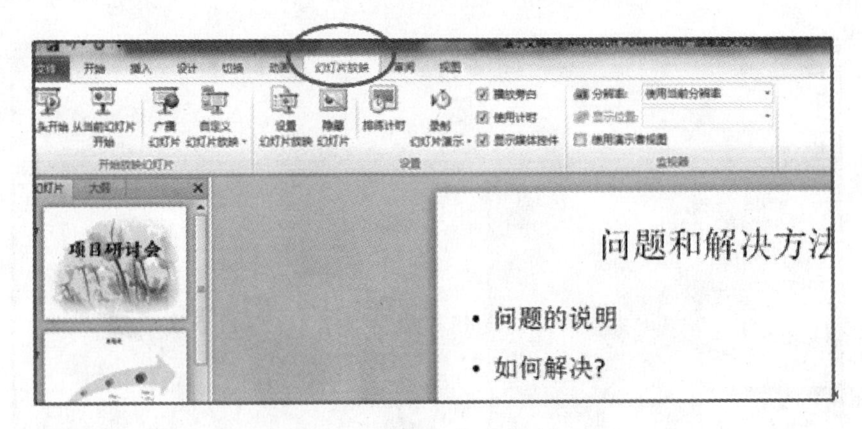

图 2—169　幻灯片放映

第 3 章

数码摄像机

第1节　数码摄像机基础知识

学习单元1　数码摄像机工作原理

学习目标

1. 了解数码摄像机的发展历程
2. 了解数码摄像机和模拟摄像机的主要区别
3. 了解数码摄像机的主要工作原理
4. 了解数码摄像机的制式

知识要求

一、数码摄像机概述

数码摄像机就是DV。DV是Digital Video的缩写，译成中文就是“数字视频”的意思，1995年由索尼、松下、JVC、夏普、东芝、佳能等56家公司共同推荐联合制定的一种数码视频格式，已被全世界公认而成为国际标准。

1. 数码摄像机发展进程

自1995年7月，索尼发布第一台DV摄像机DCR－VX1000到现在，已经有20多年了。在这段时间，数码摄像机发生了巨大变化，存储介质从DV到DVD再到硬盘和闪存及超级闪存，总像素从80万到1 400万，影像质量从标清DV（720×576）到高清HDV（1 440×1 080）。表3—1列出了数码摄像机从诞生至今进入民用领域的大致进程，便于更好地了解数码摄像机的发展规律。

2. 摄像机的制式

摄像机的制式主要有NTSC制式和PAL制式两种。

（1）NTSC制式。NTSC是美国“全国电视系统委员会National Television System

Committee”的英文缩写，指电视信号的一种“正交平衡调幅制式”。采用“NTSC”制式的有美国、加拿大、日本、中国台湾等 40 多个国家和地区。

表 3—1　　数码摄像机发展历史进程

年份	品牌	图片	标志意义
1995	索尼 DCR－VX1000		索尼的 VX1000 不仅是第一台数码摄像机，而且还是第一台 3CCD 的数码摄像机，采用 3CCD 传感器结构和 mini 带作为存储介质，标志着民用数码摄像机开始步入数字时代
1996	JVC GR－DV1		全世界最早推出的直立式便携摄像机
1999	索尼 DCR－PC110		第一台拥有超百万像素 CCD（107 万像素）面世
2000	日立 DZ－MV100		第一台 DVD 摄像机。日立首次把 DVD 作为储存介质带入到数码摄像机中来，摆脱了 DV 磁带的种种不便，是继 DV 摄像机之后的一次重大革新
2001	索尼 PC115		拥有蓝牙功能网络，便携式摄像机诞生
2002	索尼 DCR－IP220		世界上首款二百万像素数码摄录像机
2003	索尼 DCR－PC330		世界上第一部采用 330 万像素 CCD 的便携式数码摄像机，采用了 3D 触摸屏技术

续表

年份	品牌	图片	标志意义
2004	JVC MC200、MC100		第一台微硬盘摄像机，硬盘开始进入消费类数码摄像机领域。两款硬盘摄像机的容量为4 GB，拍摄的视频影像采用MPEG－2压缩
2004	索尼 HDR－FX1E		2003年9月，索尼、佳能、夏普和JVC四巨头联合制定高清摄像标准HDV。2004年，索尼公司推出了全球第一台符合HDV1080i标准的民用高清摄像机，也标志着高清DV时代来临
2004	索尼 HDR－HC1		第一台家用型HDV1080i标准的民用高清摄像机
2005	索尼 PC1000E		第一台3CMOS数码摄像机诞生
2010	松下 HDC－SDT750		第一台3D摄影机诞生。松下HDC－SDT750是全球首款3D摄像机，采用双镜头设计，配备松下高端系列的3CMOS图像传感器

（2）PAL制式。PAL是英文“Phase Alternation Line”的缩写，意思是“逐行倒相正交平衡调幅制式”。它是对于NTSC制式的一种改进方案。采用“PAL”电视制式的有西欧大多数国家和中国、中国香港等70多个国家和地区。

3. 数码摄像机的分类

数码摄像机按照其功能用途可分为广播级机型、专业级机型和家用机型。

（1）广播级数码摄像机。广播级摄像机应用于广播电视领域，图像质量最好，性能全面稳定，自动化程度高，在允许的工作范围，图像质量变化很小，达到较低失真甚至无失真程度。此类摄像机一般体积大、重量重、价格昂贵。广播级摄像机的水平分辨率一般在700线以上。松下AJ－HPX3100MC广播级数码摄像机如图3—1所示。

（2）专业级数码摄像机。专业级摄像机一般应用在除广播电视以外的专业电视领域，如电化教育、工业、医疗等。这种摄像机要求轻便，价钱便宜，图像质量低于广播级摄像机。对于某些高档的业务级摄像机来说，其性能和图像质量已和广播级摄像机无多大区别，也可用于广播领域的制作。索尼 HXR－NX5 专业数码摄像机如图 3—2 所示。

图 3—1　松下 AJ－HPX3100MC 广播级数码摄像机

图 3—2　索尼 HXR－NX5 专业数码摄像机

（3）家用数码摄像机。家用摄像机定位于家庭使用，除了价廉外，还具有小型化和自动化程度高两个显著特点。它的体积小、重量轻，所以在使用时单手操作就可以完成摄录工作。高级的家用摄像机有三个 CCD，类似于专业的摄像机。随着数字技术的发展，现在家用摄像机和专业摄像机已无明显界限。佳能（Canon）MD245 数码摄像机如图 3—3 所示。

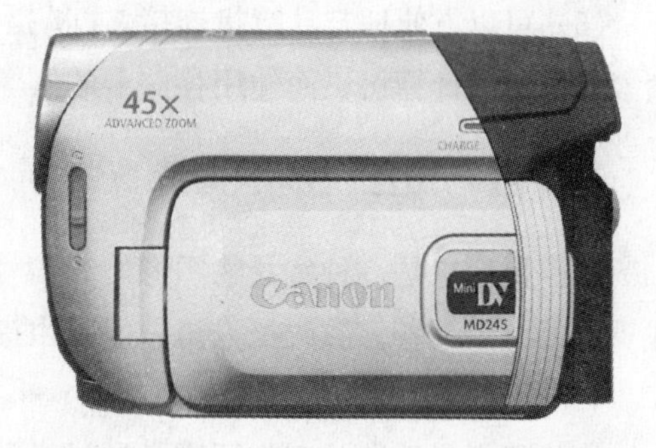

图 3—3　佳能（Canon）MD245 数码摄像机

4. **数码摄像机与模拟摄像机的区别**

摄像机可分为模拟摄像机和数码摄像机。

模拟摄像机输出的是模拟视频信号。主要是采用单片光电转换器，将光源转变为电子信号，再通过一系列电路处理，将这些电子信号记录在摄像带上，并依靠改变电信号的电平高低来输出影像和声音，水平清晰度一般在 440 线以下。

数字摄像机内部采用数字信号处理方法，输出的是数字信号。数码摄像机的工作原理总的来说是一个光信号—电信号—（电磁信号—磁电信号）—电信号—光信号的转换过程。由于数码摄像机应用了全数字录制方式，所以在拍摄和重放时都不会造成图像和声音的损失，保证了原有的质量。一般的数码摄像机，其水平清晰度在 500 线以上。

数码摄像机与模拟摄像机相比，具有以下特点：

(1) 清晰度高。模拟摄像机记录的是模拟信号，所以影像清晰度（也称为解析度、解像度或分辨率）不高，如 VHS 摄像机的水平清晰度为 240 线，最好的 Hi8 机型也只有 400 线（与 DVD 的清晰度相当）。而 DV 记录的则是数字信号，其水平清晰度已经达到了 500～540 线。

(2) 色彩更加纯正。DV 的色度和亮度信号带宽差不多是模拟摄像机的 6 倍，而色度和亮度信号带宽是决定影像质量的最重要因素之一，因而 DV 拍摄的影像的色彩更加纯正和绚丽，也达到了专业摄像机的水平。当然 3CCD 的要优于单 CCD 的，其信噪比更高。

(3) 无损复制。DV 磁带上记录的信号可以无数次转录，影像质量丝毫也不会下降，这一点也是模拟摄像机所望尘莫及的。

(4) 体积小、重量轻。和模拟摄像机相比，DV 机的体积和重量大为减小，一般只有 500 g 左右，极大地方便了携带和操作。

(5) 操作方便。DV 的液晶显示屏可以旋转 270°，更方便使摄像机在低和高的位置拍摄及自拍。彩色液晶显示屏还可显示用光和色彩方面的效果。

(6) 可以方便地与计算机连接。DV 摄像机一般带有 1394 接口，可以快速地将数字视频素材采集到计算机。而使用存储卡的摄像机则更加方便。

二、数码摄像机基本构造

数码摄像机是一种将景物图像的光信号和外界的声音信号变换成电信号，以实现记录或重放的电子设备。数码摄像机一般是由摄像、录像和供电三大系统组成。

1. 摄像系统

摄像机摄像系统的工作原理是通过光学镜头将景物成的像投射到光电转换器上，将其转换成电信号。摄像系统包括光学系统、光电转换系统和电路系统。

(1) 光学系统。光学系统是摄像机重要的组成部分，主要部件是光学镜头，它是决定图像质量的关键部件之一。摄像机的光学系统由变焦距镜头、色温滤色片和分光棱镜装置三部分组成，分别完成景物成像、色温校正和基色分光三个主要功能，如图 3—4 所示。

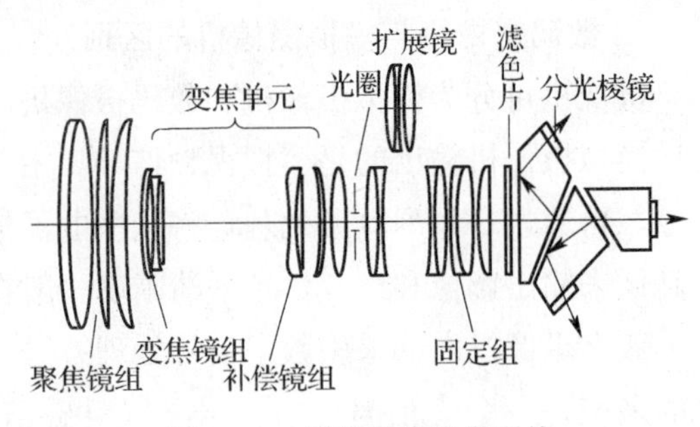

图 3—4 摄像机的光学系统

1) 变焦镜头。所谓变焦，就是改变变

焦镜头的焦距。在摄像中，通过变焦，可以摄取远近不同的物体，既能保证成像清晰，又可调整成像物体在屏幕上的大小，从而获得远景、中景、近景和特写等不同镜头效果。它是获得运动镜头效果、体现摄像意图的必要手段之一。通常，变焦有自动变焦和手动变焦两种操作方式，有些机型还增加了数字变焦功能。

摄像机镜头种类较多，有自动光圈定焦镜头、自动光圈变焦镜头、自动光圈自动聚焦的变焦镜头、广角镜头、小孔镜头、显微镜头等，应用最为广泛的是自动光圈变焦镜头。在大多数摄像机镜头外壳旁边都标有 8×、20×、100×等，数值表示该镜头的变焦倍数。

①自动变焦。自动变焦也称电动变焦，它是通过操作人员推拉“W”“T”键（见图3—5），由电路产生相应的控制信号来控制变焦电动机的动作，带动变焦镜头组以一定的速度匀速前后移动来实现的。要得到广角（特写）镜头时，按控制键“W”；要进行远距离摄像（全景）时，按控制键“T”。

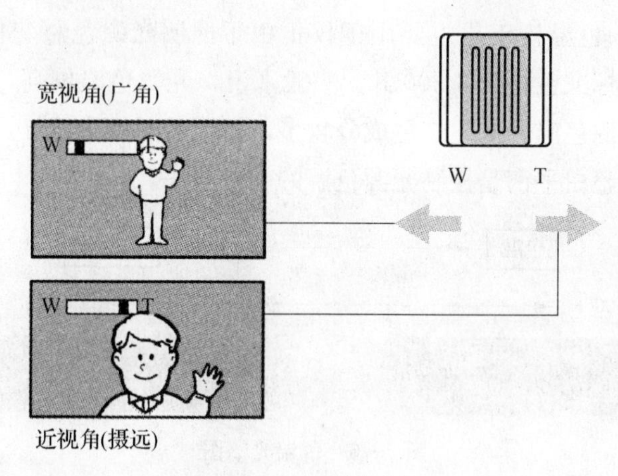

图 3—5　电动变焦杆

②手动变焦。手动变焦是通过操纵变焦杆或变焦环机械装置，直接改变镜头变焦组的前后位置来实现镜头焦距的改变。手动变焦操作起来不太方便，需要摄像人员具有较高的技巧和丰富的经验，但可以获得快速或迅速等一系列的效果，有很大的灵活性。

③数字变焦。数字变焦其实不是真正的变焦，它并不改变变焦镜头的焦距，而是通过数字电路的方法，将镜头摄取的图像信号进行处理，实现一定倍率（或无级）的放大和缩小，得到类似变焦的画面效果。它一般可以有很高的放大倍率，但图像放得越大，清晰度下降得越厉害。

④光圈。同照相机类似，摄像机中用来控制入射光强弱的装置也称作光圈。摄像机光圈有自动光圈和手动光圈两种。在实际摄像时，一般把光圈放到自动位置，当光的照度发

生变化时，它能自动调整进入镜头的光通量，以得到满意的图像。当被摄物体背光或光线太亮时，自动光圈效果不佳，则需要使用手动光圈进行调整。

⑤聚焦。当改变变焦镜头的焦距，使景物成像大小合适时，变焦过程结束。但此时落在成像面上的像并不清晰，还需要调整变焦镜头的有关镜头组，使物体成像尽量清晰，这就是聚焦。聚焦与变焦是两个完全不同的概念。聚焦有自动聚焦和手动聚焦两种方法。现代的家用摄像机均设有自动聚焦装置。在工作时，只要将聚焦开关置于自动（AF）位置，机器便会自动迅速而准确地聚焦，从而得到清晰的图像。在摄像实践中，当画面中远近的被摄对象都在检测范围之内时，画面的对比度不明显时，画面具有等距的很细条状的物体时，或被摄环境的光线照度不符合该摄像机最小的照明要求时，自动聚焦装置往往会发生错误的判断。因此，在上述这些场合最好不要使用自动聚焦装置，而应采取手动的方式聚焦。

2）色温滤色片。色温并非光源的实际温度，而是用来表征光谱特性的参量，如图3—6所示（见彩图14）。色温校正片主要用于校正由于照明光源色温变化引起的图像偏色。国际标准规定演播室标准色温为3 200 K。一般来说，光源色温偏高，蓝色成分较多，拍摄的图像会偏蓝；光源色温偏低，红色成分较多，拍摄的图像会偏红。对于家用摄像机来说，根据光源种类调整白平衡是控制光源色温的主要方法。

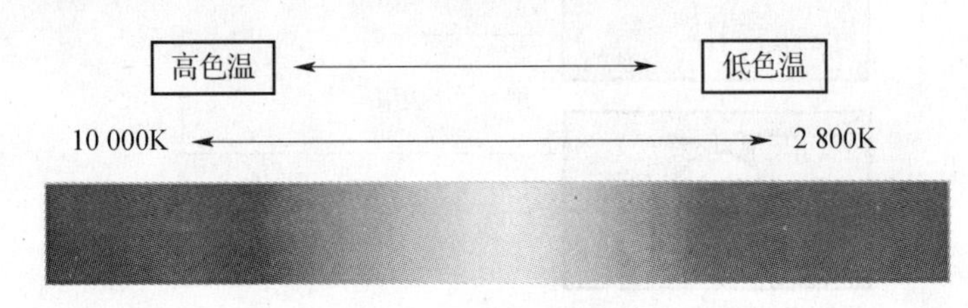

图3—6　色温光谱图

3）分光棱镜。一般采用分色三棱镜。它是由三块棱镜粘合制作而成的。其作用是依靠此三块棱镜将被摄的彩色景物中的红、绿、蓝三种基色光分离出来。

（2）光电转换系统

数码摄像机的光电转换系统把光学图像转变成带电荷的电信号，并加入各种同步信号，形成亮度信号和色度信号，然后经模/数转换电路，从摄像机中输出。光电转换系统中的主要器件是光电转换器件，光电转换器件是使图像各像素按顺序进行光电转换。目前，摄像机用的光电转换器件有电子摄像管和摄像固体器件两种。数码摄像机按摄像固体器件的不同可以分为CCD（Charge Coupled Device，电荷耦合器件）摄像机和CMOS（金属—氧化物—半导体）摄像机，现代家用摄像机一般采用CCD电荷耦合器件作为摄像器件。

（3）电路系统。电路系统对光电转换系统输出的信号进行放大和处理，最后输出彩色全电视信号。电路系统主要由CCD驱动电路和信号预放电路、相关双重取样处理电路、图像信号处理电路、自动控制电路（自动白平衡、聚焦及光圈）等部分组成。

2. 录像系统

录像系统的工作原理是：将摄像系统送来的亮度信号和色度信号，经模/数转换，送入录像系统的电磁转换系统进行处理。数码摄像机的电磁转换系统将处理后的亮度信号和色度信号混合在一起，再由两个视频磁头交替地记录到摄像带上。录像系统记录时，需对摄像器件输出的视频信号进行调频，重放时再对已调频的信号进行解调，还原成视频图像信号输出。因此，带子重放时，录像录下的控制磁迹用来调节摄像带的运行和磁鼓的转速，使视频磁头和磁迹准确对位，从而保证了重放的正确再现。为了保障摄像机在正常状态下工作，录像系统还设置了故障自我诊断和保护电路，一旦发生故障，机器立刻进行自我控制，进入停机状态，以免损坏磁带或摄像机。摄像机的录像系统包括视频信号处理电路、音频信号处理电路、伺服电路、系统控制电路、机械结构等。视频信号处理系统包括视频信号处理电路和磁鼓组件。

3. 供电系统

供电系统作为摄像机的整机电源，提供摄像、录像、放像三大系统的机械与各部分电路工作的动力来源。一般摄像机都设有电池插入式卡座或电池仓等结构组件，并配有专用的电源线和稳压电源即AV交流转换适配器（同时兼作充电器用），通过外接插孔连接。一般而言，摄像机通常使用三种方式供电：通过稳压电源以交流电源供电，以汽车电瓶供电，以专用充电式电池供电。

学习单元2　数码摄像机拍摄基础

学习目标

1. 熟悉数码摄像机基本控制键的含义和功能
2. 掌握数码摄像机常用菜单的使用方法
3. 掌握数码摄像机的基本操作

知识要求

一、拍摄准备

1. 安装电池

电池是摄像机的动力源，一般的DV摄像机具有可充电的电池组、交流电源转接器和汽车电瓶三种供电方式。其中，以可充电电池组方式最为方便。它由于不受电源线长短的限制，因此，在拍摄时的活动范围可以大大增加。但要注意经常检查电池的充电情况，以确保电池组有充足电力供摄像机使用。下面以佳能MD245数字摄像机为例，介绍可充电电池组的安装方法，如图3—7所示。

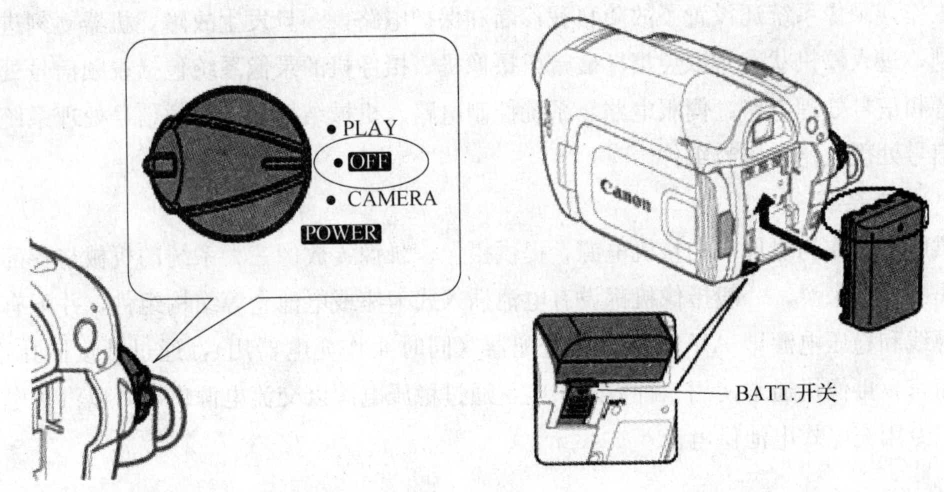

图3—7 安装电池

(1) 关闭摄像机电源。摄像机POWER（电源）→OFF（关）挡。

(2) 将电池按箭头方向轻轻按下并向上滑动，直到咔嗒一声安装到位为止。注意保护电池的触点。

2. 安装存储介质

目前DV摄像机存储介质有mini DV带、光盘、硬盘、闪存等。

(1) 安装mini DV摄像带的方法（以佳能MD245数字摄像机为例）。

1) 按箭头方向推移OPEN/EJECT⏏开关打开盖子，这时磁带仓会自动升起打开，如图3—8所示。

2) 将磁带上带有的小孔朝握带方向插入磁带，如图3—9所示。

3) 按下磁带仓上的PUSH标记，直到咔嗒一声关上为止，这时磁带仓会自动下降，如

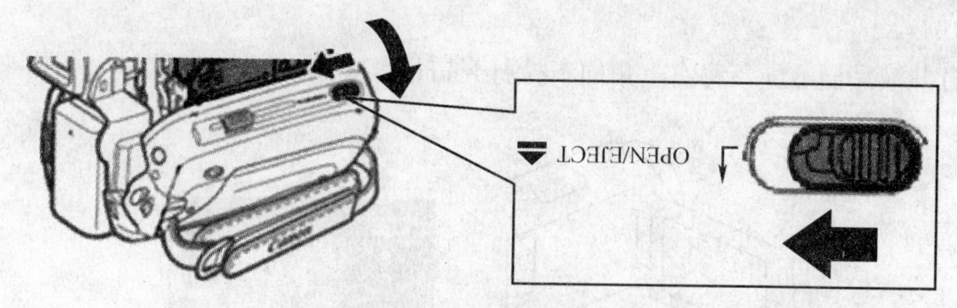

图 3—8 打开磁带仓盖

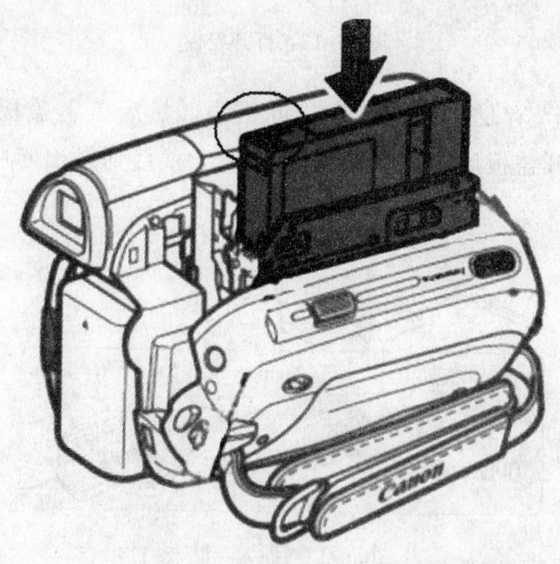

图 3—9 插入 mini DV 带

图 3—10 所示。

4）按箭头方向关上磁带仓盖，直到咔嗒一声关上为止，如图 3—11 所示。

（2）安装 microSD 或 Memory Stick Micro 存储卡的方法（以索尼 HDR－PJ610E 数字

图 3—10 关闭磁带仓

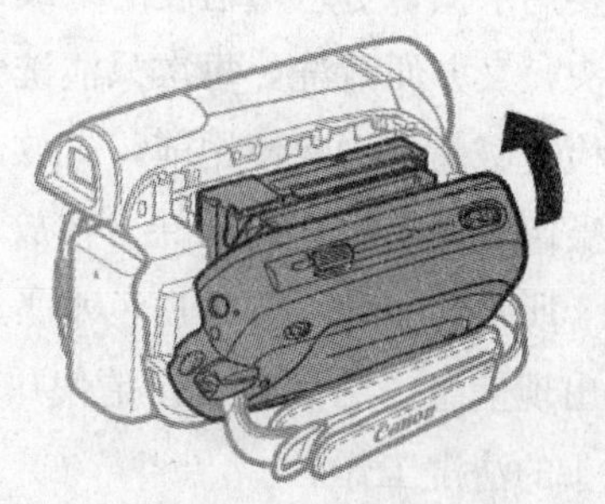

图 3—11 关闭磁带仓盖

摄像机为例)。

1）打开液晶显示屏，将右上角向下拉打开盖板，如图 3—12 所示。

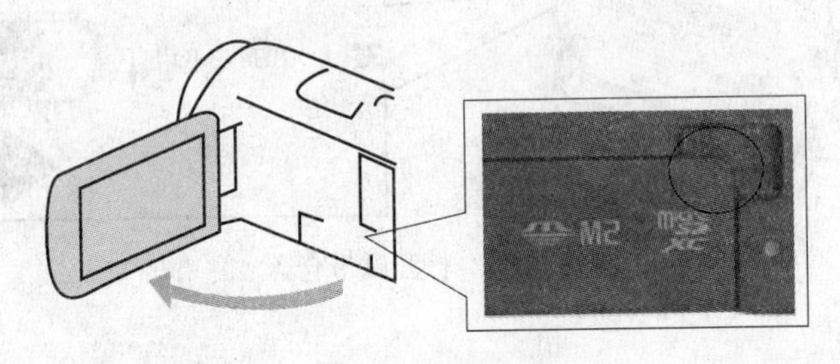

图 3—12　打开盖板

2）按箭头方向插入存储卡，直到发出咔嗒声，然后盖上盖板，如图 3—13 所示。如要取出存储卡，打开盖板后向内轻推一次存储卡，直到发出咔嗒声，存储卡会轻微弹出。

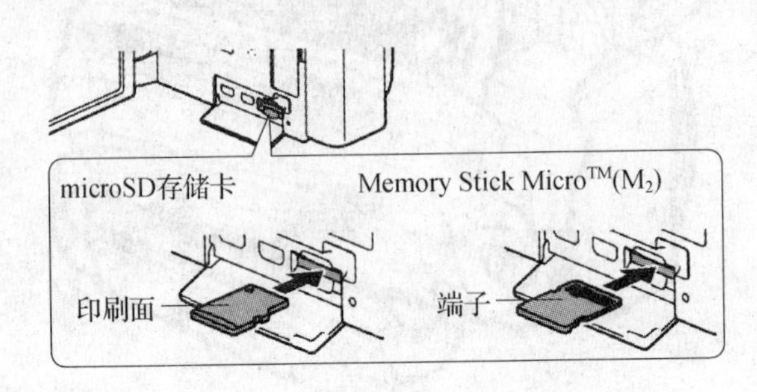

图 3—13　插入存储卡

3. 检查磁头和镜头

（1）检查镜头。每次使用前或使用后都要检查一下镜头，先用气囊把镜头上大颗粒的灰尘或异物吹掉，然后用干净的软布或镜头纸轻轻擦拭，也可以蘸上酒精或镜头清洁剂擦洗，但不要用水擦，更忌用粗硬的纸或布损伤镜头。最好是在镜头前加一个 UV 镜，既可以保护镜头，又方便清洗，每次只清洗 UV 镜就简单很多。

（2）检查磁头。每次使用前，先放几十秒以前已录的带子，看图像是否正常。视频磁头是 DV 摄像机最易损坏的部件。在放像过程中当图像出现：马赛克或其他斑驳的赝像，如图 3—14 所示；多条均匀的白色水平干扰带，如图 3—15 所示；声音失真或播放期间没有声音；出现信息“磁头脏了，请使用清洁带”，这表明摄像机的磁头已经“脏”了，需要进行磁头的清洗工作。

图 3—14　斑驳赝像

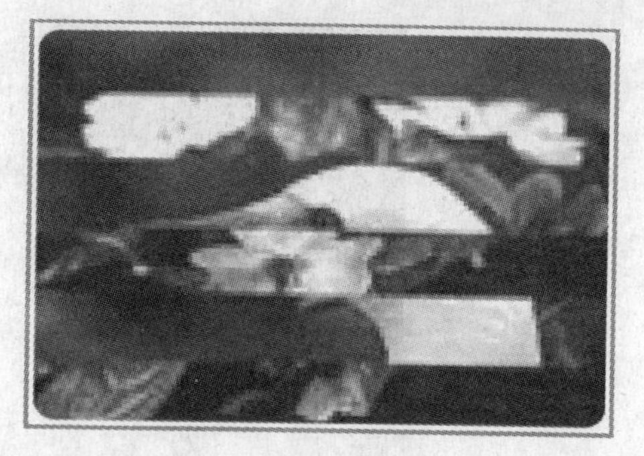

图 3—15　白色干扰带

4. 准备辅助设备

摄像辅助器材主要包括话筒、摄影灯、三脚架等。

(1) 话筒。摄像机除了机内话筒外，还设有外接话筒插口，可以外接加长线缆的话筒（见图 3—16）以便获得更好的录音效果。有时在拍摄新闻节目或实况录像情况下，需要同期录音，就要使用话筒。摄像机与被摄对象较近的情况下，话筒可以直接安装在摄像机上。话筒也可以由采访者拿在手中，为了便于活动，需要一根长电缆线（话筒线）。外接话筒主要用于新闻采访或人物访谈同步录制现场声。外接话筒是本机话筒的延伸。为了保证音质效果，尽可能减少杂音，应当使用外接话筒，但必须选用与摄像机类型配套的外接话筒。在拍摄过程中必须进行监听，确保声音正常，防止无声或因接触不良造成声音断断续续。外接话筒规格很多，价格不等，其使用效果也各异。

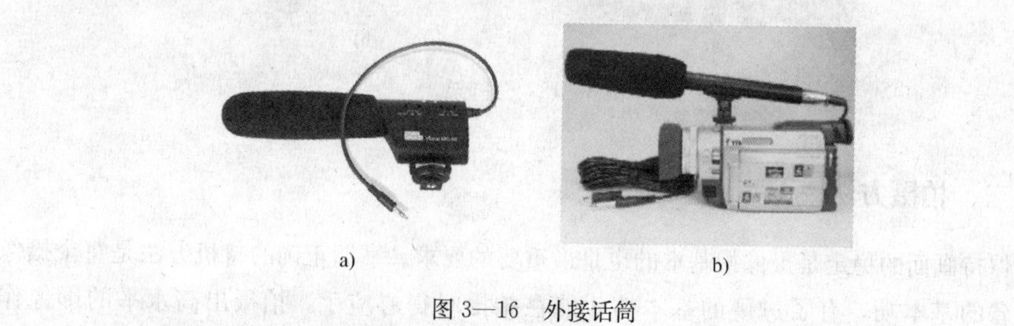

a)　　b)

图 3—16　外接话筒

(2) 摄影灯。摄影灯（见图 3—17）的最基本功能是提高场景环境的照度，以保证所拍摄图像质量，同时灯光也是对被摄主体进行造型的一种手段。要了解拍摄现场、节目内容是否需要灯光照明，从而事先准备好照明设备。摄影灯在数码摄像机上的作用如同闪光灯在数码相机上的作用，对于资深级的玩家来说，摄影灯是一个不可缺少的摄影设备，在很多场合是非常有用处的。有了摄影灯，可以扩展数码摄像机的使用范围，而不受光线的

a)

b)

图 3—17　摄影灯

局限。

（3）三脚架。对于体积大、质量大的摄像机，在定点、长时间拍摄时，一般均采用三脚架（见图 3—18）来固定摄像机，这样可获得稳定的画面。

a)

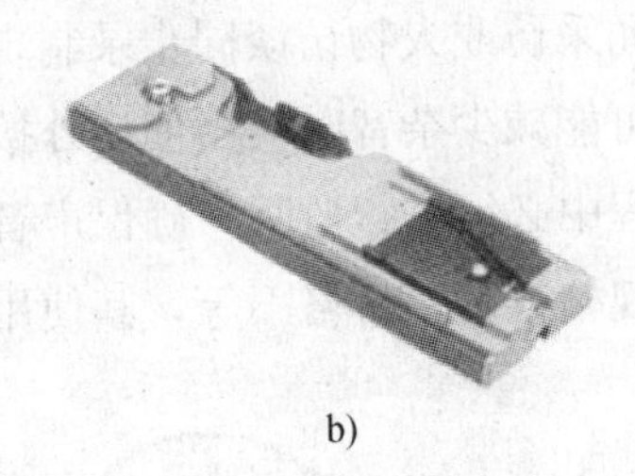
b)

图 3—18　三脚架

二、拍摄方法

保持画面的稳定是摄像最基本的也是最重要的要求。掌握正确的持机方法是每个摄像者必备的基本功，有了过硬的基本功才能在拍摄时得心应手，拍摄出高水平的影像作品来。

1. 持机

持机是指摄像师根据拍摄任务和现场条件，选择操作摄像机的方式。常用的持机方式包括肩扛持机和徒手持机两种。此外，对于体积大、重量重的摄像机，在定点、长时间拍摄时，一般用三脚架协助，可平稳地进行拍摄。

（1）持机方式

1）徒手持机。徒手持机是利用双手或单手持机，可以把摄像机放在怀里、提在手上或者放在其他部位，利用站、仰、蹲、跪、坐等姿势，托着摄像机进行拍摄。徒手持机如图 3—19 所示。

图 3—19　徒手持机

2）肩扛持机。肩扛持机是把摄像机放在肩上，使用单手利用站、坐、跪等姿势进行拍摄。这种持机方式适用于体积大、重量重的摄像机。在进行拍摄时，要尽量利用身边的倚靠物，借助稳定的支撑体来进行拍摄，以保证拍摄画面的相对稳定性。肩扛持机如图 3—20 所示。

图 3—20　肩扛持机

（2）持机要领。在摄像时，不仅要采用正确的持机方式，而且还要掌握摄像的持机要领，主要是拍摄姿势和控制呼吸两个方面。

1）掌握好拍摄时的姿势。不管采用哪种持机方式，在持机拍摄时，除了要保持重心稳定与身体平衡外，还应使身体一直处于放松状态，以便进行长时间的拍摄。拍摄时，在条件许可的情况下，尽量避免长时间似蹲非蹲或者似站非站的姿势，以避免大腿及腰部肌肉由于长时间处于紧张状态引起抖动，导致图像画面不稳定。在运动中拍摄时，为了减轻走路时产生的振动，双膝应略弯曲，并注意放慢和减小步幅，脚与地面平行擦地移动。

2）掌握好呼吸。在利用各种姿势进行拍摄时，由于呼吸带来的身躯起伏也会影响到摄像机的稳定。控制呼吸的方法有屏息法和腹式呼吸法两种方式，较为容易掌握的一般是屏息法。屏息法是在拍摄前先进行深呼吸，然后慢慢呼出，待进行拍摄时，再开始屏息。也可以在拍摄过程中注意控制调整呼吸，以此来减小由于身躯随呼吸起伏对于摄像机平衡度的影响。

2. 机位

机位可以理解为摄像机的工作位置，确定了机位就是确定了视点。距离、方向和高度是拍摄时机位在现场的三个基本要素，这三个要素被称为摄像三坐标。改变任何一个坐标，都会直接改变摄像的构图。摄像时，在拍摄现场首先要考虑的是选择机位。

(1) 拍摄距离。拍摄距离是指拍摄时摄像机与被摄物体之间的距离。当摄像机的方向、高度、镜头的焦距固定不动，摄像机位置前后移动时，或运用不同焦距拍摄时，画面中看到景物的范围和画面结构就会不同，称为景别。拍摄距离与景别的关系如图3—21所示，其最明显的效果是近大远小，构成不同的景别。景别的选择和变化是电视画面造型的重要因素之一。决定景别大小的因素主要有两个：摄像机和被摄主体之间的距离或摄像机镜头焦距的长短。

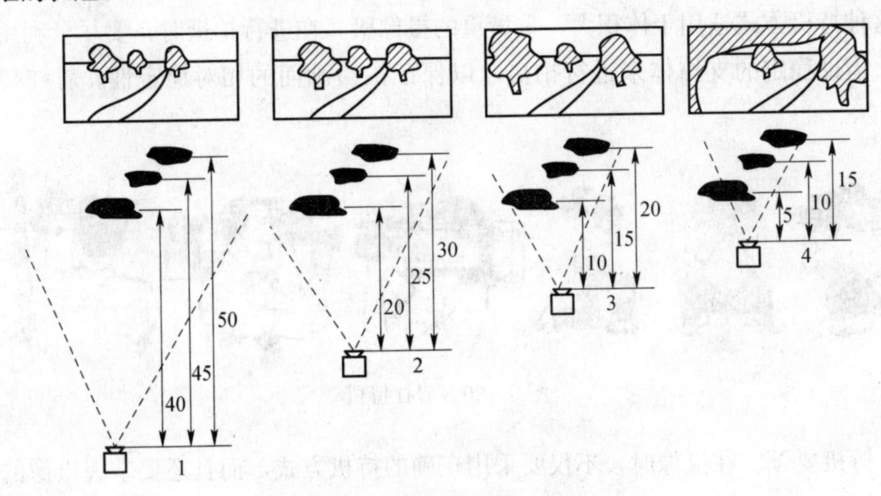

图3—21　拍摄距离与景别的关系

1) 景别的作用

①不同的景别，物体在画面上成像大小不同，可以产生不同的视觉距离，使观众产生不同的参与感和交流感。

②不同的景别表现出不同的视觉主次层次，是电视节目实现造型意图、形成节奏变化的重要因素之一。

③不同的景别对观众的视线产生不同的约束，景别的变化使画面被摄主体的范围变化具有更加明确的指向性，从而完成画面表达内容、揭示主题、传递信息等任务。

2）常用的景别。常用的景别一般有远景、全景、中景、近景、特写等，如图 3—22 所示。除常用的几种景别外，还有更加细致的划分，如大远景、大全景、中全景、中近景、大特写等，划分时是以成人的全身在画面中占据的部位为标准。各种景别是用不同距离、不同角度来反映事物的，故在选取不同景别时要注意符合人眼的视觉规律，对景别的选择应以中景、近景、特写为主。

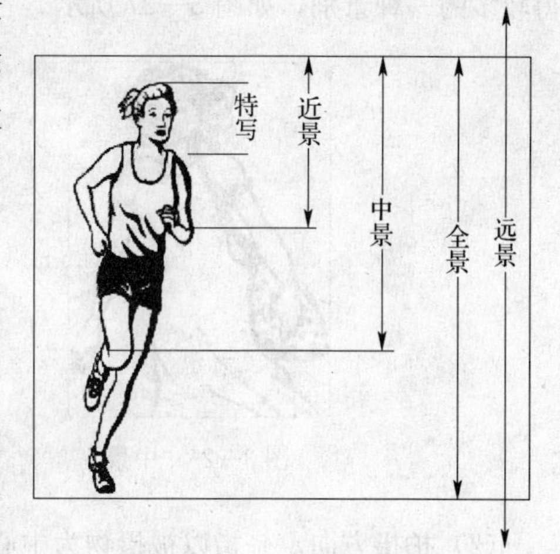

图 3—22　景别的划分

①远景。摄像机摄取远距离景物或人物的画面，具有广阔深远的景象，主要用来表现广阔的地理位置和环境气氛。远景是视距最远的镜头，如图 3—23 所示。

②全景。摄像机摄取人像全身或物体全貌及环境之一的一种画面。这种画面可看到人物的全身动作或物体的全貌及其周围部分环境，主要表现被摄主体与周围环境的关系，如图 3—24 所示。

图 3—23　远景

图 3—24　全景

③中景。摄像机摄取人物腰部以上部分的一种画面。这种画面显示人物大半身的形体动作，用以表现被摄主体的主要部分和运动情景。它是在摄像镜头中所占数量较多的一种景别，如图 3—25 所示。

④近景。摄像机摄取人物胸部以上部分或人体某一部分形象的一种画面，主要表现人的神情、物体的特征与结构，如图 3—26 所示。

⑤特写。摄像机摄取人物肩部以上、面部、肢体局部，以及一件物品或物品的一个局部的一种画面。特写也是视距最近的镜头，主要表现被摄主体的局部细节，造成清晰的视觉形象，可得到突出和强调的效果，给人一种体察入微的感觉。特写在摄像镜头中也是用

得较多的一种景别，如图 3—27 所示。

图 3—25　中景

图 3—26　近景

（2）拍摄方向。是指以被摄物为中心，在同一水平线高度对物体拍摄的方向。摄像是以一个视点透视画面的，因此，在固定机位时，不同的拍摄方向会直接改变摄像构图。面对被摄物，一般从以下几种方向拍摄（见图 3—28）：

图 3—27　特写

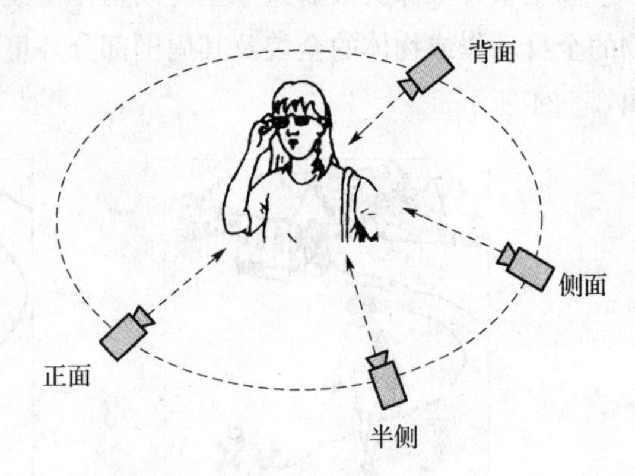

图 3—28　拍摄方向

1）正面拍摄。摄像机正对着被摄物拍摄，也叫正向构图。物体多在画面中心位置，画面往往对称稳定，表现物体庄严、规范，表现人物稳重端庄。所以，电视台的新闻节目或严肃的时政节目，播音员多采用正面拍摄出镜。正面拍摄的缺点是画面变化少、呆板，画面缺乏深度和立体感。正面拍摄多用于人物拍摄，严肃多于随和，如图 3—29 所示。

2）侧面拍摄。摄像机从侧面对物体进行拍摄。侧面拍摄物体，有利于表现物体的层次和轮廓；拍摄人物，有利于表现人的轮廓线条、身体姿势。侧面拍摄摄取的是物体或人的侧面，不是最具代表性的正面。如果长时间过多使用侧面镜头，会使观众有“不识庐山真面目”的感觉。拍摄谈话对象，由于看不到眼神，更无法与观众交流。所以，侧面拍摄只能是作为正面拍摄的补充，如图 3—30 所示。

图 3—29 正面拍摄

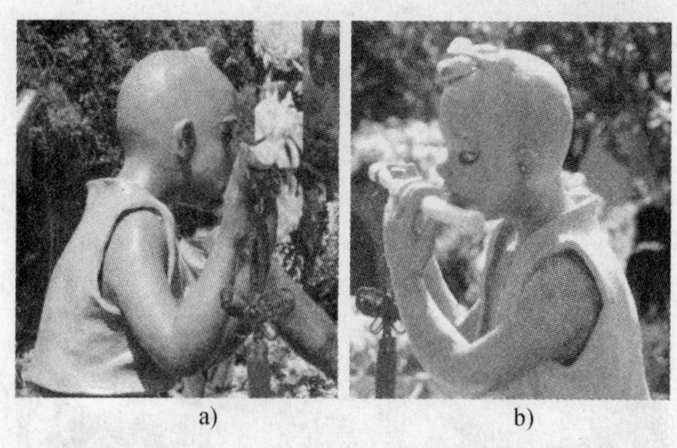

a) b)

图 3—30 侧面拍摄

3）半侧面拍摄。半侧面拍摄一般是前侧面拍摄，即在人或物前方左右两侧 30°～60°的角度进行拍摄。前侧面拍摄有正有侧，有一定的纵深感，形象较立体丰满，光线有明暗层次，是电视拍摄常选择的方向，如图 3—31 所示。

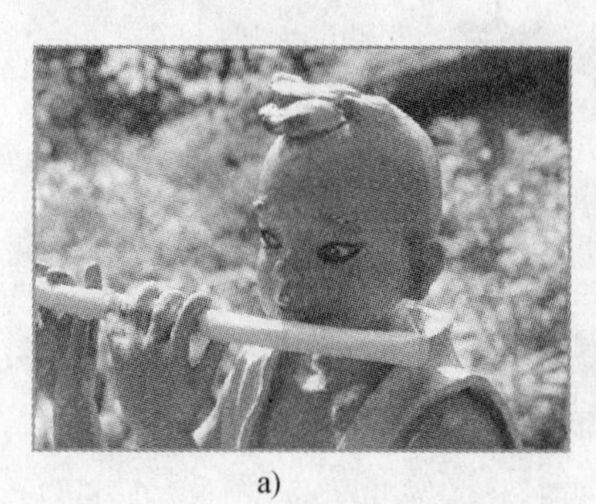

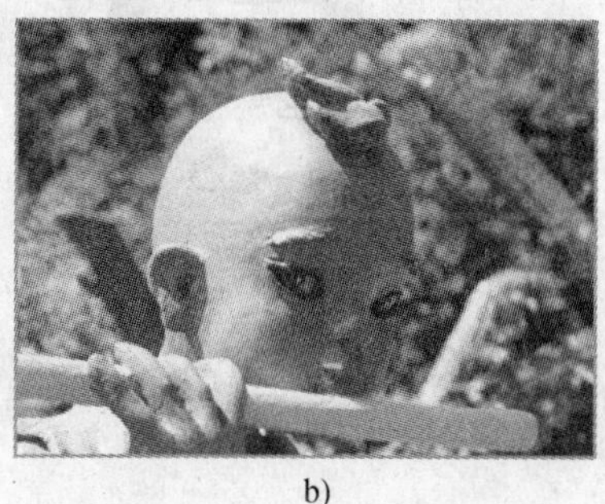

a) b)

图 3—31 半侧面拍摄

4）背面拍摄。摄像机从人或物体的背面方向拍摄，如图 3—32 所示。从背面方向拍摄人物是较新的表现手法，比较含蓄，但是应有其他辅助条件铺垫，或有肢体语言来表现。背面拍摄不能多用，因为不管采取什么方向拍摄，目的都是为了让观众看得更多、更清、更美，而背面拍摄显然不能达到这一目的。

（3）拍摄高度。是指在距离、方向不变的条件下，镜头平视、仰视或俯视被摄物进行拍摄，如图 3—33 所示。

1）平视拍摄。摄像机镜头在与被摄物基本水平的高度进行拍摄，简称平拍，如图 3—34 所示。平拍镜头就如同用眼睛直视被摄物，拍出的画面透视效果与人眼看到的一样正常。因此，平拍的画面特别平易近人。平拍的镜头比较平常，虽然用途广泛，但用多了也缺乏新意。为了丰富画面，可以穿插其他角度拍摄的画面。

图 3—32　背面拍摄

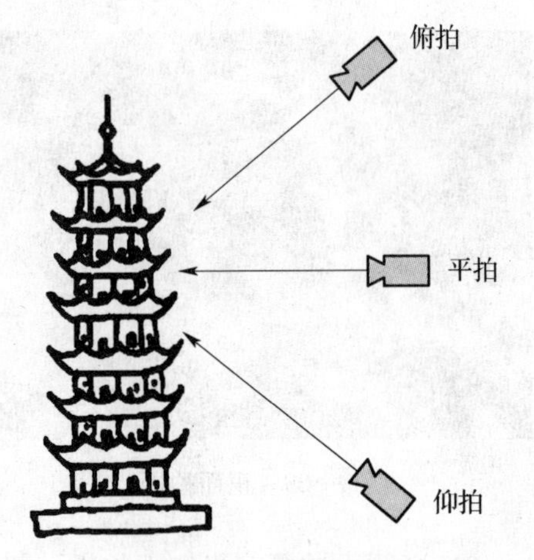

图 3—33　拍摄高度

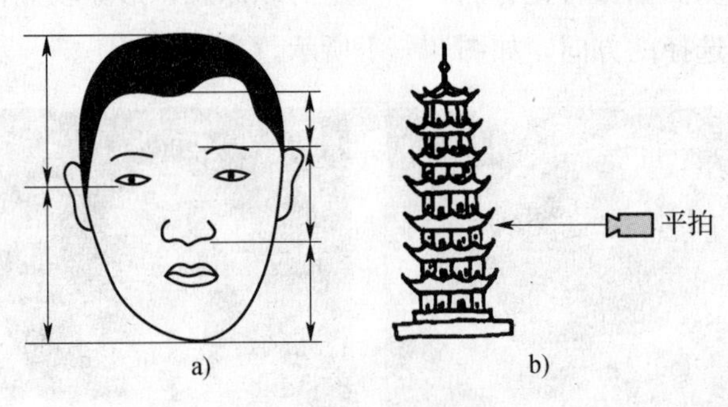

图 3—34　平视拍摄

2）仰视拍摄。摄像机从低于被摄物的角度仰镜头拍摄，简称仰拍，如图 3—35 所示。仰视拍摄可以夸张对象的高大、巍峨；拍摄运动场面时，会加强运动员动作的腾空飞跃感觉。

用仰视拍摄人物，形象较高大伟岸，但要注意距离不能太近，否则会造成上下身比例失调、面部变形失真。因此也可用仰拍来表现反面人物的凶恶、狰狞。

3）俯视拍摄。摄像机高于被摄物，自上而下拍摄，简称俯拍，如图 3—36 所示。俯拍画面开阔，画面中的人物就显得渺小，近拍甚至会显得猥琐，所以一般不宜近拍人物（除了针对特殊的对象）。俯拍镜头与地平面的夹角越大，越易于表现大地的平面形状。大俯大仰是不同于常规的视角，会给观众带来新奇的感觉。还可以利用飞机或气球进行航拍。

3. 取景

取景是指摄像师在现实场景中截取最理想的部分，使之成为影像画面的过程。通过取

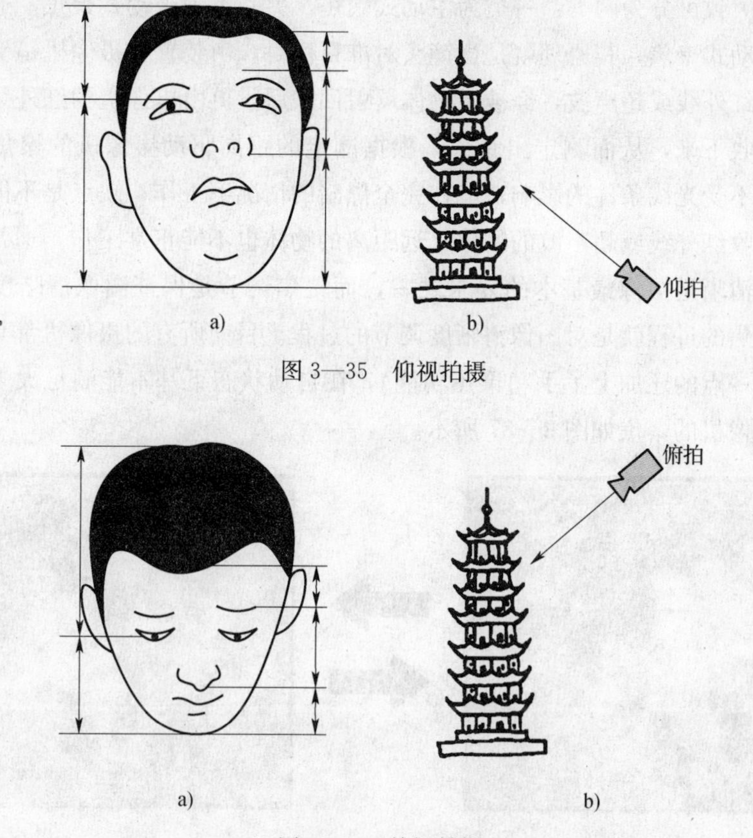

图 3—35　仰视拍摄

图 3—36　俯视拍摄

景，确定场景中需要表现的部分视觉元素，舍弃另一些视觉元素，来构成画面。摄像与摄影不同，摄影抓住的只是瞬间，而摄像则应采用双眼扫描的方式，在用右眼紧贴在寻像器的目镜护眼罩上取景的同时，左眼负责纵观全局，留意拍摄目标的动向及周围所发生的一切，随时调整拍摄方式。现在的摄像机都带有液晶显示屏和电子取景器。在室外拍摄时，通过电子取景器取景可以避免因显示屏反光导致的取景误差，用起来非常方便。彩色液晶显示屏是取景系统的另一种形式，它不仅能用于取景，还能够查看所拍摄的图像，用于显示“菜单”。它的缺点是耗电量很大，且易受环境光的影响，在电源电压不足的时候尤为明显。

4. 聚焦

在动态图像的拍摄过程中，摄像机与被摄体之间的距离是经常变动的，因此常常会超出景深范围而导致图像模糊。为了使图像保持清晰，就必须不断改变镜头的焦点位置，使图像始终保持清晰，这种调节焦点位置的过程称为聚焦或对焦。目前摄像机镜头的自动聚焦方式很多，大致可分为两类：一类为主动式聚焦，另一类为被动式聚焦。通常家用摄像机采用的是主动式聚焦，其原理就是当镜头对准目标时，由装置在摄像机镜头内下方的一组发射器发出红外线或超声波，经被摄物体反射回来后，再由摄像机的红外线传感器或超声波传感器接收下来，从而测定出距离，根据测定的距离驱动摄像机的聚焦装置聚实焦点。其优点是不受光线条件的影响，能在完全黑暗的情况下工作；缺点是不能透过玻璃进行工作，对吸收红外线或超声波的物体、远距离的物体也不能正常工作。通常情况下，保证拍摄画面的清晰是摄像最基本的要求之一，而聚焦调节是保证图像清晰度最重要的一环，摄像机聚焦的过程就是对图像清晰度调节的过程。目前所有的摄像机都具有自动聚焦功能（稍高级一点的还加上了手动聚焦功能），在自动状态下基本能满足大多数环境下的拍摄要求。摄像机的聚焦如图3—37所示。

图3—37　聚焦

三、操作要领

摄像者除了要掌握好正确的持机方式与持机要领外，还要掌握好摄像操作的技术要领。摄像操作时，可以用右手通过腕套握住摄像机机身或控制把手，用食指和中指操作“推”“拉”控制键（变焦控制键），拇指控制记录启停键，如图3—38所示。对于肩扛式摄像机，应把机身水平地放在肩上，机身紧贴右脸。对于单手操作的掌式机，也应找好支撑点，尽量保持机身成水平状态。摄像操作的技术要领是平、稳、准、匀。

1. 平

摄像操作时，机身无论何时移动，都要保持水平状态。也就是说，除非出于特殊的取景考虑，所拍摄画面中的水平线一定要保持水平，不能歪斜。如果所拍摄画面中的线条没有水平或垂直，就会给人造成一种主观错觉。如何保持画面中的基本线条横平竖直呢？在拍摄画面时，应当利用画面中景物的水平线或垂直线作为参考线，据此检查这些线条是否

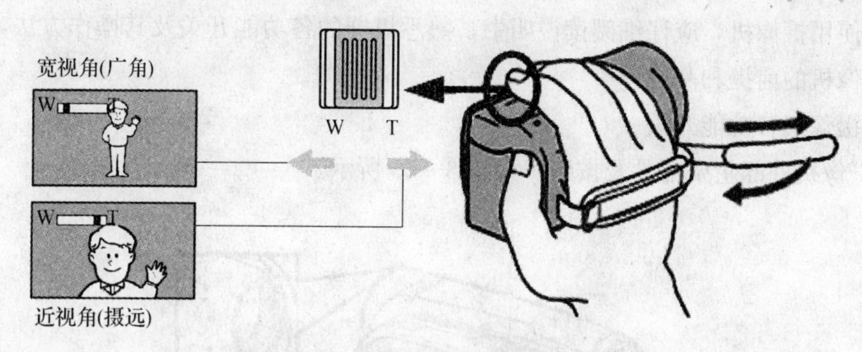

图 3—38　手持摄像机操作变焦控制键

与寻像器的边框相平行。平行时，即基本达到了平的构图要求。

2. 稳

电视图像的画面不稳，镜头晃动，会影响画面内容的表达，给人一种不安定感。所以为了保证画面的稳定，在拍摄静止或运动画面时，机身要平稳，不要抖晃。持机时，要摆好拍摄姿势，并注意拍摄时的呼吸。由于广角镜头视角大，抗抖动、抗晃动性能好，一般多用广角镜头拍摄。

3. 准

每个镜头的开始与结束点应掌握准确，既要做到使镜头表现完整充分，又要做到干净利落、不拖沓。如何做到“落幅画面”（即结束画面）准确呢？首先，要明确所拍摄的画面有哪些构图要求，要运用哪些特技技巧；其次，还要反复练习所运用的拍摄技巧，做到心中有数。

4. 匀

在变焦、摇摄等操作过程中，动作要匀速进行，不要忽快忽慢。通常把连续拍摄画面的过程分为起幅、运动、落幅三个部分。起幅时，应均匀加速；运动中的镜头要保持匀速；落幅时，要慢慢均匀减速。

四、数码摄像机使用介绍

1. 佳能 MD245 数码摄像机使用介绍

佳能 MD245 是 2008 年上市，用来取代 MD140 的一款入门级 Mini 磁带 DV。在取景方面 MD245 以 2.7 英寸宽液晶屏配彩色取景器共存取景，可使用户真实看到完整的 16：9 宽屏幕影像。在性能上 MD245 配置 1/6 英寸百万像素 CCD，可拍摄高水准 16：9 动态影像；配一个 37 倍光学变焦镜头，优化变焦过后可达 45 倍，另借助于 2 000 倍数码变焦，拍摄远景能力较强。

初次使用摄像机，应仔细阅读说明书，熟悉机器的各功能开关及其操作方法，这是正确使用摄像机的前提和基础。

(1) 摄像机各功能开关

1）摄像机外部主要部件及按钮，如图 3—39 所示。

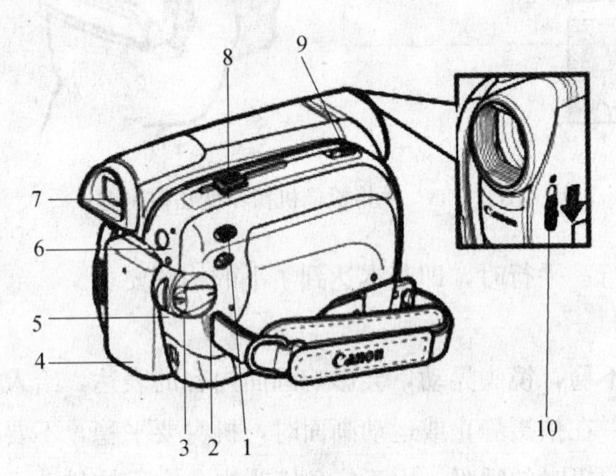

图 3—39　摄像机外部主要部件及按钮

1—模式开关　2—POWER（电源）开关　3—锁定钮　4—电池组　5—开始/停止钮　6—快速启动钮　7—取景器　8—变焦杆　9—磁带（开启/弹出）开关　10—镜头盖开关

2、摄像机主要接口及指示，如图 3—40 所示。

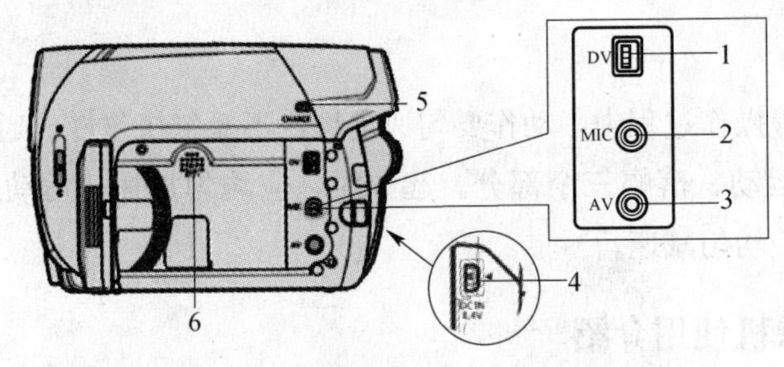

图 3—40　摄像机主要接口及指示

1—DV 端子　2—MIC（麦克风）端子　3—AV 端子　4—DC IN（直流电输入）端子　5—CHARGE（充电）指示灯　6—扬声器

3）POWER（电源）开关设置为 CAMERA 时，液晶屏显示状态如图 3—41 所示。

4）POWER（电源）开关设置为 PLAY 时，液晶屏显示状态如图 3—42 所示。

(2) 摄像机菜单设置。摄像机操作模式由 POWER 开关的位置确定，见表 3—2。

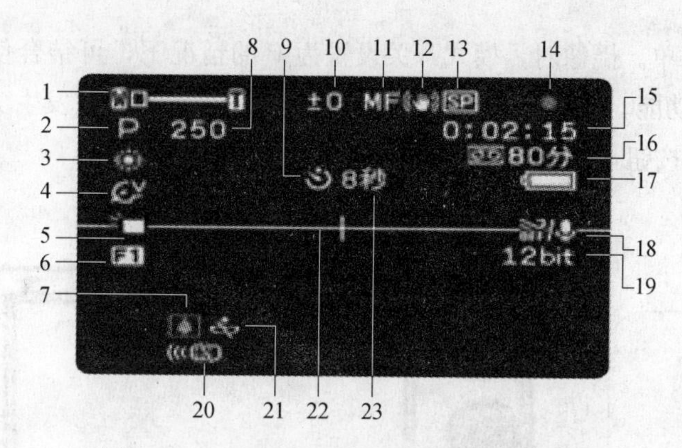

图 3—41 CAMERA 状态下液晶屏显示状态

1—变焦、曝光 2—摄像程序 3—白平衡 4—图像效果 5—LCD 摄像灯 6—数码效果 7—结露警告 8—快门速度 9—自拍 10—调整曝光度 11—手动对焦 12—影像稳定器 13—记录模式 14—磁带操作 15—时间代码 16—剩余磁带 17—剩余电量 18—防风关闭 19—音频记录模式 20—遥控感应器关闭 21—备用电池警告 22—水平清晰度 23—拍摄提示

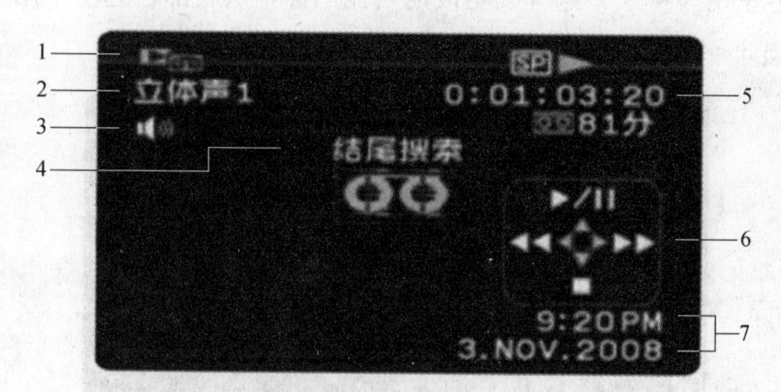

图 3—42 PLAY 状态下液晶屏显示状态

1—操作模式 2—音频播放模式 3—扬声器音量 4—搜索功能显示 5—播放时间 6—操纵杆向导 7—数据码

表 3—2 **摄像机操作模式**

操作模式	POWER开关	图标显示	操作
CAMERA	CAMERA		记录视频图像
PLAY	PLAY		播放视频图像

1）摄像使用菜单。摄像时，模式开关设置为P的情况下，可结合使用操纵杆和操纵杆向导来操作附加功能。操纵杆向导上显示的功能会根据操作模式发生变化。

①按下FUNC按钮，如图3—43所示。

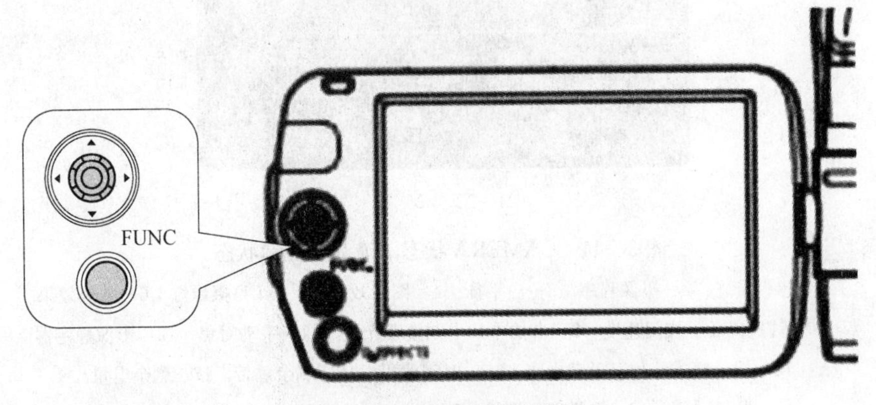

图3—43　FUNC按钮图示

②在左侧栏里用（▲▼）选择要更改的功能图标，从底部栏选项中用（◀▶）选择需要的设置，如图3—44所示。

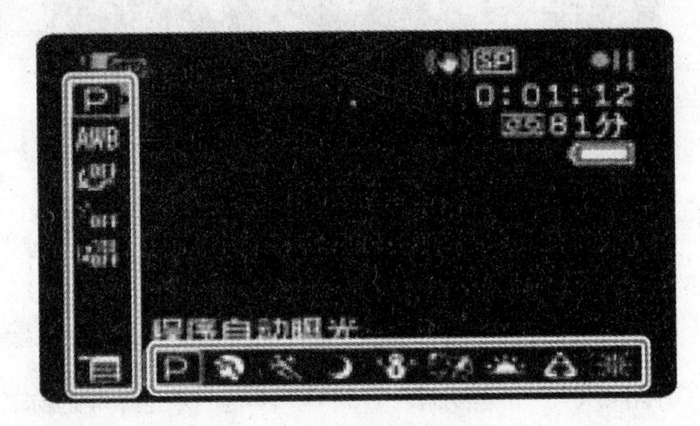

图3—44　功能选择图示

2）基本播放菜单：

①将POWER开关设置为PLAY。

②如果液晶屏上操纵杆向导不出现，则按下操纵杆，操纵杆向导会显示。

③把操纵杆（◀）按向◀◀快退或（▶）按向▶▶快进。

④把操纵杆（▲）朝▶/Ⅱ按住开始播放。

⑤再次把操纵杆（▲）朝▶/Ⅱ按住可以暂停播放。

⑥把操纵杆（▼）朝■按住停止播放。

（3）使用外接麦克风，如图 3—45 所示。

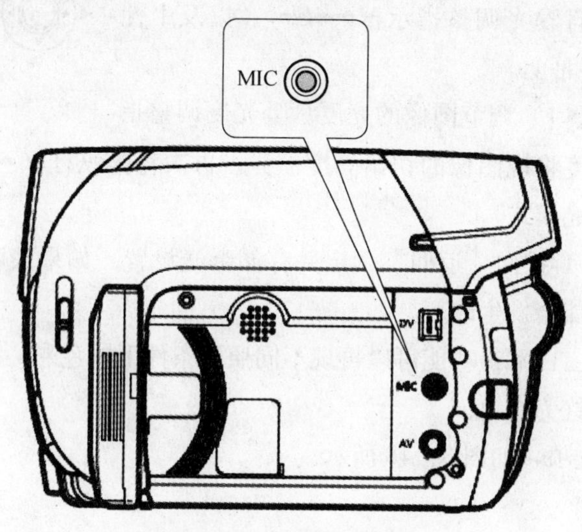

图 3—45　外接麦克风图示

（4）手动对焦调整。在有些情况下，如摄录主体的表面反光、低对比度、没有垂直线、快速移动、湿漉漉的窗户、夜景等，需要手动对焦。

1）将 POWER 开关设置为 CAMERA，模式设为 P。

2）如果液晶屏上操纵杆向导不出现，则按下操纵杆，操纵杆向导会显示，如图 3—46 所示。

图 3—46　手动对焦调整图示

3）把操纵杆（▼）推向［焦点］来激活手动对焦，［焦点］将以淡蓝色显示在操纵杆向导上，同时“MF”会出现在屏幕上。

4）根据需要用（◀▶）调节焦距，将操纵杆（▶）按向▲拉远焦距，或将操纵杆（◀）按向▲拉近距离。再次将操纵杆（▼）推向［焦点］，将使摄像机返回自动对焦模式，［焦点］以淡蓝色显示。

5）把操纵杆（▲）推向［返回］存储对焦调整。

如果把模式开关设置为 EASY，摄像机将自动返回至自动对焦。

（5）手动曝光度调整。有时，逆光摄录的主体会显得过暗（曝光不足），而强光线下的主体则显得太亮或耀眼（过度曝光），为了校正，可以手动调整曝光度。

1）将 POWER 开关设置为 CAMERA，模式设为 P（［焰火］程序除外）。

2）如果液晶屏上操纵杆向导不出现，则按下操纵杆，操纵杆向导会显示，如图 3—47 所示。

图 3—47　手动曝光度调整图示

3）把操纵杆（▲）推向［曝光］。操纵杆向导上的［曝光］变为淡蓝色，并且曝光调整指示器○━┃━○。以及中性值“±0”会出现在屏幕上。

4）根据需要用（◀▶）调节图像的亮度。曝光度调整指示器的调整范围和长度将视图像的初始亮度而异。再次将操纵杆（▲）推向［曝光］，将使摄像机返回自动曝光模式。

5）把操纵杆（▲）推向［返回］锁定并存储曝光设置。如果在曝光锁定过程中操作变焦，图像的亮度可能会发生改变。

（6）白平衡调整。白平衡功能可以再现不同照明条件下的色彩，拍摄白色物品无论在什么条件下看上去始终为白色。

1）白平衡功能选项，如图 3—48 所示。

2）自定义白平衡

①将 POWER 开关设置为 CAMERA，P 程序自动曝光。

②按下 FUNC 钮。

③在左侧栏里选择（▼），选择［AWB 自动］，然后把操纵杆（▶）推向［设置］，如图 3—49 所示。

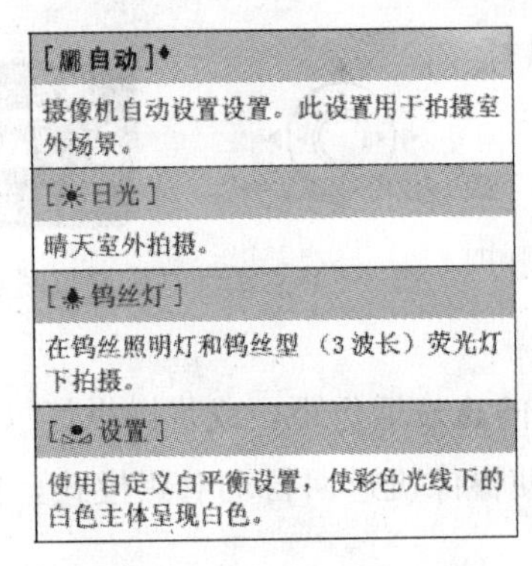

[AWB 自动]◆
摄像机自动设置设置。此设置用于拍摄室外场景。
[☀ 日光]
晴天室外拍摄。
[钨丝灯]
在钨丝照明灯和钨丝型（3 波长）荧光灯下拍摄。
[设置]
使用自定义白平衡设置，使彩色光线下的白色主体呈现白色。

图 3—48　白平衡功能选项

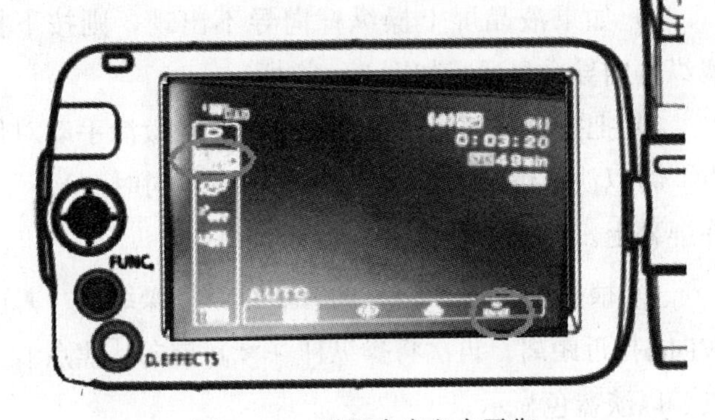

图 3—49　设置自定义白平衡

④将摄像机对着白色物体，放大直至充满整个屏幕，然后按◉。调整完毕后，停止闪动并保持点亮状态，摄像机将保持自定义设置。

⑤按下 FUNC 钮保存设置并关闭菜单。

（7）连接到计算机。参考第 3 章相关内容。

2. 索尼 HDR－PJ610E 数码摄像机使用介绍

索尼 HDR－PJ610E 数码摄像机具有高清摄像、闪存摄像、无线摄像功能。3.0 英寸触摸式液晶屏，约 46 万像素宽屏，可使用户真实地看到完整的 16∶9 宽屏幕影像；大容量 64 GB 内存，约 920 万像素静态图像拍摄；镜头方面采用 30 倍光学变焦的 26.8 mm 广角 G 镜头，平稳光学防抖（增强模式），支持 WiFi 及一触功能，内置投影仪投影光源亮度约 25 流明，使用更加便捷。

（1）摄像机外观部件和控件。如图 3—50 至图 3—53 所示。

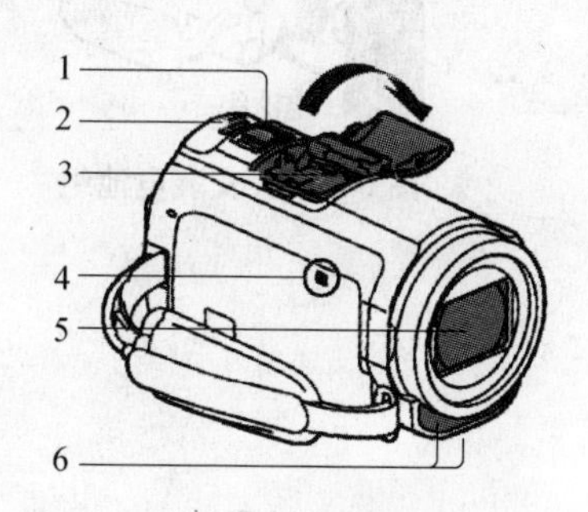

图 3—50　HDR－PJ610E 摄像机外观（1）

1—电动变焦控制杆　2—PHOTO 按钮　3—多接口热靴　4—N 标志　5—镜头　6—内置麦克风

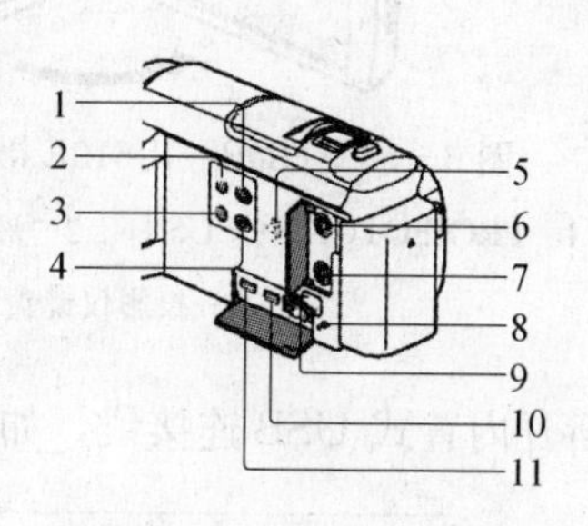

图 3—51　HDR－PJ610E 摄像机外观（2）

1—观看影像按钮　2—POWER 按钮　3—抑制动画录制人的声音　4—PROJECTOR 按钮　5—扬声器　6—麦克风插孔　7—耳机插孔　8—存储卡存取指示灯　9—存储卡插槽　10—HDMI OUT 插孔　11—PROJECTOR IN 插孔

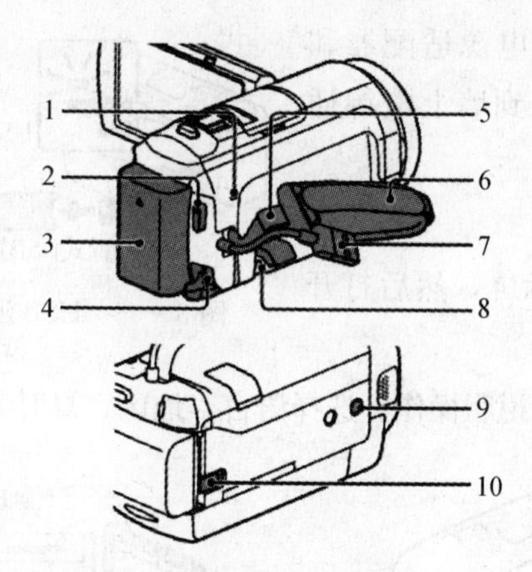

图 3—52　HDR－PJ610E 摄像机外观（3）

1—POWER/CHG（充电）指示灯　2—START/STOP 按钮　3—电池组　4—DC IN 插孔　5—肩带挂绳　6—腕带　7—内置式 USB 连接线　8—Multi/Micro USB 端口　9—三脚架插孔　10—BATT（电池）释放杆

（2）给电池组充电

1）合上液晶显示屏，关闭本机，然后安装电池组，如图 3—54 所示。

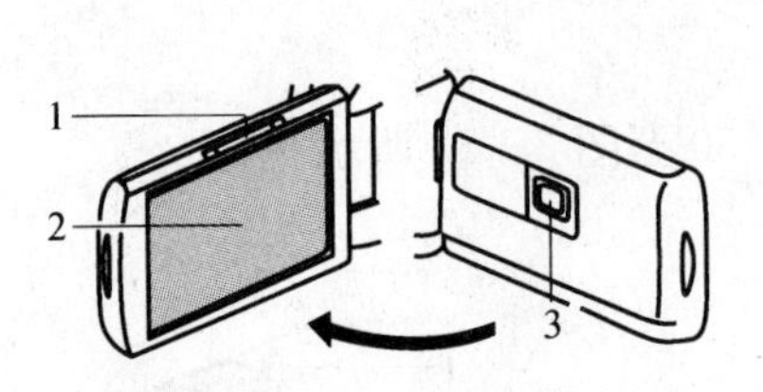

图 3—53　HDR－PJ610E 摄像机外观（4）

1—PROJECTOR FOCUS 杆　2—液晶显示屏/触摸面板　3—投影仪镜头

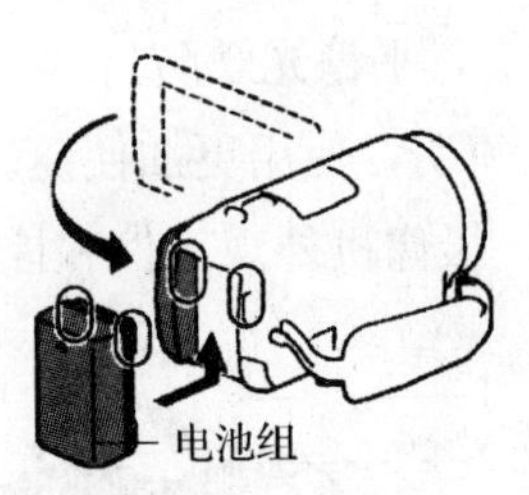

图 3—54　安装电池组

2）断开内置式 USB 连接线，如图 3—55 所示。

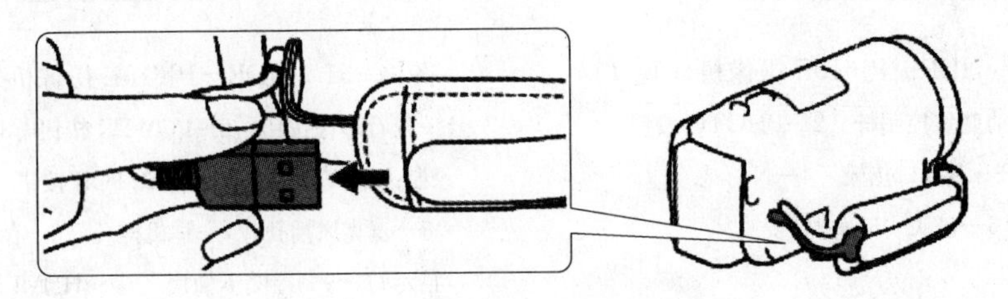

图 3—55　断开内置式 USB 连接线

3）用 USB 延长线连接电源适配器和本机，并将电源适配器连接到墙上电源插座，如图 3—56 所示。

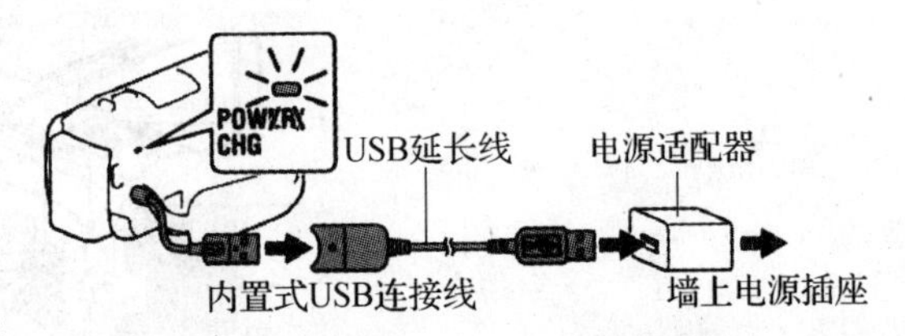

图 3—56　USB 延长线连接电源适配器图示

（3）打开电源

1）打开本机的液晶显示屏，然后打开电源，如图 3—57 所示。

2）按照液晶显示屏上的说明操作，选择语言、地区、夏时制、日期，如图 3—58 所示。

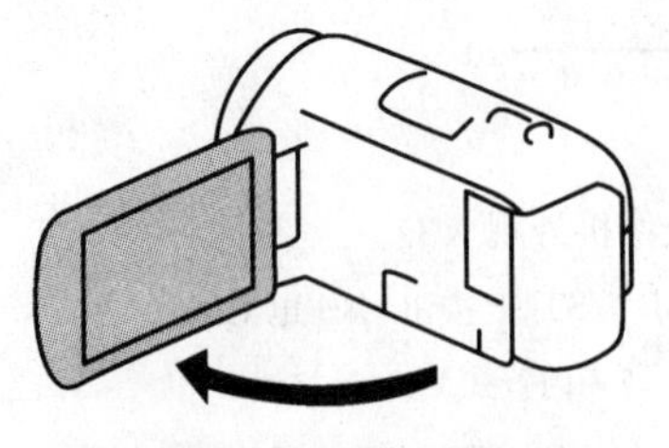

图 3—57　打开液晶显示屏

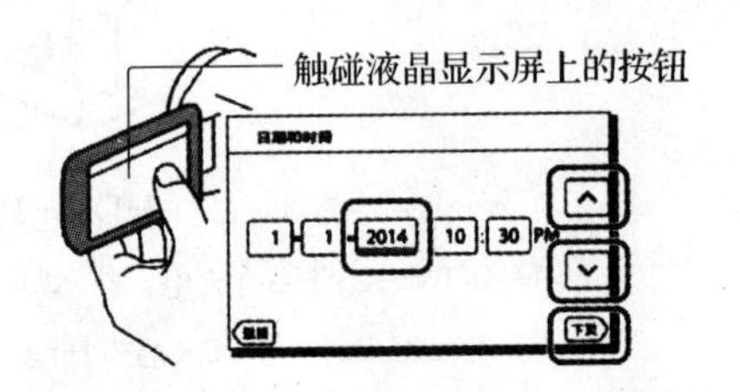

图 3—58　触碰屏按钮常规设置

(4) 插存储卡

打开盖子，然后插存储卡，直到发出咔嗒声，如图 3—59 所示。

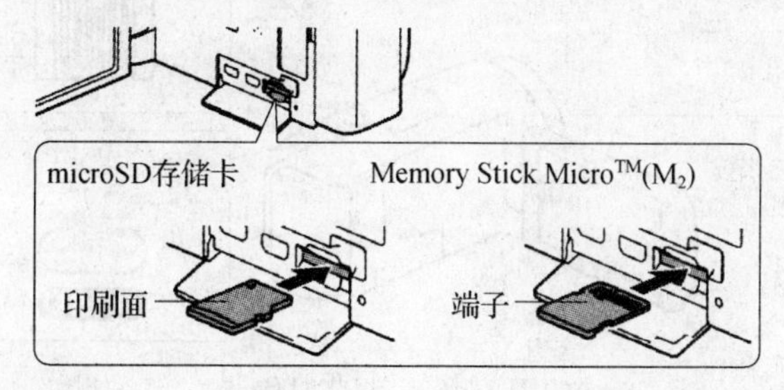

图 3—59　插存储卡

(5) 录制动画

打开液晶显示屏，然后按 START/STOP 开始录制，如图 3—60 所示。若要停止录制，请再按一次。在录制动画期间，按 PHOTO 可以拍摄照片。

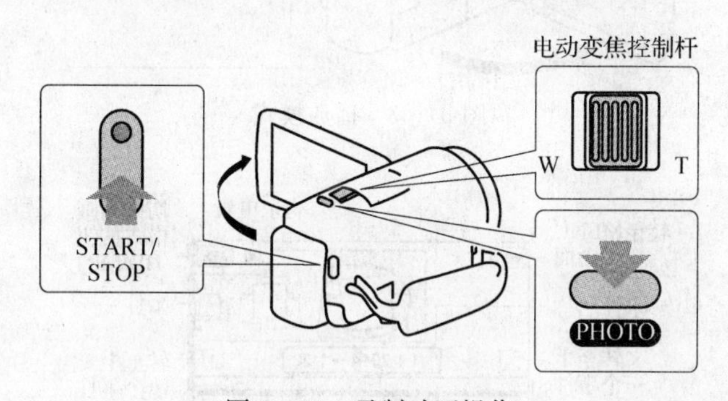

图 3—60　录制动画操作

(6) 拍摄照片

1) 打开液晶显示屏，选择 MODE→📷（照片），如图 3—61 所示。

2) 轻按 PHOTO 调节对焦，然后完全按下，适当调节对焦后，液晶显示屏上会出现 AE/AF 锁定指示，如图 3—62 所示。

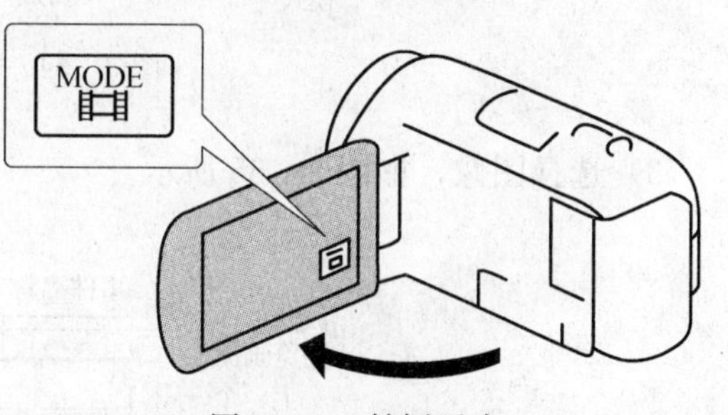

图 3—61　拍摄照片

(7) 播放

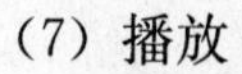

1) 打开液晶显示屏并按本机上的▶（观看影像）按钮进入播放模式，如图 3—63 所示。

2) 选择◁/▷将所需事件移到中央，然后选择图中圈出的部分，如图 3—64 所示。

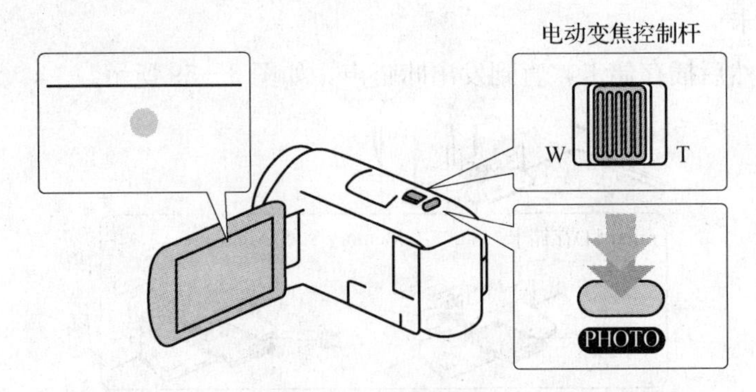

图 3—62　调节对焦

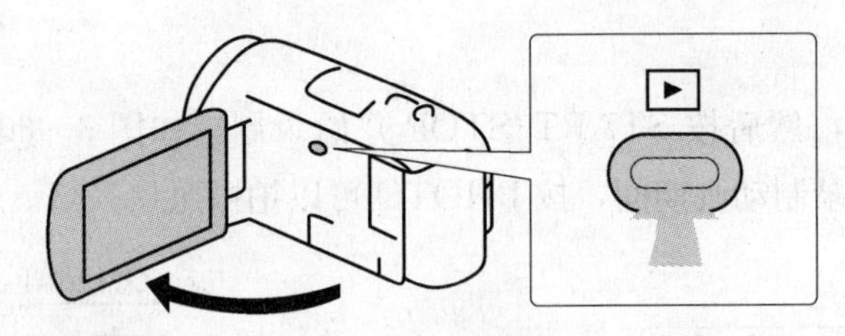

图 3—63　播放模式

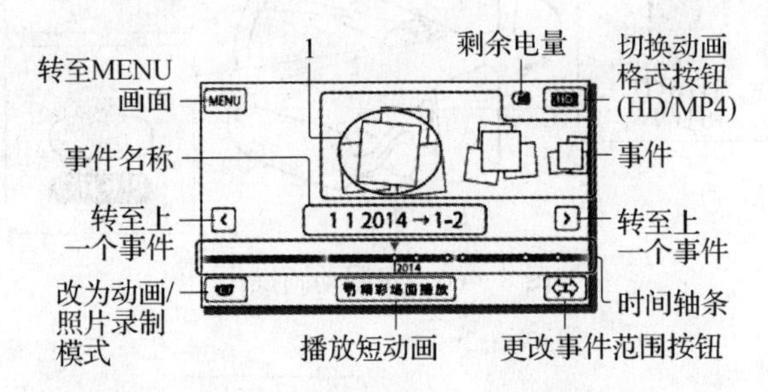

图 3—64　播放动画选择

3）选择图像，如图 3—65 所示。

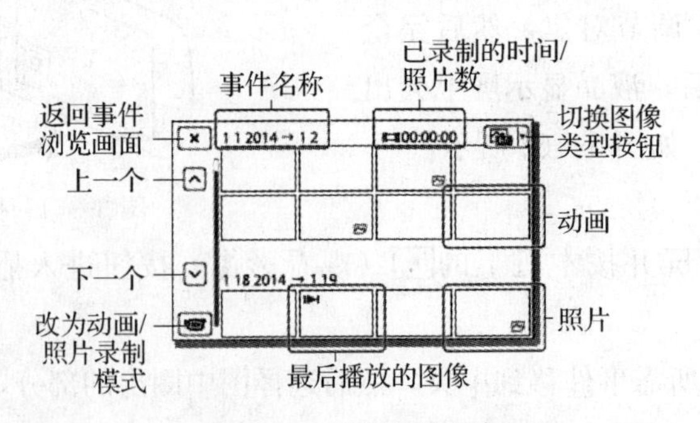

图 3—65　选择图像界面

（8）使用菜单

1）选择 MENU，如图 3—66 所示。

2）选择类别，如图 3—67 所示。

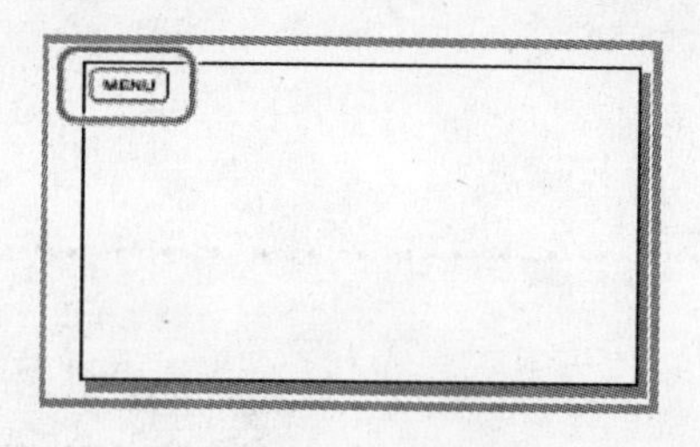

图 3—66　选择 MENU

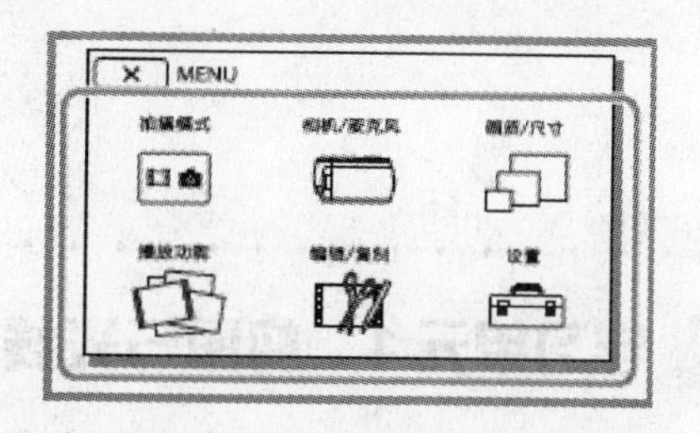

图 3—67　选择类别

3）选择所需的菜单项目。向上或向下滚动菜单项目，如图 3—68 所示。

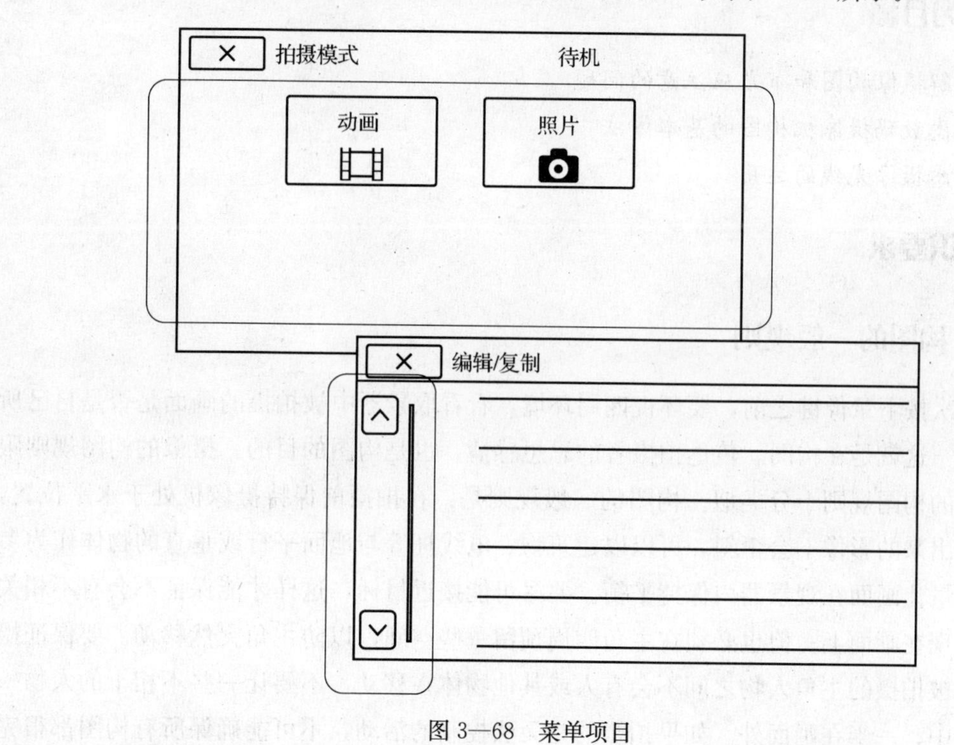

图 3—68　菜单项目

（9）下载图像

可以通过内置式 USB 或 WiFi 将动画和照片保存到手机或计算机上。

第2节　数码摄像技巧

学习单元1　构图与光线

学习目标

1. 了解摄像构图和布光应注意的问题
2. 熟悉数码摄像机构图的基本方法
3. 熟悉摄像光线的运用

知识要求

一、构图的一般规则

在每次按下录像键之前，要环视四周环境，看看取景器中被拍摄的画面是否是自己所需要的——这就是在构图。传达拍摄者的思想感情，也是构图的目的。摄像的构图规则跟静态摄影的构图规则十分类似。构图的一般规则是：在拍摄前保持摄像机处于水平位置，这样拍摄出来的影像不会歪斜，可以以建筑物、电线杆等与地面平行或垂直的物体作为参照物，尽量让画面在观景器内保持平衡。要尽可能接近目标，这样才能保证不会有不相关的背景出现在画面上；但也必须在主角四周预留一些空间，以防主角突然移动。要保证摄录像机与被拍摄的主角人物之间不会有人或其他物体在移动，不要让一些不相干的人物一半在画面中、一半在画面外。如果拍摄的是无法控制的活动，不可能确保所有构图都很完美，那么可以把拍摄主角安排在画面中的正确位置，同时把整个场景扫描一遍，把不要的景物排除在外。

1. 构图方法

在电视摄像中，构图包括两方面的内容：首先根据创作意图，选择构图对象；然后选定具有一定距离、角度的较佳视点作为机位。布局严谨，主题突出，是合理构图的首要因素。摄像时，一幅画面主要由主体、陪体、前景、背景和空白五部分组成，称为构图五要素。陪体是帮助表达主体特征，烘托主体的。前景是处于主体前靠近镜头的景物，起到美化画面、增强空间感的作用。背景是位于主体后面的人物或景物，使画面产生纵深感。空白也称单一色调的背景，对抒发情感、塑造形象能起到特殊的作用。正确处理好上述构图五要素的关系，使之相互呼应、和谐统一，就能使画面简洁新颖，具有较强的艺术感染力。初次使用摄像机的人，在画面构图中，一定要把主体形象安排在观众视线最集中的画面部位。通常的布局不是把主体形象安排在画面的中心，而是将其安排在画面中心的周围处，这样既能够突出主体，又使画面具有了艺术性。

2. 构图形式

自然景物千姿百态、变化无穷，形成各种点、线、面的集合，按照构图的法则排列组合，可以产生不同的构图形式。常见的构图形式有黄金分割构图、井字形构图、三角形构图、S形构图、框架式构图、对角线构图等。在视觉艺术中，“黄金分割”为绝对的构图原理。用四条直线构成“井”字形分割画面屏幕，每两条分割线交叉形成四个点，这四个点是电视画面的黄金分割点，即观众视线最集中的部位，称为“视觉刺激点”。在电视构图中，应该使主体围绕画面的几何中心点进行安排，拍摄时可以将人或物安排在上述任意一点或其附近。在选用景别时，不要过多拍摄远景、大远景场面。因为目标拍摄得过小，人们就得集中视力费劲地去辨认，这样不但突出不了主题，同时也破坏了艺术表现力。在摄像构图中，一定要相对固定地选择机位，即在离开目标一定方向、一定角度和一定距离的最佳视点进行拍摄，才能拍摄出好的画面，收到预期的效果。

3. 透视关系

透视指画面中景物所处空间方位的远近不同所呈现的物象的大小、虚实、色彩明暗有规律的变化，并在二维空间上造成三维空间的感觉。透视是在画面中再现现实空间的重要表现手段，也是构图的重要手法。透视与机位及镜头焦距密切相关。

（1）线条透视。线条是画面中的一个重要因素，影视摄影构图的一个重要任务就是对线条的提炼、选择、运用。广角镜头可以凸显线条透视效果。由于广角镜头的光学特性，将现场物体线条十分夸张地向纵深汇聚，所以三维空间的感觉更加强烈。

（2）空气透视。空气透视是指由于拍摄对象与镜头之间有一定距离，在画面上构成影调（色调）近暗远明有规律的变化，从而产生空间深度的一种方法。

（3）体积透视。体积透视是指由于透视原理，平视拍摄的景物近大远小，从而感觉到画面的空间深度。镜头焦距较短、拍摄距离较近，则体积透视效果明显，因此用广角镜头近距离拍摄，可以夸大体积透视关系；反之，镜头焦距越长、拍摄距离越远，则体积透视效果越弱。

二、光和白平衡

摄像的基础是光，光源可分为自然光和人工光。自然光源是指自然界固有的非人造光源，自然光可分为太阳光（直射光）和散射光两种。人工光源是指人为营造出的光源或者利用电力和各种照明设备发出的光源。任何一种光线都存在三个要素：强度、方向和色调。

1. 光的强度

强度描述的是光线的强弱程度，各种光源所发出的光线都有一定的强度。对于摄像的照明，强光源常常作为主光来使用，是拍摄照明的主要来源；而弱光源主要作为辅助光来使用，它可以减弱主光所造成的强烈阴影，同时不至于投射出多余的影子。

2. 光的方向

所有的光都具有方向性。根据光源与被摄主体和摄像机水平方向的相对位置，可以将光线分为顺光、逆光和侧光三种基本类型，如图 3—69 所示。

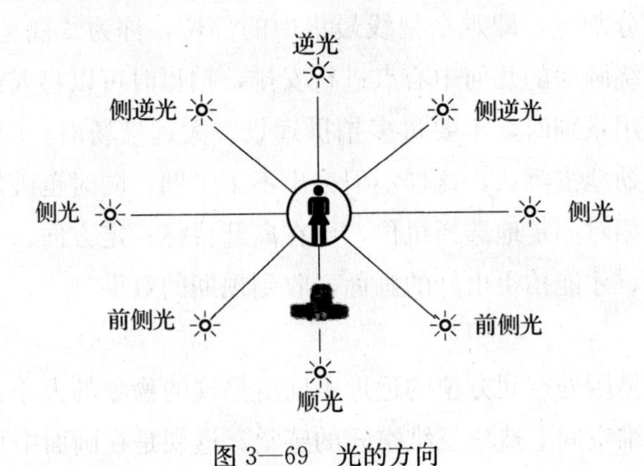

图 3—69　光的方向

（1）顺光。摄像机与光源在同一方向上，正对着被摄主体，使其朝向摄像机镜头的面容易得到足够的光线，可以使拍摄物体更加清晰。

（2）侧光。侧光的光源是在摄像机与被摄主体形成的直线的侧面，从侧方向照射到被摄主体上。此时被摄主体正面一半受光线的照射，影子修长，投影明显，立体感很强，对建筑物的雄伟高大很有表现力，用于人像拍摄则比较有立体感。

（3）逆光。逆光是摄像机对着光源，而被摄主体背对着光源而产生的光线。在强烈的逆光下拍摄出来的影像，主体容易形成剪影状：主体发暗而其周围明亮，被摄主体的轮廓线条表现得尤为突出。逆光拍摄历来是摄像的一大忌。逆光拍摄，容易使人物脸部太暗，或阴影部分看不清楚。如果不是特殊的需要，就应尽量避免逆光拍摄。

3. 光的色调

和万物一样，光同样具有色彩。不同的光线其色调不同，通常可以用色温来描述光的色调：色温越高，蓝光的成分就越多；色温越低，橘黄光的成分就越多。而在不同色温的光线照射下，被摄主体的色彩会产生变化。在这方面，白色物体表现得最为明显：在60 W灯泡下，白色物体看起来会带有橘色色彩；但如果是在蔚蓝天空下，则会带有蓝色色调。摄像机是靠调节白平衡来还原被摄主体本来的色彩的。

4. 调整白平衡

调整白平衡是摄像过程中最重要的步骤。使用摄像机开始正式摄像之前，首先要调整白平衡。照明的色温条件改变时，也需要重新调整白平衡。如果摄像机的白平衡状态不正确的话，就会发生彩色失真。自动白平衡调整功能是现在摄像机都有的功能。

DV具有一些白平衡模式，如自动、手动、阴天、晴天、灯光等。

(1) 如果在阳光明媚的室外拍摄，可以选择自动、室外、晴天模式，DV的白平衡功能会加强图像的黄色，以此来校正颜色的偏差。如果在这种环境下非要设定为室内模式，白色物体则会出现偏蓝色彩。

(2) 如果在阴雨天或者在室内拍摄，可以选择室内、阴天、灯光模式，DV的白平衡功能则会加强图像的蓝色，以此来校正颜色的偏差。如果在这种环境下非要设定为室外模式，白色物体则会出现偏黄色彩。另外，在室内钨丝灯的光线下拍摄时，可以设定为室内模式或者灯光模式。

(3) 自动模式是由DV的白平衡感测器进行侦测以后自动进行白平衡设置，这种模式只有在室外使用时色彩还原比较准确。

三、拍摄节目的用光

1. 自然光源

(1) 室外自然光摄像。在室外进行拍摄时，一般所用的光就是自然光（太阳光）。因此，在室外拍摄的节目质量的高低，很大程度上取决于自然光的运用。自然光可分为太阳直射光和散射光两种。

1) 太阳直射光，根据太阳在空中的位置，可分为三个时期，如图3—70所示。

①早晚时期。此时太阳与地平线的夹角小于15°。夹角小，垂直面受光多，水平面受光少，投影长，此时拍摄能较好地表现景物的轮廓线。

②上午9、10点钟和下午4、5点钟时期。此时太阳与地平线的夹角为15°～60°，太阳高度适中，大气透明度好，光线稳定，景物层次分明，是进行拍摄的最佳时间。

③中午前后。此时太阳当头照射，光强度大，亮部和暗部反差强烈。一般不在这个时

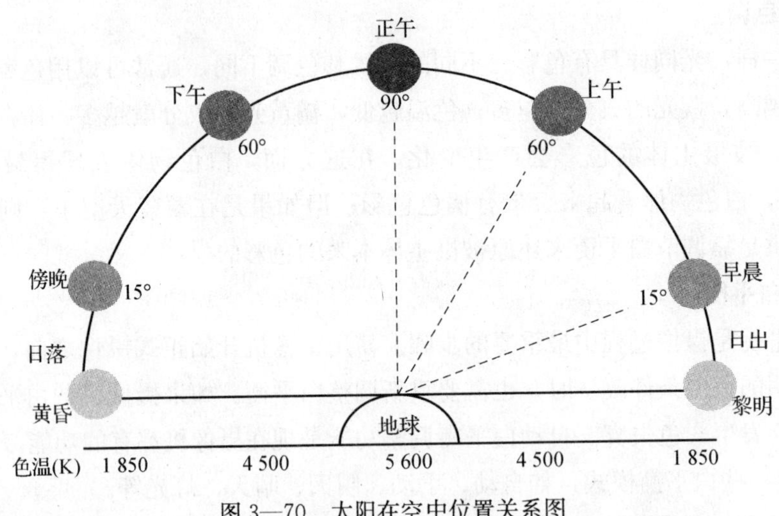

图 3—70　太阳在空中位置关系图

间拍摄。

2）太阳散射光。不是直接照射物体的太阳光称为太阳散射光。如日出之前、日落之后，阴、雨、雪、雾天气和云层遮日天气，此时照到地面上的光都是太阳散射光。这里要特别指出的是，薄云遮日的天气，地面受太阳散射光的照射，光线被柔化，亮度降低，被照景物光虽小但层次分明，也是摄像的好时机。

（2）室外雪天拍摄。雪后的景物色温偏高，尤其在阳光的照射下反光率高、亮度强，有雪处与无雪处形成强烈的反差。这时最好用手动光圈，以免由于雪的强烈反光影响自动光圈的正常调节，使图像出现泛白现象。拍摄大面积雪景时，不要采用顺光拍摄，这样会造成景物无对比、无层次，呈白茫茫一片；要选择有起伏的地形，采用侧光或逆光拍摄。如果拍摄景物大部分为暗部（无雪），还需要重新调整白平衡。

（3）室内亮度较差环境拍摄。在亮度较差的室内条件下，拍摄出的图像清晰度差，彩色还原不好，呈灰蒙蒙一片。因此，要尽量改善照明条件，充分利用自然光，选择全天中光线最亮、室内反光最强的时机进行拍摄。也可用反光板将室外光反射到室内，或用与自然光相同色温的灯光对暗部进行补光来拍摄。在拍摄过程中尽量少用大全景，多用中近景，化大为小，来弥补光线的不足。另外，在操作时，应把光圈开至最大位置，并把视频增益选择开关置于最高处。

2. 人工光源

常用的照明灯具有以下几种：

（1）聚光灯。聚光灯又叫作柔光灯，它是一种透射式内景灯具。其特点是光线均匀、柔和，投射光区无交叉干扰光。

（2）回光灯。回光灯又称硬光灯，它是一种反射式内景灯具。回光灯的光质硬、射程远并可造成亮暗分明的界限，一般用作轮廓光照明，用来显示物体表面的轮廓和结构。

（3）散光灯。它是一种大面积泛光照明灯具，能照亮物体而没有光束，可作为灯光或前景辅助光。

（4）双联新闻碘钨灯。功率为 2×1 kW 和 3 kW，它携带方便，光线柔和，照明均匀，被广泛采用。

（5）透射式外景聚光镝灯。它是一种外景照明灯具，具有聚光和一灯多用的功能，多作为辅助光或逆光照明。

（6）便携式电瓶灯。便携式电瓶灯由蓄电池供电，小巧轻便。便携式电瓶灯分高色温和低色温两种，高色温灯用作日光辅助照明，低色温灯用作室内小场面照明。

3. 混合光

照明光源的色温不同，多是由自然光和灯光混合使用所造成的。这是人为的，但有时是不可避免的。

（1）室内用混合光摄像。在室内用混合光摄像时，应确定以哪种光源为主。若以自然光为主、灯光为辅时，可以在灯光前加色温片，以调整灯光的色温与自然光一致或接近。若以灯光为主、自然光为辅时，可以把自然光遮住，只用灯光；也可以在门框的透光处挂色温片，以降低自然光的色温，使其与灯光的色温相同或相近。然后，分别选用适合自然光或灯光的滤色片，调整白色平衡后即可进行摄像。

（2）室外用混合光摄像。一般是以自然光为主，灯光为辅。若自然光照度不足时，也可以以灯光为主，自然光为辅。在室外把自然光与灯光混合使用时，也要根据自然光的色温选用或调整灯光的色温，使两者色温一致或接近，并选用合适的滤色片，调整白色平衡后便可进行摄像。

4. 反光点的消除

被拍摄的物体表面有光泽或比较光亮，当被灯光照射时，常常会产生很强的反光点或反光斑，这对摄像很不利，必须消除。消除反光点的方法常有下面几种：

（1）变换拍摄角度或光位。改变摄像机的位置或被摄对象的位置，都能改变拍摄角度，从而避开反光点或反光斑。改变光位也可以改变光线的入射角，从而把反光点或反光斑移向别处。这些都是简单而有效的方法。

（2）柔化光线。在灯光前加纱、白纸等，变直射光为散射光；或者把灯光打到反光板、天花板上，用反射光照明，都可以把反光点或反光斑大大削弱。

（3）加偏光镜。当非金属表面出现反光点或反光斑时，可以在灯光前加偏光镜加以消除；当金属表面出现反光点或反光斑时，则要同时在灯光前和镜头前加偏光镜。

(4) 降低物体表面光洁度。在反光物体表面抹肥皂、凡士林或喷气溶胶等，使物体表面光洁度降低，减弱反光点或反光斑的强度。

5. 摄像用光分类

摄像用光根据其功能和效果，可分为主光、辅助光、轮廓光、背景光、装饰光等。

(1) 摄像布光。摄像用光与照相用光是不同的。对于照相来说，拍摄的场面一般较小，而且被摄对象（人物）是固定不变的，又由单机拍摄，因而在每次拍摄前，都要把光精心布置好，在拍摄过程中布光不再变动。而摄像则不同，一般场面较大，而且人物在不断地变动位置，在拍摄过程中，摄像位置和景别在不断地变化，因而用光也要随之变化。在比较专业的拍摄过程中，一般要在大场景底光的照明基础上，根据分镜头稿本分成若干景区，对每个景区再分别进行布光，用到哪个景区时就用该景区的布光进行拍摄，对特殊景区还需要特殊布光。因此，在正规的摄像工作中，都要事先拟订好布光计划；在业余条件下，也应尽可能地考虑布光需要，拍出水平较高的节目来。

1) 三点布光。利用主光、轮廓光和辅助光来进行布光的方法称为三点布光，如图3—71所示。三点布光是最常用、最基本的布光方法。普通的电视屏幕只是两维空间，所呈现的画面没有纵深感。若巧妙地利用三点布光，使光线和阴影合理配置，就能突出物体的形状、体积和质感，也能表现出它的立体感。在拍摄小型场面时，最常用的就是三点布光。

图3—71 三点布光

2) 光位布光。光位布光是布光的又一种方法。光位是以光源所在的位置来划分的，其含义是：以被摄对象的正面为中心，光源的位置叫作光位。以水平方向来分，有顺光、顺侧光、侧光、逆侧光和逆光；以高低角度来分，有顶光、仰光、俯光、平光和脚光。各种光位的应用须根据实际情况灵活掌握。

(2) 布光作用。照明（布光）是整个节目制作工作的重要组成部分，是不可忽视和缺少的工作。照明工作主要有下列几个作用：

1) 足够的照明和合适的色温是获得高质量电视画面的重要保证。照明不足时，会使图像的清晰度下降，甚至完全不能进行摄像。色温不合适时，彩色就不能真实再现，会产生彩色失真。

2) 合理布光可以用来塑造环境特点。

3）合理布光可以把视觉注意力引导到特定的地点，以此烘托、突出重点，有引导视觉转移的作用。

4）用光的作用来保持全片的调子平衡，起到视觉连贯性的作用。

5）用光来表现形状、轮廓、体积、形式等，并起到造型作用。

（3）布光的程序。布光要按一定的程序进行，这不仅可以保证布光效果，还可以节省时间。布光程序要由场面的大小来决定。大场面时，要先布背景光，后布主体光（指照射到主体上光的总和）。若是小场面，则要先布主体光，再根据主体光来布背景光。布主体光的顺序是：主光→辅助光→轮廓光→装饰光。

（4）布光注意事项。室内布光，布光运用得当可以提高画面质量，运用不当则效果相反。室内布光所用的光是灯光。室内布光时应注意以下几个问题：

1）布光目的要明确。首先要明确画面的主体和要求，即弄清主体是人还是物，是动还是静，以及对画面有何要求。在此基础上就可选择光位，进行布光。布光时要讲求实效，不要追求多而全。在满足要求的前提下，灯光用得越少越好。

2）灯光色温要一致。室内布光时，要用多种灯光，要求这些灯光的色温一定要一致，这样才可能拍摄出鲜艳而正确的彩色。否则，彩色就不能真实还原。

3）要进行全面检查。灯光布置好后，将其全部打开，并打开摄像机，进行全面检查。检查的顺序是：从小到大，从局部到整体。检查内容包括：明暗对比是否合适，彩色还原是否正确，各种光线是否相互干扰，画面气氛是否合乎要求等。发现布光不合适时，要及时调整，确保画面质量。

6. 拍摄节目所需照度

要拍摄到清晰的图像和鲜艳的画面，除保证其他技术条件外，被摄物体必须有足够的照度。在进行彩色摄像时，最佳照度通常定为 2 000 lx，其光圈指数可在 F4～F2 选择。但在现场实际拍摄时，照度往往偏低，而有时不允许或没有条件增设附加照明，结果使拍摄的图像模糊不清。近年来，摄像机的灵敏度逐年提高，所需最低照度不断降低，由前几年的 100 多勒（lx）降低到几十勒（lx），甚至可达 3 lx 或更低。当然，使用最低照度时，光圈必须开到最大位置，这通常需要手动调整。不过，在实际拍摄时，照度也不可过大，照度过大也会影响所拍摄图像的质量。当照度过大时，必须将光圈开小，用自动光圈往往不能满足要求，故此时需要进行手动光圈调整。

学习单元2 景别的选用

学习目标

1. 了解固定镜头和运动镜头的基本概念，固定画面的概念及特点
2. 熟悉固定镜头及各种运动镜头的表现意义
3. 掌握固定镜头和运动镜头的特性以及应用场合

知识要求

一、固定镜头的运用

固定镜头是指画面框架处于静止状态时呈现出的电视画面。也就是说，在拍摄时保持摄像机的机位、拍摄角度、拍摄方向和摄像机镜头焦距固定所拍摄的一段连续的电视画面。摄像中尽可能多用固定镜头，少用运动镜头。

1. 视觉效果

(1) 静中有动。固定镜头的视觉效果是仿佛在凝目审视某一事物，这与日常生活中静止观看的视觉习惯是一致的。固定镜头完全可以"静"中有"动"。固定镜头的"动"，是表现画面内部的人物或物体的运动。

(2) 因静更动。正由于固定镜头画框不动，限制了画面空间，规范了视野，有框架边沿作为参照，因其"静"而凸显其"动"，更能表现出画面内部物体的运动状态。固定镜头不动的画框给观众提供了稳定观看的基本条件，运动状态的最终表现效果更好。固定镜头还可通过画面的组接而形成观众的视觉心理活动。

2. 固定镜头的特性

固定镜头主要有以下三个特点：

(1) 固定镜头的静态性。固定镜头最显著的标志就是画面框架是静止不动的，即固定镜头呈现出的画面空间范围、拍摄角度及方向保持不变。固定的画框为画面内部静态的和动态的物体提供可参照的依据，可以使静态的物体更加安静，动态的物体更具有动感。

(2) 固定镜头的方向性。固定镜头由于画框固定，摄像机的轴线是静止的，因此可以表现出明确的方向性。在拍摄时，摄像师通常利用固定镜头作为场景的关系镜头。

（3）固定镜头的叙事性。固定镜头消除了画面外部运动，一切环境都处于静止之中，排除了由于外部运动带来的画面外部节奏和视觉情绪，可以突出被摄主体的运动。观众的视线跟随被摄主体的运动而运动，可以更好地看清被摄主体的运动形态和运动轨迹，感受电视画面的空间特征，并对动作的发展产生更理性化的联想，实现对完整电视空间和完整运动的体验。

3. 固定镜头的作用

（1）固定镜头拍摄的画面使观众在观看时保持冷静、客观的心态，有利于排除有些信息噪声，提高画面信息的接收效率。

（2）画面内部静止的或运动的物体，在与画框的相互关系对比中，可以形成富有绘画特征的美学意义。

（3）任何电视节目中可以没有运动镜头，但几乎都离不开固定镜头。

4. 摄录要领

（1）选择机位，确定视点。

（2）取景，构图，聚焦。

（3）选择拍摄时机，掌握镜头长度，适时切换镜头。

（4）基本要求。固定镜头总的拍摄要求是实现画面的稳、平、实、美。

1）画面稳定。拍摄操作必须持稳摄像机，确保画面稳定。凡有条件的尽可能使用三脚架或其他方式固定机身拍摄。

2）构图美观。正确构图，做到景别准、构图平、画面形式美。

3）聚焦实。精确聚焦，确保聚焦聚实。

4）曝光准确。根据拍摄意图，正确控制曝光。

二、运动镜头的运用

运动镜头是指在摄像中，通过变换机位、镜头轴线或焦距，按照人的视觉要求，在运动中构成不同类型的画面。一般把这种在运动中拍摄的方法称为运动拍摄，运动拍摄的画面则称为运动镜头。运动镜头的基本形式主要是以机身为轴心进行旋转，与空间运动结合起来。运动镜头千变万化，具体可分为“推”“拉”“摇”“移”“跟”等多种拍摄方法。运动镜头既可以把横长的、高耸的、众多的景物呈现出来，又可以把人或物体的运动形态连续地拍摄下来。用运动镜头拍摄运动的人或物时，要保证被摄物体在画面中占有相对固定的位置，避免上下、左右大幅度摆动。在使用运动镜头前，起幅要稳，落幅要准。运动镜头开始前，要有一个不少于2 s的固定画面，通常称为“起幅”。运动镜头停止后，也要有一个不少于2 s的固定画面，称为“落幅”。完整运动镜头的三个构成要素：起幅—运动—落幅。使用运动镜头时，还要保证速度均匀，不要忽快、忽慢、忽推、忽拉，更不能断断续续，否则，画面将出现晃动。

1. 推镜头技巧

推镜头也叫作“推”，是指摄像机向主体直线推进，画面的构图由大范围景别向小范围景别连续过渡（如由全景→中景→近景→特写）的拍摄方法，如图3—72所示（见彩图15）。被摄主体位置不变，摄像机由远而近地向被摄主体推进，被摄主体由小变大逐渐占据画面，而周围环境逐渐移出画面之外甚至消失。推镜头的作用是描写细节，突出主体。推镜头也可以揭示人物的内心活动，还可以介绍环境与人物之间的关系。推镜头可以采用变焦镜头变换焦距来实现，也可以借助摄像移动车，甚至由摄像人员直接手持摄像机向前移动拍摄而成。不同快慢的推进速度，可以形成画面的节奏，表达一定的情绪。如慢推显得舒缓、平稳，具有宁静和抒情的意味；急推则显得短促、快捷，画面变化剧烈，形成一种紧张不安和激动的情绪。恰当地运用推镜头，还可以增强或减弱运动物体的动感。

图3—72　推镜头

2. 拉镜头技巧

拉镜头也叫作“拉”。它与推镜头相反，是指摄像机逐渐远离被摄主体，画面的构图由小范围景别向大范围景别连续过渡，被摄主体由大变小，如图3—73所示（见彩图16）。拉镜头的作用是描写被摄主体和周围人或物与整个环境的关系，以及被摄局部与整体的关系。拉镜头也可以用于镜头的衔接，即不同环境的镜头的转换。拉镜头还可以用以改变物体的行进速度。拉镜头可以形成空间的纵向变化，能给人以新鲜感，先出现的人和物渐渐远去，而新的景和人却不断地进入画面。由于拉镜头画面是一个连续后退的蒙太奇效果，给人一种退出感和结束感，因此，摄像中，拉镜头通常用于某个段落或一段片子的结束，使之产生结束性或结论性的效果。拉镜头运动方式：特→近→中→全→远过渡。

图 3—73　拉镜头

3. 摇镜头技巧

摇镜头也叫作“摇”。摇镜头是在摄像机位置不动、摄像景别不变的情况下，由摄像人员保持摄像机机位不动（专业者则利用摄像机三脚架上的云台），做原地上下、左右摇转，并改变摄像机镜头的轴线方向进行拍摄，如图 3—74 所示（见彩图 17)。摇镜头的作用是可以将硕大无比或星罗棋布的画面淋漓尽致地表现出来。摇镜头是运动镜头中使用最多且表现力最丰富的一种拍摄技巧，常被用来展示广阔的空间，介绍事物之间的联系，表现物体的连续动作、姿势变化和运动速度，以及强调和形成某种效果积累。摇镜头包括沿水平方向左右摇摄，沿垂直方向上下摇摄，以及上下左右相结合的复合摇摄。水平摇常用于扩展视野，介绍环境，其气势比远景更强烈。垂直摇常用于拍摄高大的山脉和建筑物，从基部摇向顶部，通过连续上升的镜头产生高大的印象积累。此外，还有间歇摇和伴随摇。所谓间歇摇，是指在摇动拍摄众多的对象时，在每一个具体对象上略作停顿，便于观众看清被摄者的主要特征，起着介绍和展示某个主体的作用。一个完整的摇镜头包括起幅、摇动、落幅三个部分。横摇：一条横卷；纵摇：一条纵卷。

4. 移镜头技巧

移镜头也叫作“移”，是指把摄像机放在移动车或升降机上，或者由摄像人员直接持机移动，以便在运动中拍摄静止或运动的物体，它比推、拉、摇镜头更能有效地表现空间，如图 3—75 所示。移镜头的作用是为了表现人、物、景之间的空间关系。移镜头有横移、纵移、垂直移和同步移动。横移，可以展示并列关系的众多物体；纵移，可展示被摄场所和环境的空间深度；升镜头，使人从关注某一物体至场面的观看；降镜头，使人从场面观看转而集中到对某一物体的关注。移镜头和摇镜头有相同之处，但效果却不尽相同，其区别是：摇镜头是摄像机位置不变，只改变镜头的拍摄方向和拍摄角度，适用于拍摄远距离的景物；而移镜头则是镜头方向、被摄角度均无变化，只是摄像机的位置移动，适用于拍摄距离较近的景物。

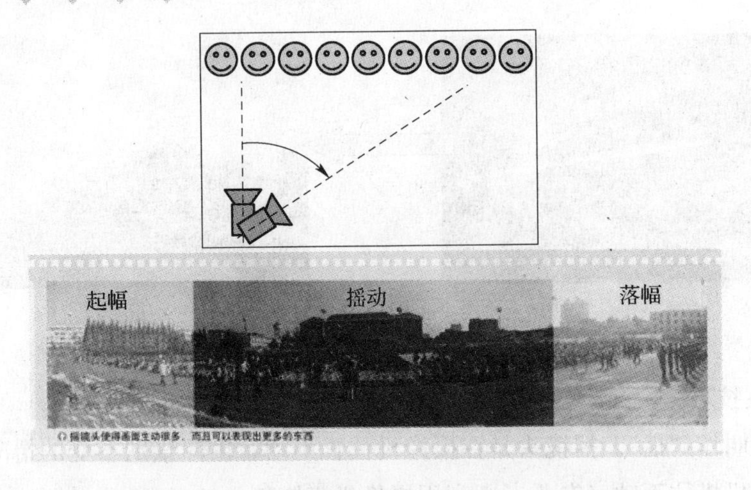

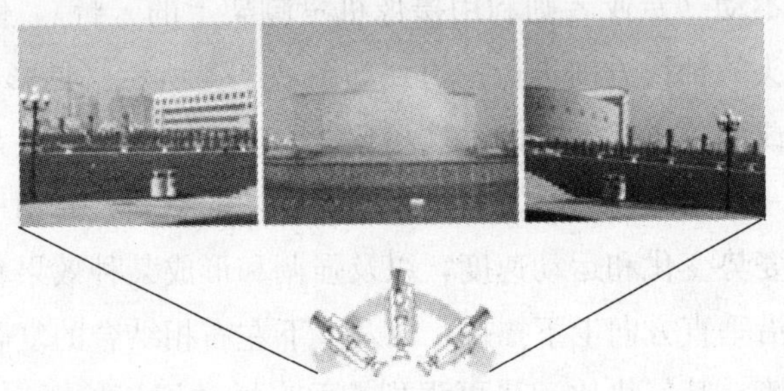

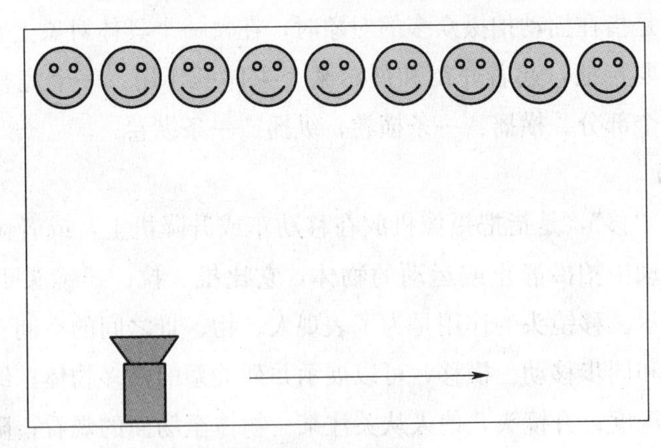

图 3—74　摇镜头

图 3—75　移镜头

5. 跟镜头技巧

跟镜头也叫作“跟”。它是指摄像机镜头始终对准运动着的被摄对象移动拍摄，获得景别大体不变、只是背景改变的画面。跟镜头的作用是可以更好地表现运动的物体，造成连贯流畅的视觉效果。跟镜头主要用于展现主体在运动时的各种情况，它要求摄像机与被摄物体在运动中始终保持一个基本距离。这样，随着主体物的移动，周围的环境在不断地变化着，而主体在画面中始终占据着中心（视觉中心）的位置，并保持一个恒定的比例，使观众能欣赏到更多的动态姿势。跟镜头有摇跟、移跟两种。摇跟时，被摄对象与摄像机的距离、角度有变化；而移跟时，被摄对象与摄像机的距离、角度无变化。

技能操作

数码短片的拍摄

操作内容

根据场景需要，调整好菜单设置，选好拍摄角度，设置好时间节点，拍摄一段 30～60 s的摄像短片，可以根据主题要求随机抽选一个：

（1）繁忙的考场：以鉴定学员为拍摄对象。

（2）先进的数码影像设备：以鉴定教室的数码设备为拍摄对象。

（3）别具一格的室内装饰：以鉴定教室的装饰为拍摄对象。

操作环境

数码影像鉴定教室。

操作准备

装有数码摄像带和电池的佳能 MD245 数码摄像机一台。

操作步骤

步骤 1　打开镜头盖。将镜头盖开关下移至Ͼ以打开镜头盖，如图 3—76 所示。

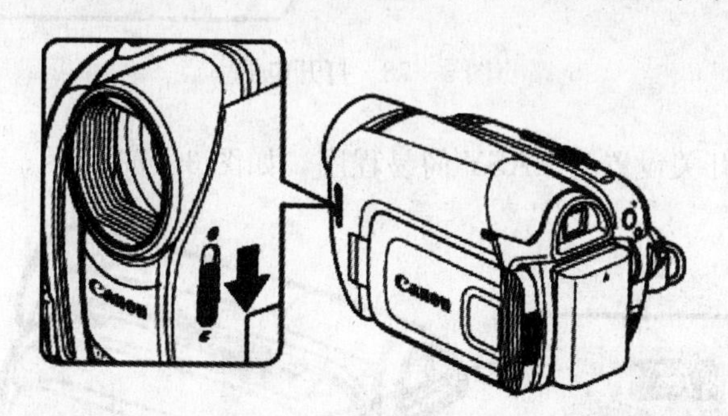

图 3—76　打开镜头盖

步骤 2　打开液晶显示屏盖并旋转至合适的角度，如图 3—77 所示。

步骤 3　按下绿色锁钮不放，将 POWER 电源开关设置为 CAMERA，如图 3—78 所示。

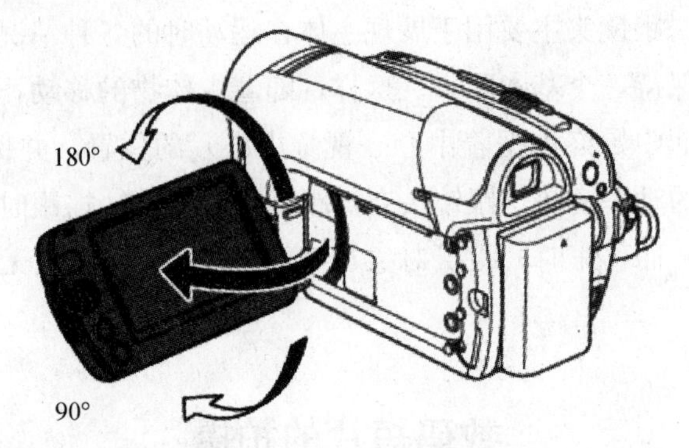

图 3—77　打开显示屏盖

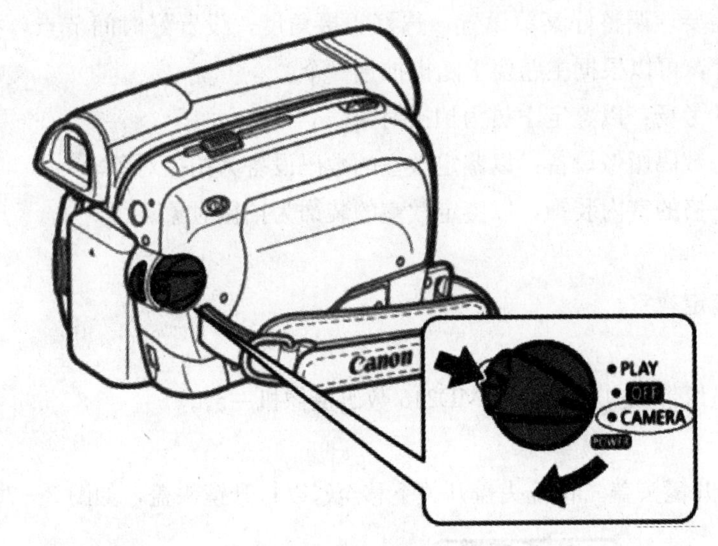

图 3—78　打开电源

步骤 4　将模式开关设置为 EASY 简易程序，如图 3—79 所示。

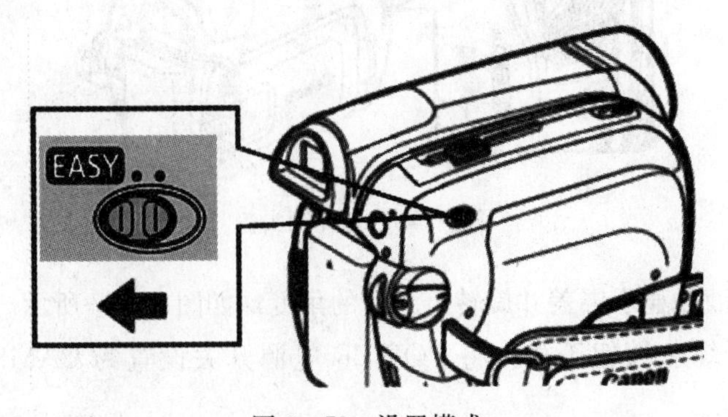

图 3—79　设置模式

步骤 5　手持 DV 摄像机，选择好视点并调整镜头焦距，以自己的胸卡编号大且清晰为准，注意观察液晶显示屏上时间码的起始时间。按动白色[开始/停止]按钮开始摄像，摄录时间为 5 s 左右，然后再次按[开始/停止]暂停摄像，如图 3—80 所示。

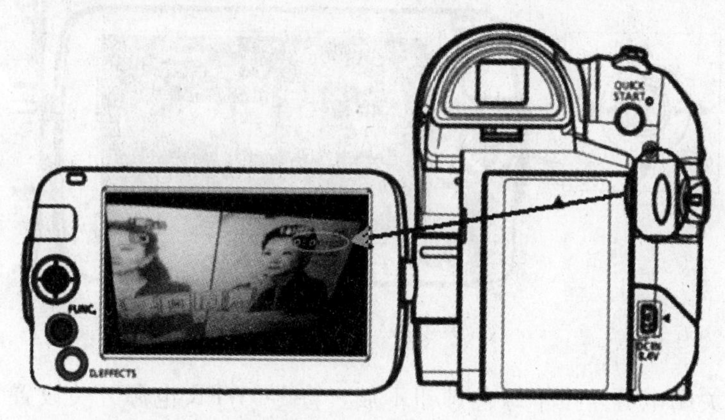

图 3—80　调整焦距

步骤 6　根据内容要求，选择好机位和视点并调整好镜头焦距，开始短片的摄像。每按下[开始/停止]按钮和再次按[开始/停止]暂停摄像为一个分镜头，短片须包含三个分镜头。每个分镜头必须围绕主题展开拍摄，分镜头之间用时均匀，内容上衔接恰当。三个分镜头中须包含一个固定镜头、一个运动镜头，另一个镜头自定。

步骤 7　运动镜头起拍时起幅 2～3 s，结束时落幅 2～3 s，要保持整个运动镜头的完整性。

步骤 8　检查拍摄的全部镜头。按下锁定钮不放，将 POWER 开关钮设置为 PLAY，切换到放映模式，如图 3—81 所示。

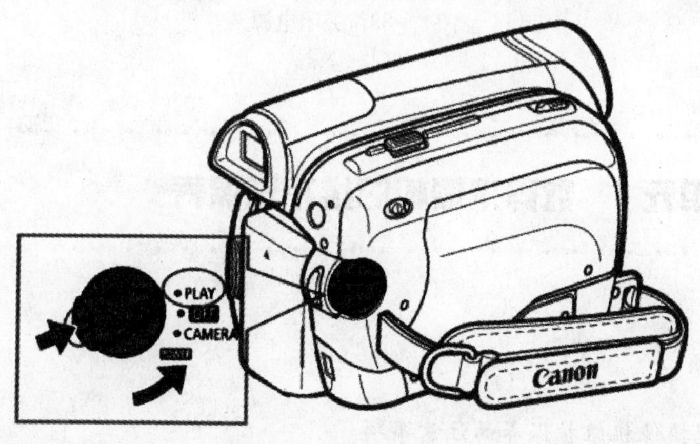

图 3—81　切换到放映模式

步骤9　操纵杆按◀向◀◀快退找到要开始播放的点（或按▶向▶▶快进），然后按▲向上▶/Ⅱ开始播放，再次按▲向▶/Ⅱ可以暂停播放或按▼向■停止播放，如图3—82所示。

图3—82　模式切换

步骤10　关闭电源。按下绿色锁钮不放，将POWER电源开关设置为OFF，如图3—83所示，摄像完成。

图3—83　关闭电源

学习单元3　数码摄像机的维护与保养

学习目标

1. 了解数码摄像机维护保养的注意事项
2. 熟悉数码摄像机维护保养的相关部件

3. 掌握清洁带的使用方法

4. 认识防尘罩、UV 镜、磁头清洁液等相关配件

知识要求

一、数码摄像机维护保养的注意事项

摄像机在使用过程中，除了正常的损耗以外，如果不注意对摄像机进行有效的维护，则将会大大缩短摄像机的使用寿命。

1. 摄像机的维护

（1）摄像机放置一段时间后取出不宜立刻使用，因为箱内与外面的温度不一样，会使机内容易产生水汽，发生短路现象。这时，正确的方法是应先接通电源，打开磁带仓使其预热几分钟，待机内的微小水汽蒸发掉后再使用。

（2）摄像机断断续续拍摄几小时、十几小时后，机体发热属于正常现象。但如果连续使用几十小时的话，将会导致摄像机机体过热，严重损伤摄像机的零部件，影响并大大缩短它的使用寿命。所以，家用型摄像机不能作为监控设备和在工业上使用。

（3）当摄像机长时间不使用的时候，应将其擦拭干净后放入防潮箱内，并放置在干燥、恒温、通风的地方。防潮箱内放有防潮剂或防霉剂，可防止摄像机出现冷凝和镜头霉点等现象。

（4）在使用时注意轻按、轻放。特别是一些操作按钮，多采用轻触式的结构，同时有些传动部分是采用阻尼与延迟式设计，因此按下后并不一定立刻动作，使用时不能嫌其动作慢而用手去乱拨，这样会损坏摄像机。另外，摄像机应放在平坦的地方，用完后及时放入摄像包内，以免摔坏。

（5）摄像机在操作过程中最怕“冷”“热”“久”。“冷”是指低温，“热”是指高温，“久”是指长时间不间断地拍摄。目前一些高档的摄像机都设有一些电子保护装置，会在出现上述三种情况下自动关闭摄像机。通常普通的摄像机在－10℃以下最好少使用，在高于＋50℃的环境中尽量少使用。一般因湿度过高或温差变化，空气中的水汽会在摄像机的磁鼓上结露，这时，摄像机的结露保护装置就会自动启动而关闭摄像机。摄像机的连续拍摄时间不能太长，一般每间隔 10～30 min 需要停机一次，休息时间要大于 10 min。

（6）摄像机外壳基本上是金色的镁合金机壳、银色的铝质亚光机壳及黑、白色的硬塑机壳三种。其中，金色的镁合金机壳和银色的铝质亚光机壳耐磨性较好；而黑、白色的硬塑机壳稍不留神就会在机身上留下一条条的划痕，所以在使用时要特别当心。摄像机放置时必须和其他附件或硬物分开，以避免不必要的擦碰。

2. **摄像机镜头的维护**

无论对照相机还是对摄像机而言，镜头就像人的眼睛一样，都是非常重要的。所以，防尘罩和UV镜（防紫外线）的配置是必要的也是必需的。因为摄像机内置和外置的镜头盖无法有效阻止灰尘和水汽的侵入，假如不安装防尘罩的话，经常擦拭镜头不仅容易导致镜头的磨损，而且时间长了以后镜头将会出现霉点，影响拍摄的画面质量。另外，在拍摄过程中要注意的是：镜头绝不可以对准强烈的光线或受到太阳的直射，这样会造成摄像机内部的光电转换器件损坏。

3. **摄像机液晶屏的维护**

现在各种品牌的家用型摄像机几乎都有大小不同，并能任意旋转（旋转角度为90°～270°）的液晶屏。液晶屏上“水滴”信号闪烁出现时，则要等待潮湿状态被烘干之后才可以开始工作。液晶屏给使用者带来了方便。但是，液晶屏一旦粘上灰尘或手指印，擦起来很麻烦。维护的方法是：用软棉布或真丝绒布在液晶屏上轻轻地擦拭，将灰尘或手指印擦匀；然后拿一块与液晶屏一样大小的透明胶纸粘在上面，粘好后快速撕下，如此重复几次，直到液晶屏干净为止。还可以购买一个液晶屏的遮阳罩罩在上面，既能遮阳，又能防尘。

4. **摄像机取景器的维护**

摄像机在使用一段时间后，就会发现取景器中有着大大小小的一粒粒黑点，彩色取景器很难察觉，但黑白取景器却极易发现这种黑点，它会影响拍摄者的视觉。其实这是空气中的细小尘埃，透过不密封的取景器旁的小缝隙附在上面，被取景器上的放大器显示出来。除去这些黑点的方法是：先把取景器上的眼罩连同放大镜一起旋下，将取景器口朝下，用吹尘球对准里面连续吹几下；然后将摄像机电源打开，用放大镜观察黑点是否被除去，如果还没有被除去的话，可以用棉花签伸进去轻轻地擦拭，再用吹尘球吹掉擦下的灰尘，直到黑点完全消失为止。拍摄者应注意的是，在拍摄过程中取景器也不可以让强烈的光线直射而入，否则将会影响取景器内部液晶芯片的使用寿命。

5. **摄像机磁带舱的维护**

目前，家用型摄像机磁带舱的制造材料一般比较薄，时间长了以后较易松动、变形，因而产生摄像机磁带舱关不上、不能入带等故障。为了防止此类现象的发生，在打开磁带舱时，应先用手按住磁带舱，随着弹出的方向慢慢地将手松开，直到磁带舱完全打开为止；关闭磁带舱时，一定要按着印有“PUSH”和“LOCK”字样的地方轻轻地推入。

6. **摄像带的维护**

(1) 新买的摄像带通常缠绕得较紧，所需转动力矩较大，初次使用时有时会出现摄像机转不动的情形，因此，使用前可以将摄像带轻轻地在手上拍打几下，然后放入摄像机内快进几秒钟后再使用。

（2）在拍摄后，要养成从摄像机中取出摄像带存放回盒中的习惯，这样可以避免摄像带受到不必要的损坏。

（3）摄像带在存放前，应先倒带到带头位置；存放时每隔半年将摄像带完全快进、快倒一次。这样，可以防止摄像带由于温度变化而引起的伸长或收缩乃至变形。

（4）摄像带存放时，应与摄像机一起放入装有干燥剂的防潮箱内，以防止摄像带受到空气中的湿气影响而黏合在一起。

（5）不要把摄像带置于带有强磁场的物品或设备附近，因为摄像带上录有的磁迹会由于强磁场的干扰而被抹消，造成图像或声音的失真。

上述有关摄像带的维护保养的五点注意事项，在实际操作中常常会被忽视，因而造成录像带的损坏。所以，从一开始就要做好，逐步养成良好的习惯。

二、正确使用清洁带

一般情况下，摄像机使用 100 h 后，放像时屏幕上会出现多条均匀的白色水平干扰带，这表明摄像机的磁头已经“脏”了，需要进行磁头的清洗工作。清洗磁头的方法一般有两种：一种是使用磁头清洁液进行清洗，另一种是使用磁头清洁带进行清洗。这里简要介绍一下正确使用清洁带的方法。

（1）以插入磁带同样的方式将清洁带放入摄像机中。

（2）将摄像机设置在放像状态，按 PLAY 键，播放 10～20 s 后（清洗时间不宜过长，最多不要超过 20 s），按 STOP 键。

（3）取出清洁带（勿倒带），放入磁带再观看播放和录制的图像。

（4）如果图像没有恢复正常，重复前面提到的步骤 1～3，但是重复操作不要超过 3～4 次。

注意事项：在清洗带的使用过程中，严禁采用倒带和快进方式，只能采用放像方式进行清洗。清洁带卷到头以后不能倒带，用过就不能再用了，只能扔掉。另外，清洁带不能持续使用太长时间，否则会导致磁头磨损。

三、数码摄像机电池的维护

电池是摄像机的动力源泉，维护好电池可以延长使用寿命，充电式电池一般可以使用 5～6 年。

（1）保持电池正、负端子的接触片清洁。不要让金属类物品短接电池两极的触点，否则会使电池短路和过烫。

(2) 在对充电式电池进行充电时（无论该充电式电池是镍镉电池、镍氢电池或锂离子电池），为了使电池充足电，使用时间更长，要求每次充电时间不得少于 3 h（如使用快速充电器也需如此），但也不能过长（一般不超过 24 h）。摄像机电池第一次充电要充足，以激活电池中的化学元素。

(3) 摄像机电池要注意使用环境，在极冷或极热的环境下，不仅无法将电池完全充足，而且会缩短电池的使用寿命。

(4) 电池如果长期不用时，必须将电池从数码摄像机中或充电器内取出，并将其完全放电，然后存放在干燥、阴凉的环境。最好每隔半年将电池充电一次，并将电池在电量用尽的状态下重新存放。电池在使用前应再次充电。

思考题

1. 数码摄像机和模拟摄像机的主要区别是什么?
2. 简述摄像时景别选用的意义。
3. 简述运动镜头和固定镜头的区别及使用。
4. 简述拍摄一段短片的过程。

第 4 章

视频编辑

第1节 Premiere 6.5入门

学习单元1 Premiere 6.5简介

学习目标

1. 了解Premiere 6.5基本概念
2. 熟悉Premiere 6.5操作界面
3. 基本掌握视频编辑的技巧

知识要求

一、Premiere 6.5基本概念

随着计算机技术的不断完善与发展，操作简单、功能强大的视频编辑软件层出不穷，使得制作一部专业级的影视作品对于普通人来说也不再是一个梦想，Premiere正是数字视频领域普及程度最高的编辑软件之一。Premiere6.5是Adobe公司开发的非线性编辑软件，凭借其强大的功能以及相对低廉的价格，在影视作品数字化处理方面有其得天独厚的优势，它可以方便地完成影视作品的剪接、重组、配音、特技、过渡、叠加。此软件不仅仅适合数字电影的制作，还可以用于多媒体信息、教学软件、商业广告、家用VCD以及科普影片的制作，更加方便快捷地创造出美妙的甚至具有专业质量的电影作品。

1. 线性编辑和非线性编辑

线性编辑又称为在线编辑，是指直接通过放像机和录像机的母带对模拟影像进行连接、编辑的方式。传统的电视编辑就属于此类编辑。采用这种方式，如果要在编辑好的录像带上插入或删除视频片断，则插入点或删除点以后的所有视频片断都要重新移动一次，在操作上很不方便。

视频非线性编辑在计算机技术的支持下，充分运用数字处理技术的研究成果，以低成本、高效率、高质量、变换无穷的效果迅速进入了广播电视领域，对传统的线性编辑技术造成了极大的冲击。在非线性编辑系统内部，对视频文件的操作非常简单，完全是在指定的时间线上进行文件拼接，只要没有最后生成影片输出或留档，对这些文件在时间线上的摆放位置和时间长度的修改就都是非常随意的。所谓非线性，即能够随机访问任意素材，不受素材存放时间的限制。

非线性编辑以计算机为平台，配合专用图像卡、视频卡、声卡及某些专用卡（如字幕卡、特技卡）和高速硬盘，以软件为控制中心来制作电视节目。本节将以 Matrox 公司的 RT2500 型视频编辑卡（1394 采集卡）为例进行介绍。

非线性编辑首先把来自录像机和其他信号源的视、音频信号经过视频卡、声卡进行 A/D 转换，并利用硬件实时压缩，将压缩后的数据流存储到高速硬盘中；接着利用编辑软件对素材进行加工，做出成片；最后，高速硬盘将数据流送至相应板卡进行数字解压及 D/A 转换，还原成模拟视、音频信号录入磁带。

2. 电视制式

电视信号的标准也称为电视制式。目前各国的电视制式不尽相同。制式的区分主要在于其帧频（场频）、分辨率、信号带宽以及载频、色彩空间的转换关系不同。世界上现行的彩色电视制式有三种：PAL 制式、NTSC 制式、SECAM 制式。

（1）PAL 制式。PAL（Phase Alternation Line）制即逐行倒相正交平衡调幅制，德国、英国等一些西欧国家，以及新加坡、中国、澳大利亚、新西兰等国家采用这种制式。PAL 制式电视的供电频率为 50 Hz，场频为 50 场/s，帧速率为 25 帧/s，扫描线为 625 行，图像信号带宽为 4.2 MHz、5.5 MHz、5.6 MHz 等。

（2）NTSC 制式。NTSC（National Television System Committee）制（简称 N 制）是 1952 年美国国家电视系统委员会制定的彩色电视广播标准，叫作正交平衡调幅制，美国、加拿大等大部分西半球国家以及日本、韩国、菲律宾等均采用这种制式。NTSC 制式电视的供电频率为 60 Hz，场频为 60 场/s，帧速率为 30 帧/s，扫描线为 525 行，图像信号带宽为 6.2 MHz 等。

（3）SECAM 制式。法国制定的 SECAM 制主要由法国、东欧和中东国家使用。SECAM 制式帧速率为 25 帧/s，扫描线为 625 行，隔行扫描，画面比例为 4∶3，分辨率为 720×576 像素。

3. 帧和帧速率

帧和帧速率是视频和音频编辑中最基本的也是最重要的概念。

（1）帧。构成动画的最小单位是 frame（帧），即组成动画的每一幅静态画面。一帧即为一幅静态的画面。

(2)帧速率。每秒播放画面所达到的数量，就是帧速率。PAL制影片的帧速率是25帧/s，NTSC制影片的帧速率是29.97帧/s，电影的帧速率是24帧/s，二维动画的帧速率是12帧/s。

4. SMPTE时间码

视频素材的长度和它的开始、结束帧，是由一种称为时间码的单位和地址来度量的。时间码要区别录像带的每一帧，以便于在编辑和广播中控制。在编辑视频时，时间码可精确地找到每一帧，并同步图像和声音元素。

SMPTE以“小时：分钟：秒：帧”的形式确定每一帧的地址，一段长度为00：00：10：12的视频片段的播放时间为10秒12帧。有几种不同的SMPTE时间码标准，用于不同的帧速率，如电影、视频和电视工业。无论使用哪种格式，都应当注意，用什么样的格式记录视频资料，就应该用相同的格式编辑，以便知道时间码所代表的真实时间。

二、Premiere 6.5操作界面

Adobe Premiere 6.5是一个功能强大的软件。熟悉Adobe Premiere 6.5的用户界面，是顺利对视频、音频素材进行非线性编辑的前提。熟练掌握Premiere 6.5的窗口和面板的基本操作和菜单的用途，是使用Premiere 6.5不可或缺的一步。在操作过程中可以根据需要调整窗口的大小和位置，也可以通过菜单栏的“窗口”菜单显示或关闭窗口。Premiere 6.5操作界面如图4—1所示。

1. 常用窗口

(1)项目窗口。项目窗口是一个素材文件的管理器，Premiere利用项目窗口来存放素材。进行编辑操作之前，要先将需要的素材导入。将素材导入项目窗口后，将会在其中显示文件的详细信息，如名称、属性、大小、持续时间、文件路径以及备注等。选择项目窗口中的文件，将在窗口上方显示该文件略图和信息说明，这与After Effects非常相似。项目窗口如图4—2所示。

1)导入素材。这里为了方便演示，使用Premiere 6.5自带的电影素材，用户可在Sample Folder文件夹中找到它们，选中后点打开按钮，即将它们导入到项目窗口中。

导入素材的方法有三种：双击文件查看区空白处，在对话框选择并打开所需的素材文件；通过选择菜单栏“文件”→“导入”→“文件”菜单命令，可将素材文件导入到项目窗口；在项目窗口单击右键选择“导入”→“文件”，然后在对话框选择并打开所需的素材文件。另外，在项目窗口中还允许以文件夹和节目文件两种方式导入素材，以便更好地管理素材。在项目窗口导入文件如图4—3所示。

2)设置素材的显示模式。在项目窗口中的素材可以按照图标视图、缩略视图、列表

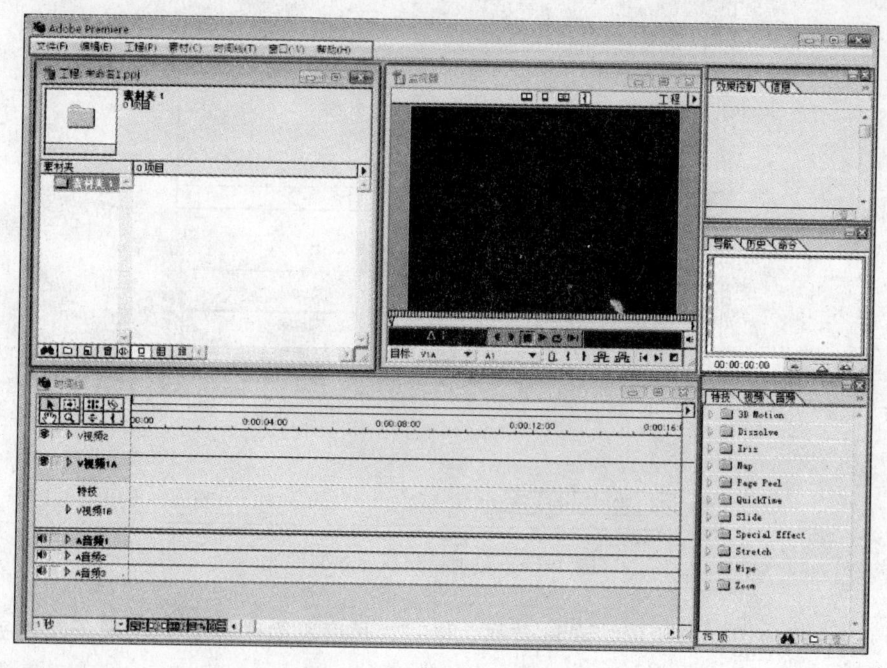

图 4—1　Premiere 6.5 操作界面

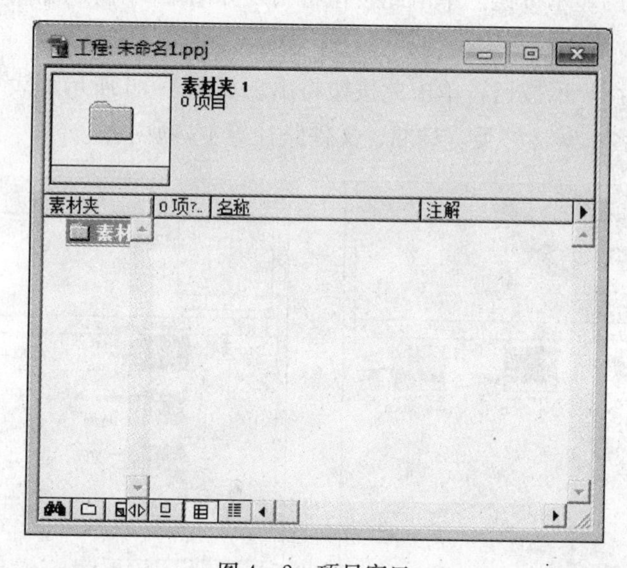

图 4—2　项目窗口

视图三种方式显示，每一种显示方式可以向用户提供不同的素材信息。可以根据需要来选择项目窗口下部的三个按钮调整显示模式。

①为图标视图显示按钮，单击此按钮将出现如图 4—4 所示图标视图显示方式，这

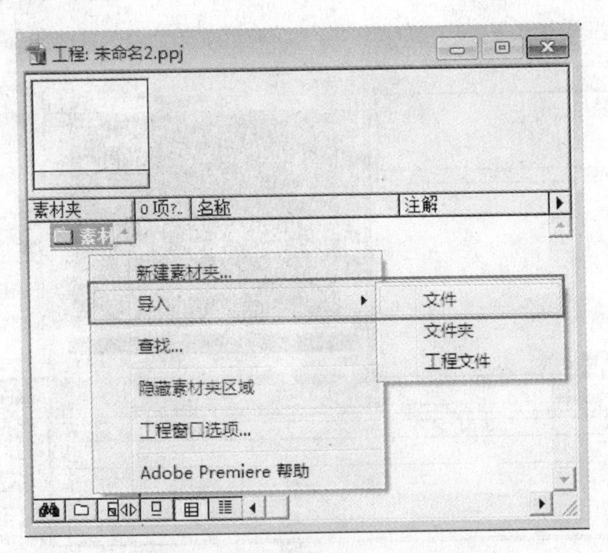

图 4—3　在项目窗口导入文件

种方法可以直观地识别出图标、素材名称、格式、长度，简明扼要地表现了文件夹存在的方式。

②▦为缩略视图显示按钮，单击此按钮将出现如图 4—5 所示缩略视图显示方式，这种方法可显示图标，在图标后有备注栏、三个卷标栏内容。

③☰为列表视图显示按钮，单击此按钮将出现如图 4—6 所示列表视图显示方式，这种方法可显示文件名、素材种类、日期、文件路径等 16 项内容。

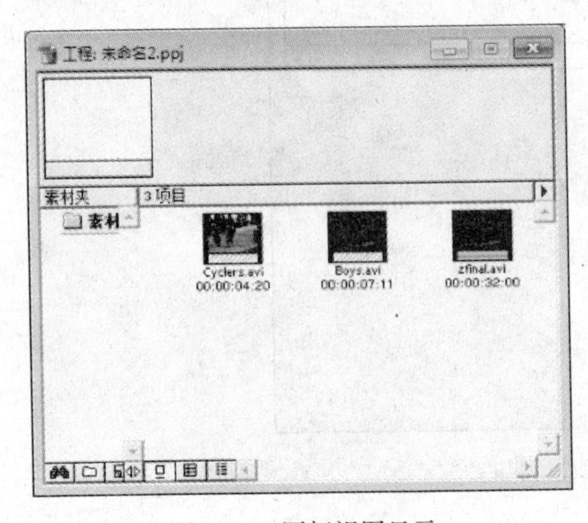

图 4—4　图标视图显示

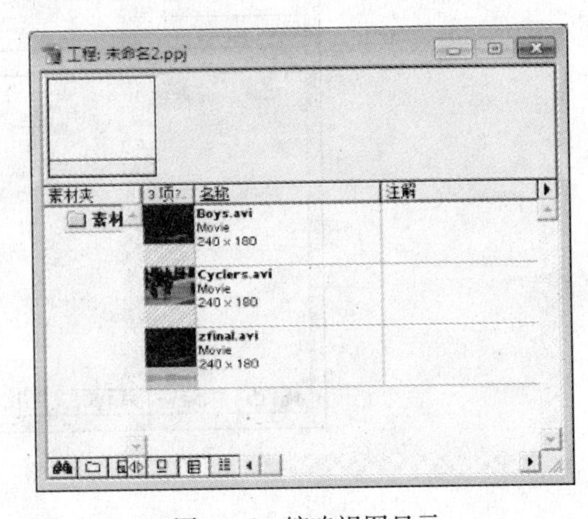

图 4—5　缩略视图显示

3）基本管理操作。在影片节目需要用到大量素材的情况下，Premiere 6.5 提供的素材库方式管理素材，将所有素材分门别类，以便快速地找到需要的素材。在制作一个大影片节目时，可以考虑将视频素材、音频素材以及图片素材分别安置在不同的素材库内。

Premiere 6.5 中的素材库相当于 Windows 系统中的文件夹，而且也拥有文件夹的操作特性，如新建、重命名和删除操作等；但是所有的文件图标只是素材文件的索引，在删除时不会删除素材文件。

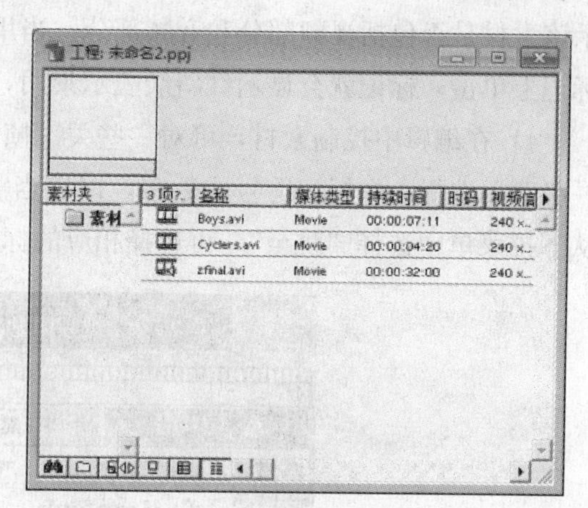

图 4—6　列表视图显示

(2) 监视器窗口。在 Premiere 中，播放视频、音频素材和监控节目内容是通过监视器窗口来完成的。设置素材的入点、出点，改变静止图像的持续时间，设立标记等也是在该窗口中完成的。制作节目时，虽然主要的操作是通过时间线窗口轨道上的素材编辑完成的，但是在时间线窗口无法对节目编辑的效果进行预览和精确地剪辑，这时就要使用监视器窗口。在具体编辑操作时，可以设置监视器窗口的三种状态（双监视器、单监视器、微调）来确定以何种方式显示监视效果，监视效果的切换可以通过选择监视器状态转换按钮来实现。监视器窗口如图 4—7 所示。

图 4—7　监视器窗口

1）每个独立的视频素材及声音素材都可以放在监视器窗口左半部分的素材预览编辑区进行剪辑和播放，通过播放控制按钮可以逐帧后退、前进或连续播放、停止、循环或播放选定区域，还可以对素材长度进行精确的剪辑。

2）被装入监视器窗口的素材文件名都会被系统记录下来，在放映区下方的来源栏显示当前素材的文件名，单击倒置的小三角按钮就出现下拉列表，可以根据需要随时调取要预演的素材文件。

3）在下拉菜单的右方有一个胶片标记或声音标记（有时两个标记都有），它们用于表示该素材是否包括视频部分和音频部分。当用户不需要素材中的某一部分时，可在相应的标记上单击，标记就会显示红斜线表示禁用，如图4—8所示。

4）在编辑中控制素材，可对一些关键帧作上标志，从下拉菜单中选“标记”，再从下一级菜单选择一个标记符号或数字，以后当需要定位到某个标志时，只要单击标记按钮，从下拉菜单中选择“跳至”，再选择相应的标志，就能实现准确定位。

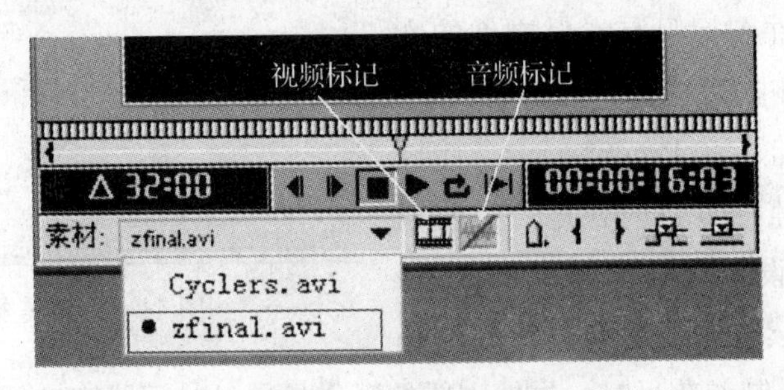

图4—8　素材窗口的编辑工具栏和状态栏

(3) 时间线窗口。用户可以在时间线窗口中组装和编辑影像。时间线窗口中包括一个编辑工具框。时间线窗口水平地显示时间，时间靠前的片段出现在左边，靠后的出现在右边，作品时间由时间线窗口顶部的时间标尺表示。A/B轨编辑模式下的时间线窗口如图4—9所示。

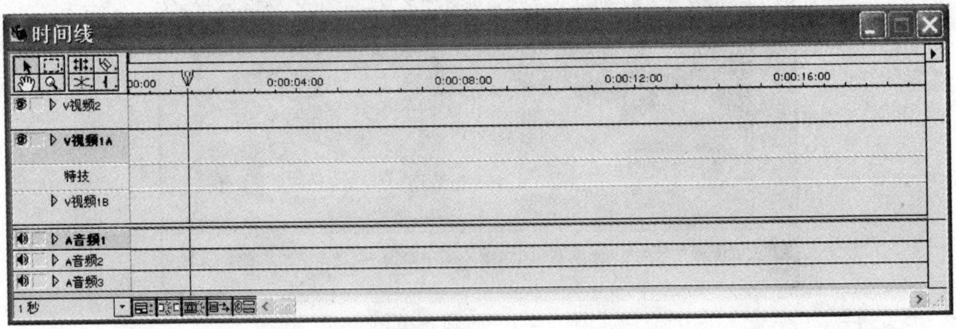

图4—9　A/B轨编辑模式下的时间线窗口

如图4—10所示，用户第一次运行Premiere 6.5时，会弹出“初始化界面”窗口对话框，系统会提示用户选择一个合适的编辑界面。有两种不同的视频编辑模式可供选择：A/B轨编辑模式和单轨编辑模式。

1）时间线窗口的两种视频编辑模式。时间线窗口有两种视频编辑模式，一种是A/B轨编辑模式，另一种是单轨编辑模式，这两种模式可以根据需要相互转换。在A/B轨编辑模式下，Video 1分为Video 1A与Video 1B，用户可以在A、B轨道上进行影片软

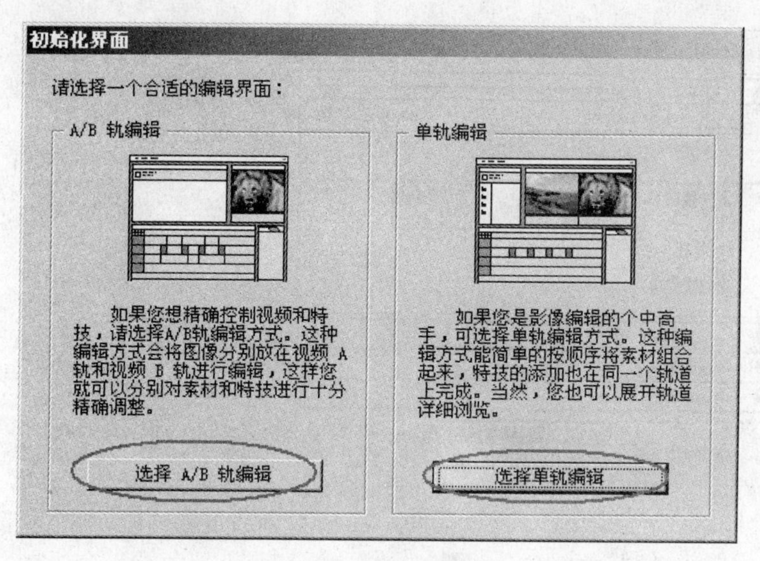

图 4—10　初始化界面

切换。

①单轨编辑模式下，系统只提供 Video 1（V 视频 1）轨道，这对于只需要硬切的影片来说非常有利。想要随时切换轨道模式，可以单击 V 视频 1 右边的小图标，此时小图标变成，如图 4—11 所示。

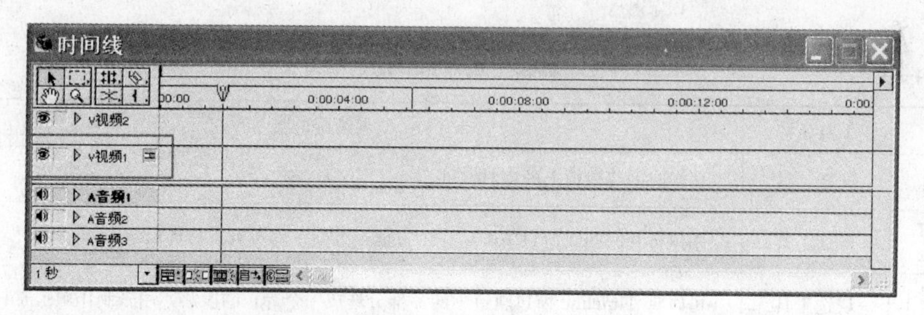

图 4—11　在单轨编辑模式下的时间线窗口

②单击时间线右上角三角形按钮，从弹出的下拉菜单中选择“A/B 轨编辑”，可将视频 1 切换成包含视频 1A、视频 1B 和用于产生过渡效果的切换轨道。如果选择菜单中的“单轨编辑”，则三条轨道合并成单一的视频 1 轨道。时间线窗口菜单如图 4—12 所示。

2）时间线窗口编辑工具。时间线窗口中包含各种编辑工具，如图 4—13 所示。用鼠标在编辑工具箱中有黑三角形的工具按钮上按住左键并保持 1 s，可以打开工具组；不松开鼠标左键向右拖动，就可以任意选取按钮。表 4—1 为各编辑工具使用介绍。

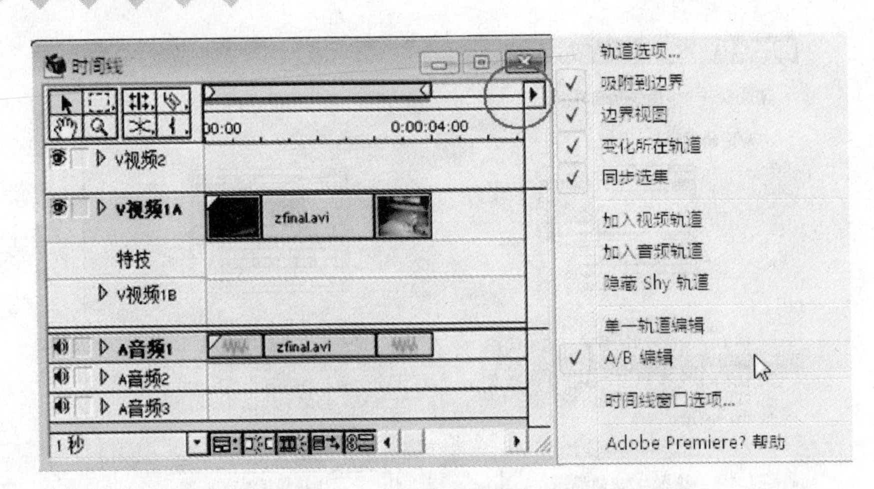

图 4—12　时间线窗口菜单

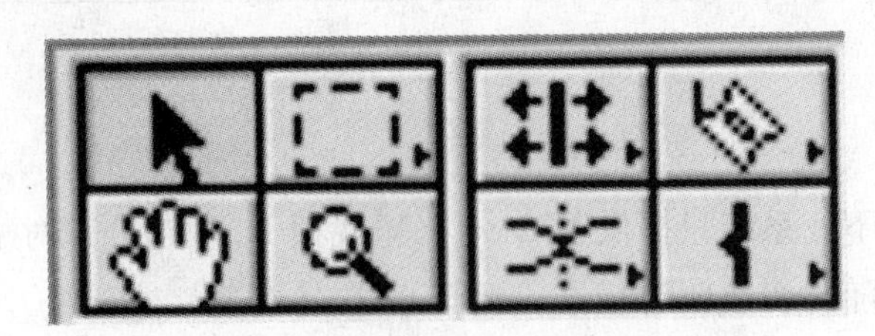

图 4—13　时间线窗口工具箱

表 4—1　　　　**编辑工具使用介绍**

图标	工具名称	工具使用说明
	选择工具	选择时间线轨道上的素材文件
	框选工具	用鼠标在时间线窗口中画出一个方框，方框中的所有素材都被选中
	块选工具	可以将 Timeline 窗口轨道中的一部分选成一个等长的段落，用来制作虚拟素材
	轨道选择工具	选择同一轨道的所有素材；要想继续选择其他素材，可按住 Shift 键再选择即可
	多轨道选择工具	可以选择不同轨道的所有素材
	平移工具	对轨道进行拖拽使用。它不会改变任何素材在轨道上的位置
	滚动编辑工具	改变相邻两个素材的持续时间，但节目的总时间不变
	涟漪编辑工具	相邻素材的位置会发生移动，但它们的持续时间不会发生改变，而节目的总长度会发生改变

续表

图标	工具名称	工具使用说明
	速度调整工具	改变所选素材的播放速度
	滑动编辑工具	同步改变素材的入点和出点在源素材中的位置
	传递编辑工具	改变与选定的素材紧密相连的前一个素材的出点和后一个素材的入点的位置
	剃刀工具	在素材片段上单击一次可将这个素材分成两个，既可以剪切视频素材又可以剪切音频素材
	多重剃刀工具	在同一时间点上分割视频与音频轨道上同时出现的多个素材
	剪刀工具	可以在音频素材和重叠素材相邻的部分建立紧密相连的控制点
	交叉淡化工具	可以在两个音频素材的交叉区域自动建立一个交叉融汇的区域，使声音听上去衔接得更和谐
	淡化调节工具	可以均匀地调节声音或某个素材中的淡化段落
	连接工具	可以在视频与音频素材之间建立或打断连接
	入点设置工具	
	出点设置工具	

3）控制工具栏。控制工具栏用于时间线窗口的一些操作设置，如时间单位、边缘锁定等需要用到控制工具。控制工具栏如图4—14所示。

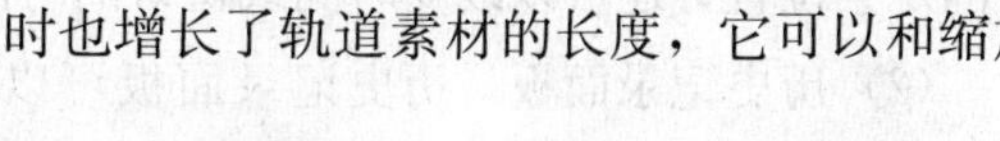

1 秒

图 4—14　控制工具栏

①单击按钮会出现如图4—15所示时间单位选择器下拉菜单，选择不同的时间单位会按比例同时放大时间线窗口的时间单位，同时也增长了轨道素材的长度，它可以和缩放工具配合使用。

②单击按钮，弹出轨道选项对话框，如图4—16所示。在此对话框中可以增加或减少视频和音频轨道。

③单击、自动吸附按钮，可以在移动对象时使两素材自动吸附对齐。当图标为时，自动吸附锁定；当图标为时，自动吸附关闭。

④按钮是边缘显示工具，单击此按钮会变成。

⑤按钮是控制在使用素材视窗或菜单命令插入和覆盖工具插入素材时对轨道的影

响方式。当按钮为[icon]时，插入操作对所有轨道都起作用；当按钮是[icon]时，插入操作对目标轨道发生作用。

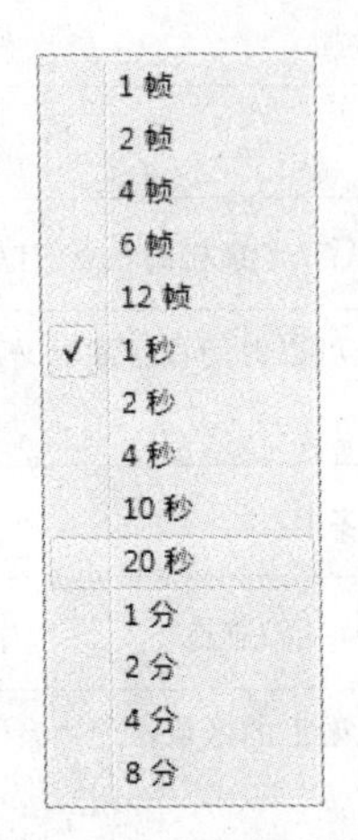

图 4—15　时间单位选择器

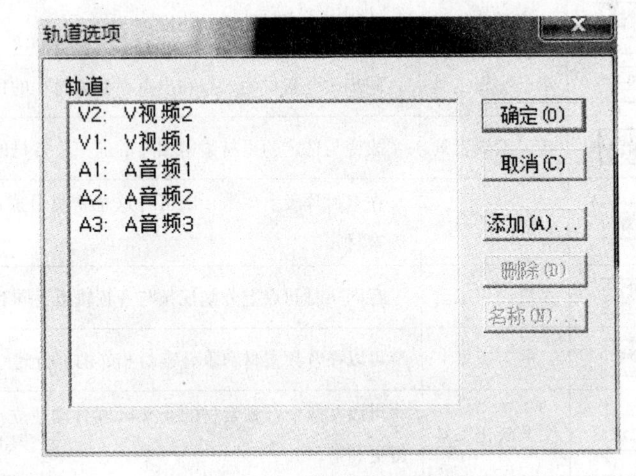

图 4—16　轨道选项对话框

⑥[icon]按钮是视频和音频关联，当图标为[icon]时，关闭视频和音频关联。

2. 功能面板

Premiere 6.5 的常用功能面板，包括导航面板、历史记录面板、命令面板、切换特技面板、视频效果面板、音频效果面板、效果控制面板、信息面板，通过这些面板，可以为作品添加各种特效，使作品变得多姿多彩。掌握这些功能面板的使用方法，是进行专业影像制作的重要一步。

Premiere 6.5 这些功能面板提供了所有的精彩的特效及很多的简便操作。这些功能面板大都是几个面板组合在一起的，可以根据需要拆开或重新组合。

(1) 导航面板。通过对导航面板中导航图的操作，可以快速地改变素材在时间线窗口中的观察位置，还可以改变时间线窗口的时间单位，如图 4—17 所示。

(2) 历史记录面板。历史记录面板可以记录用户的每一步操作，最多可记录 99 步。在此面板中单击要返回的操作，用户可以随时恢复到若干步前的操作。该面板同 Photoshop 6.5 中的历史记录面板作用相同，如图 4—18 所示。

(3) 命令面板。命令面板列出了一些常用命令及其快捷键，用户可以快速执行这些命令，也可以根据自己的需要将菜单中的命令加入，并为其指定快捷键，如图 4—19 所示。

(4) 切换特技面板。切换特技面板是 Premiere 6.5 中十分重要的一个面板。Premiere 6.5 自带的切换特技一共有 75 种，同时还有不计其数的第三方插件，例如 Matrox

RT2500 型视频卡就带有多种实时编辑的特技效果。Premiere 6.5 将各种切换按其类型分列在几个切换文件夹下，使用户在使用切换时更加方便，如图 4—20 所示。

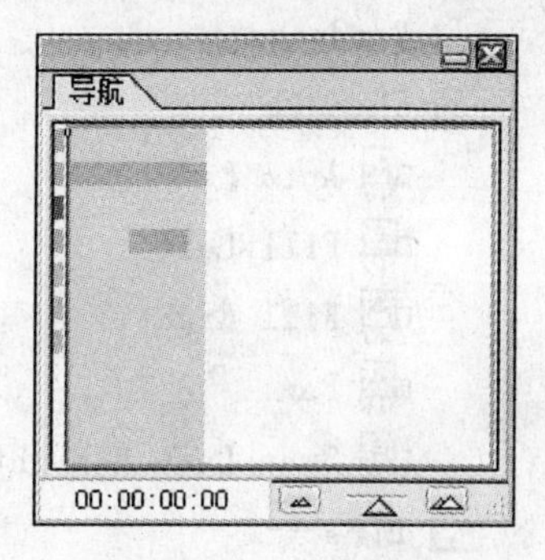

图 4—17　导航面板

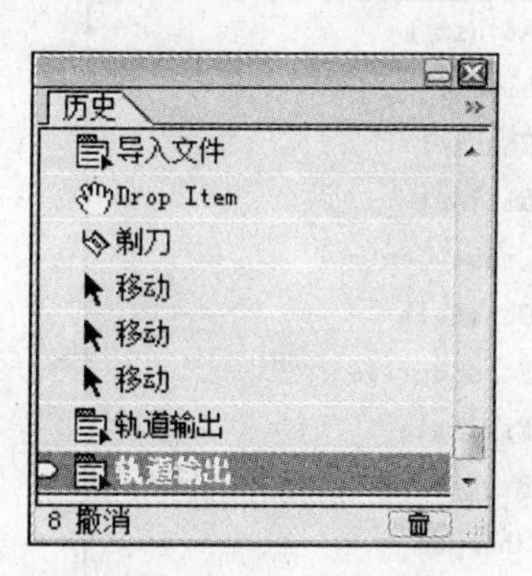

图 4—18　历史记录面板

图 4—19　命令面板

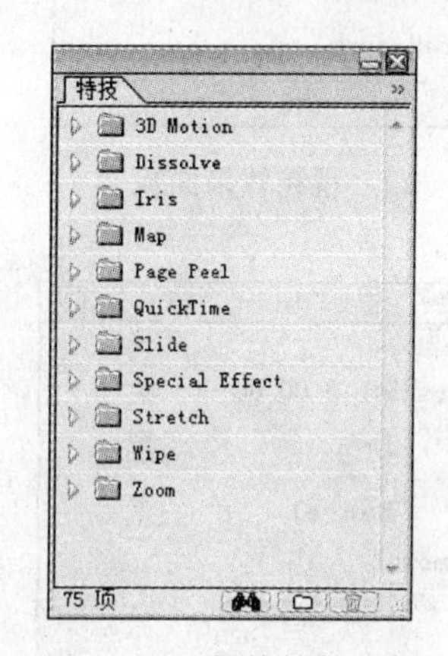

图 4—20　切换特技面板

(5) 视频效果面板。视频效果面板中以效果类型分组存放 Premiere 6.5 的视频效果。通过为对象应用视频效果，用户可以调节对象的色调、明度并施加特效等。此面板的设置命令与切换（特技）面板相同，如图 4—21 所示。

(6) 音频效果面板。音频效果面板中以效果类型分组存放 Premiere 6.5 的音频效果。通过为对象应用音频效果，用户可以调节对象的音量、均衡并施加特效等。此面板的设置命令与切换（特技）面板相同，如图 4—22 所示。

(7) 效果控制面板。效果控制面板用于控制对象的运动、透明度、效果等设置，如图 4—23 所示。

(8) 信息面板。信息面板显示选定素材的类型、长度、鼠标的位置等各种信息，而且对于不同编辑窗口中的素材，此面板的显示也有所变化。信息面板如图 4—24 所示。

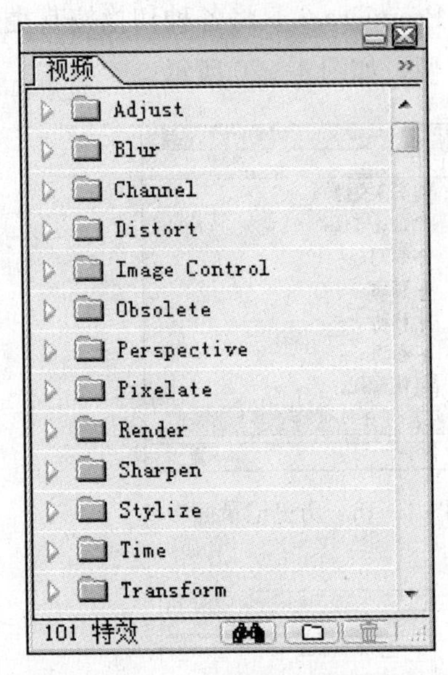

图 4—21 视频效果面板

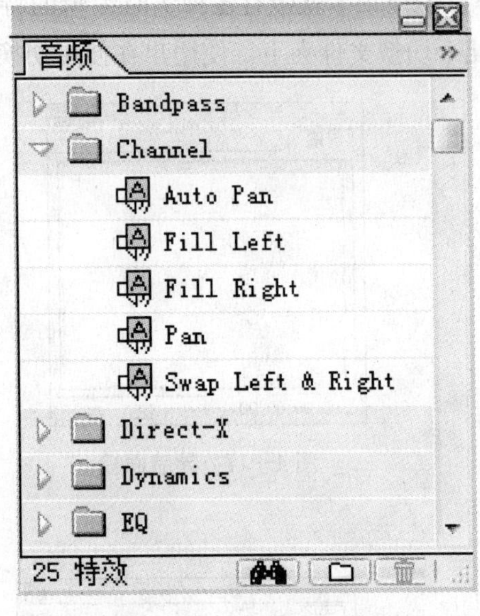

图 4—22 音频效果面板

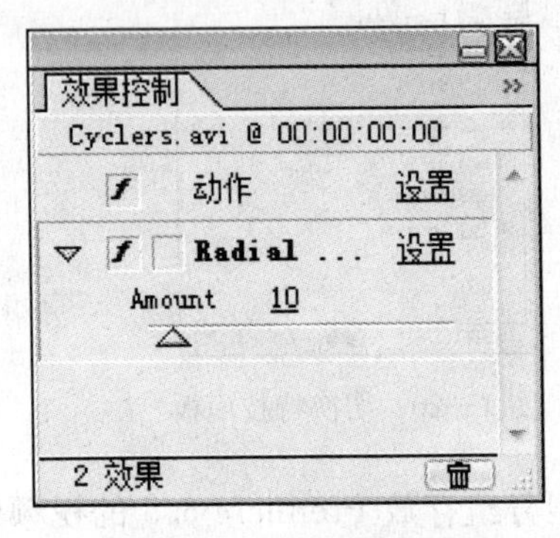

图 4—23 效果控制面板

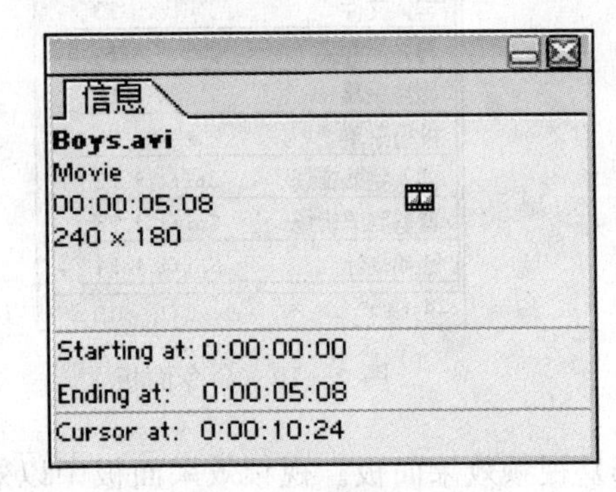

图 4—24 信息面板

3. 菜单栏

Premiere 6.5 的菜单栏位于主窗口的顶部，共有七组菜单选项，如图 4—25 所示。在打开一些窗口时，在菜单栏上还会增加新的菜单命令。菜单命令在工作中担任着极为重要的角色。Premiere 6.5 中的大部分命令都可以通过单击鼠标右键得到。

(1) 文件菜单。文件菜单中的命令主要负责打开、存储、导入、输出等操作。下拉菜单中左侧为命令名称，右侧为该命令的热键。选择命令最右侧的黑色小三角图标，可以弹

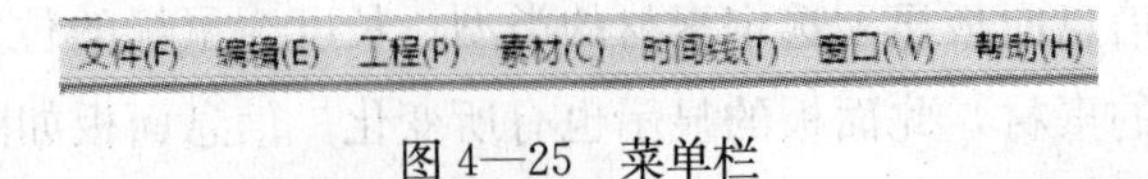

图 4—25 菜单栏

出子菜单。选择带有“…”的命令可以弹出对话框。文件菜单如图 4—26 所示。

（2）编辑菜单。此菜单中的命令用于制作节目时的编辑操作，如复制、粘贴等，如图 4—27 所示。

新建工程(N) Ctrl+N
新建(W)
打开(O)... Ctrl+O
最近打开的文件(L)
最近打开的工程(R)
关闭(C) Ctrl+W
保存(S) Ctrl+S
另存为(A)... Ctrl+Shift+S
保存副本(Y)... Ctrl+Alt+S
复位(V)
采集(T)
导入(I)
素材输出(E)
时间线输出(M)
获取信息(G)...
页面设置(U)... Ctrl+Shift+P
打印(P)... Ctrl+P
退出(X) Ctrl+Q

图 4—26　文件菜单

撤消禁用效果(U) Ctrl+Z
不能重做 Ctrl+Shift+Z
剪切(T) Ctrl+X
复制(Y) Ctrl+C
粘贴(P) Ctrl+V
粘贴并适应(S) Ctrl+Shift+V
粘贴属性(B)... Ctrl+Alt+V
重复属性粘贴(G) Ctrl+Alt+Shift+V
清除(E)
复制素材(D)... Ctrl+Shift+/
全部不选(C) Ctrl+Shift+A
选择全部(A) Ctrl+A
查找(F)... Ctrl+F
定位素材(L) Ctrl+L
编辑源素材(O) Ctrl+E
常用参数(N)

图 4—27　编辑菜单

（3）工程（项目）菜单。此菜单中的命令用于进行项目、节目的设置，以及针对项目窗口的一些操作，如图 4—28 所示。

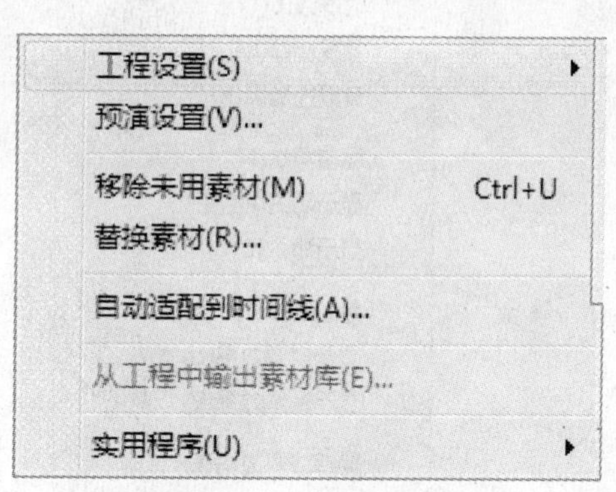

图 4—28　工程菜单

（4）素材菜单。此菜单是 Premiere 6.5 中最为重要的菜单。Premiere 6.5 中剪辑影片的大部分命令都在这个菜单中，如图 4—29 所示。

（5）时间线菜单。此菜单的命令主要执行时间线窗口的相关操作，如图 4—30 所示。

（6）窗口菜单。此菜单用于显示或隐藏窗口、面板，用户可以在窗口菜单中对 Premiere 6.5 中的各窗口进行设置，如图 4—31 所示。

（7）帮助菜单。用户可以在此菜单中阅读 Premiere 6.5 的使用帮助；也可以连接 Adobe 网站，寻求在线帮助，享受在线服务，如图 4—32 所示。

信息(P) Ctrl+Shift+H
设置素材别名(M)... Ctrl+H
添加素材到节目中(J) Ctrl+J
插入到编辑线(I) Ctrl+Shift+,
覆盖到编辑线(O) Ctrl+Shift+.
✓ 可用时间线上的素材(E)
锁定时间线上的素材(L)
断开音频和视频链接(U)
视频选项(V)
音频选项(A)
高级选项(N)
持续时间(D)... Ctrl+R
播放速度(S)... Ctrl+Shift+R
打开素材(C) Ctrl+Shift+L
打开源素材(T) Ctrl+Shift+T
用源素材替换(W)
设置素材标记(K)
转到素材标记(G)
清除素材标记(R)

图 4—29 素材菜单

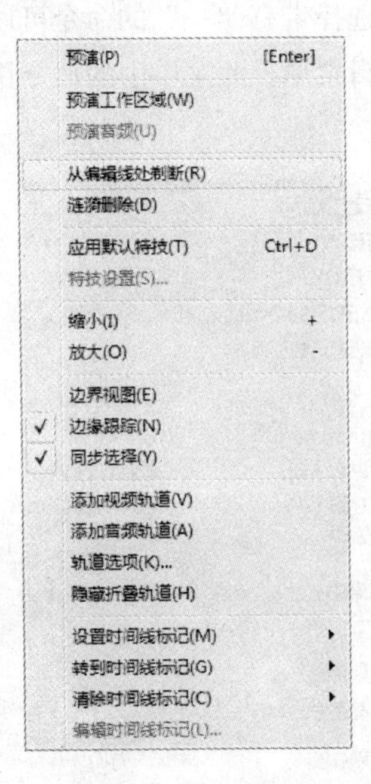

图 4—30 时间线菜单

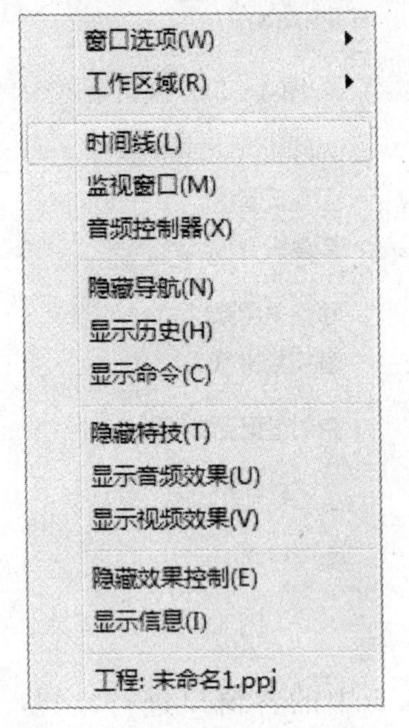

图 4—31 窗口菜单

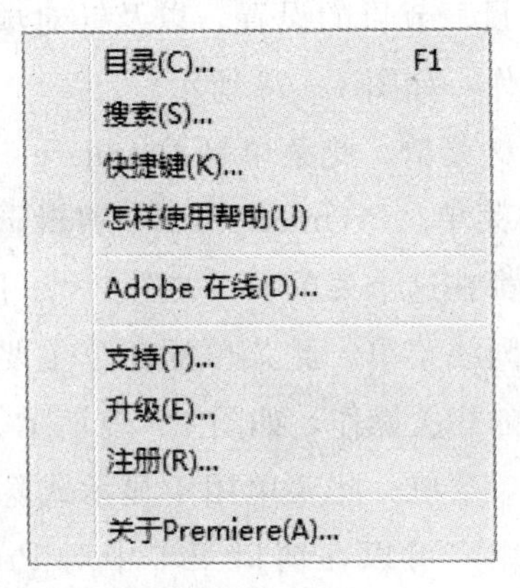

图 4—32 帮助菜单

学习单元2 常用的文件格式

学习目标

1. 了解各种文件格式的特点
2. 熟悉常用文件格式的用途
3. 掌握图像、视频、音频文件的正确使用
4. 能够认识常用文件格式的各种压缩类型

知识要求

一、常用的图像文件

1. GIF格式

GIF格式是由CompuServe公司针对网络传输速度的限制，采用8位图像无损压缩方法推出的一种高压缩比的彩色图像文件格式。这种格式的文件多用于网络传输。目前，网络上许多小标题和动画广告就采用了GIF89a标准的GIF文件。Premiere 6.5也可以将视频图像输出为该格式。

2. BMP格式

BMP是由Microsoft公司开发的Windows操作系统中的标准图像文件格式，可以被多种Windows应用程序调用，特别是一些图形软件，基本上都支持BMP格式。在存储BMP格式文件时，可使用RLE无损压缩方案进行数据压缩，这样既能节省空间，又能保证图像质量。

3. JPEG格式

JPEG格式文件是采用JPEG方式压缩的一种高压缩比的图像文件。对于同一幅图，用JPEG格式压缩的图像文件是其他类型文件大小的1/20～1/10，通常只有几十千字节，文件非常小，但颜色深度仍然是真彩色，而且图像质量损失非常小，因此，JPEG格式文件应用非常广泛，尤其是在网络和光盘读物上。目前，数码照相机基本上都采用该图像格式存储图像。

4. PSD格式

Adobe Premiere作为Adobe公司的又一产品，和Photoshop有着密切的联系。在制作字幕、静态背景和自定义的滤镜时，图像存为PSD格式在交换中较为方便。

5. TIF格式

由Aldus公司（1995年被Adobe公司收购）和Microsoft公司联合开发的TIF文件格式，最早是为了存储扫描仪图像而设计的。它的最大的特点就是与计算机的结构、操作系统以及图形硬件系统无关。它可处理黑白、灰度、彩色图像。在存储真彩色图像时和BMP格式一样，直接存储RGB三原色的浓度值而不使用彩色映射（调色板）。对于介质之间的交换，TIF称得上是位图格式的最佳选择之一。

6. FLM格式

Premiere将视频片段输出成一个长的竖条，竖条由独立方格组成，每一格即为一帧，每帧的左下角为时间编码，右下方为帧的编号。可以在Photoshop中对其进行处理，但是千万不可改变FLM文件的尺寸大小，否则这幅图片就不能再存回FLM格式，也就不能返回Premiere了。

二、常用的音频文件

1. WAV

WAV是Windows记录声音用的文件格式。

2. MID

MID文件又叫MIDI文件，它的记录方式与WAV完全不同。人们在声卡中事先将各种频率、音色的信号固化下来，在需要发一个音时就到声卡里去调那一个音。一首MIDI乐曲的播放过程就是按乐谱指令去调出一个个音来。MIDI文件的体积都很小，即使是长达十多分钟的音乐也不过十多KB至数十KB。

3. MP3和MP4

MP3可以说是目前最为流行的多媒体格式之一。它是将WAV文件以MPEG－2的多媒体标准进行压缩，压缩后体积只有原来的1/15～1/10（约每分钟1 MB），而音质基本不变。这项技术使得一张碟片上能容纳十多个小时的音乐节目，相当于原来的十多张CD唱片。MP4是在MP3基础上发展起来的，据称其压缩比高于MP3，音质也更好一些，真正达到了CD音质。

4. RA

它的压缩比较大（大于MP3）且音质也较好，播放RA文件可用RealPlayer软件。

三、常用的视频文件

1. AVI 数字视频格式

AVI（Audio Video Interleave）是一种视、音频交叉记录的数字视频文件格式。在 AVI 文件中，运动图像和伴音数据是以交替的方式存储的，并独立于硬件设备。这种按交替方式组织音频和视频数据的方式使得读取视频数据流时更易于组织音频与视频的同步。AVI 格式已成为了 PC 机上最常用的视频数据格式之一。它的特点是：提供无硬件视频回放功能，实现同步控制和实时播放，可以高效地播放存储在硬盘和光盘上的 AVI 文件，提供了开放的 AVI 数字视频文件结构，AVI 文件可以再编辑等。

2. MOV 数字视频格式及格式的转换

上面提到的 AVI 文件格式是 Microsoft 公司为 PC 机设计的数字视频格式。对于目前世界上的另一大类微机——Apple 公司的 Macintosh 机，Apple 公司也推出了相应的视频格式，即 MOV（movie digital video technology）的文件格式，其文件以 .mov 为后缀。出于两者的兼容性考虑，Apple 公司推出了适用于 PC 机的视频应用软件 Apple's QuickTime for Windows，因此在 PC 机上也可以播放 MOV 格式的视频文件。

3. MPEG 数字视频格式

MPEG（Moving Picture Experts Group）是 1988 年成立的一个专家组。这个专家组在 1991 年制定了一个 MPEG－1 国际标准，其标准名称为“动态图像和伴音的编码——用于速率约为 1.5 Mbit/s 的数字存储媒体”。这里的数字存储媒体指一般的数字存储设备，如 CD－ROM、硬盘和可擦写光盘等。MPEG 采用的编码算法简称为 MPEG 算法，用该算法压缩的数据称为 MPEG 数据，由该数据产生的文件称为 MPEG 文件，它以 .mpg 为文件名后缀。在多种视频压缩算法中，MPEG 是可提供低数据率和高质量的最好算法。MPEG－1 已经为广大用户所采用，如 VCD 或小影碟等，其播放质量可以达到家用录像机的水平。但是采用不同的编码参数，得到的 MPEG－1 数据的质量也是不同的。同时，MPEG 专家组在 1993 年又制定了 MPEG－2 标准，DVD 采用的就是这种标准。

4. RM 格式

在网络上实时欣赏音乐、听新闻广播和看电视，是多数人的愿望。目前开发的 RM 就属于这种网络实时播放文件。它的压缩比较大，不但可以播放声音，而且还可将视频也一起压缩进 RM 文件里。播放 RM 文件可用 RealPlayer 软件。

5. DVD 格式

在多媒体领域，最热门的就要算 DVD 了。DVD 全面实现了 MPEG－2 的性能指标，它的水平清晰度高达 540 线，比 LD 还高出一大截。其声音也采用了真正 5.1 通道。不过要注意的是，这些优异的视听效果是源于MPEG－2的技术标准，而不是DVD技术本身带来的。只不过采用MPEG－2的多媒体文件体积太大，普通的CD碟已无法容纳，而DVD技术的超高容量恰好与之相得益彰。目前最低容量（单面单层）的DVD碟片容量是4.7 GB，可播放133 min，正好可包括一部完整的故事片。

第2节　视频导入与编辑

学习单元1　视频导入

学习目标

1. 了解接口类型和IEEE1394与USB数据线的基本概念
2. 掌握DV－1394设备控制设置
3. 掌握视频素材的采集

知识要求

一、设备连接

1. 认识数据接口类型

在数码摄像机上常用的接口有两种：一种是IEEE1394接口，这是把DV带上的内容下载到PC或者非编工具上的必要接口；另一种是USB接口，这主要是为了方便把存储卡上的内容下载到电脑上去。

相关链接

如今无线网络非常发达，通过Wi－Fi无线传输功能，可以实现将拍摄的影像快速传输到计算机中。例如，索尼PJ610E数字摄像机就内置了WiFi传输功能，通过索尼play memories mobile的APP软件就可以做到一键传输，通过这个功能可以让用户真正感受到大容量的影片也能快速及时传输。

(1) IEEE1394 接口。IEEE1394 接口是苹果公司开发的串行标准，中文译名为火线接口（firewire）。IEEE1394 同 USB 一样，支持带电插拔设备。IEEE1394 支持即插即用，WIN98 SE、WIN2000、WIN ME、WIN XP 系统都对 IEEE1394 支持得很好，在这些操作系统中用户不用再安装驱动程序，也能使用 IEEE1394 设备。

IEEE1394 是为了增强外部多媒体设备与电脑连接性能而设计的高速串行总线，传输速率可达 400 Mb/s，将来会提升到 800 Mb/s、1 Gb/s、1.6 Gb/s，且不需要控制器，可以实现对等传输。

数码摄像机多使用 IEEE1394 进行数据的传输，这主要是因为 IEEE1394 的传输速度快。以 10 min DV 带上的内容压缩的 AVI 文件存进个人电脑是要占很大空间的。如果要保证画质，10 min DV 的压缩文件可以占去 2 G 的空间，可想而知每秒的数据流量是多大。使用 IEEE1394，可支持实时采录，方便快捷。采集卡上的 IEEE1394 还可以进行反录功能，把未压缩的文件以磁格式存进 DV 带。

(2) USB 接口。USB 的全称是 Universal Serial Bus。USB 具有支持热插拔、即插即用的优点。USB 有两个规范，即 USB1.1 和 USB2.0。

USB1.1 规范，其高速方式的传输速率为 12 Mb/s，低速方式的传输速率为 1.5 Mb/s [b 是 Bit 的意思。1 MB/s（兆字节/秒）＝8 Mb/s（兆位/秒），12 Mb/s＝1.5 MB/s]。目前，大部分摄像机为此类接口类型。

USB2.0 规范是由 USB1.1 规范演变而来的。它的传输速率达到了 480 Mb/s，折算为 MB 为 60 MB/s，足以满足大多数外设的速率要求。USB2.0 中的“增强主机控制器接口”（EHCI）定义了一个与 USB 1.1 相兼容的架构。它可以用 USB 2.0 的驱动程序驱动 USB 1.1 设备。也就是说，所有支持 USB 1.1 的设备都可以直接在 USB 2.0 的接口上使用而不必担心兼容性问题，而且像 USB 线、插头等附件也都可以直接使用。USB 2.0 标准进一步将接口速度提高到 480 Mbps，是普通 USB 速度的 20 倍，更大幅度地降低了打印文件的传输时间。

2. 摄像机与电脑的连接

数码摄像机除了具有与模拟摄像机相同的 VIDEO/AUDIO（视/音频）接口、S－VIDEO（S 接口）外，还具有 USB 接口和 DV（Digital Video 数码视频）接口（即 IEEE1394 接口），这两个接口就是用于和电脑连接的。一般说来，USB 接口是用来传输静态图像的，DV 接口则是用来传输动态图像的。这里以佳能 MD245 数字摄像机与电脑的连接为例，介绍用 1394 接口与电脑连接的方法。

(1) 将佳能 MD245 摄像机 POWER（电源）→OFF（关）挡，如图 4—33 所示。

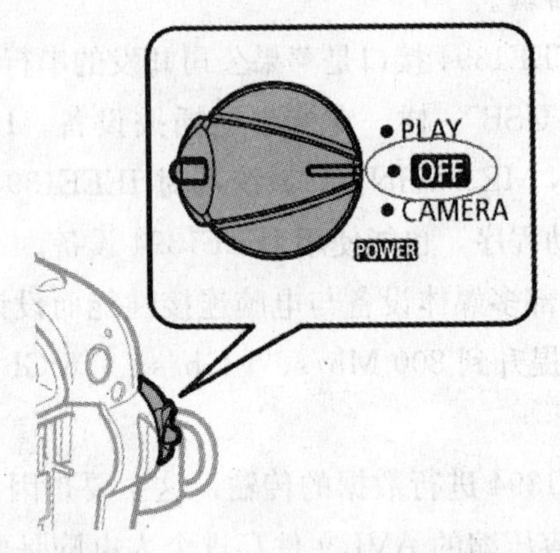

图 4—33　电源开关在"OFF"挡

(2) 用 DV 连接线（1394 连接线）将摄像机与电脑连接起来，如图 4—34 所示。

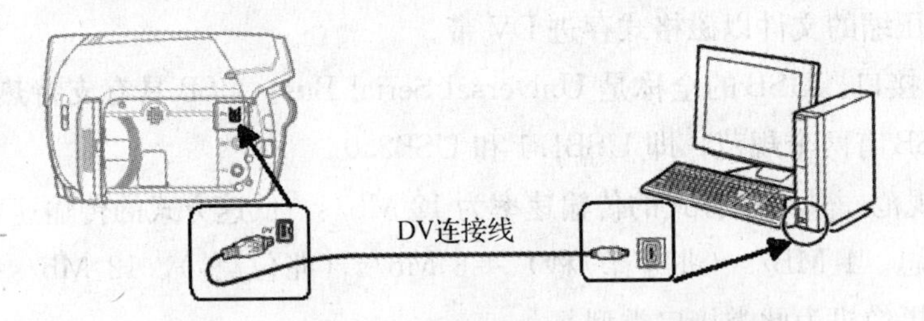

图 4—34　佳能 MD245 数字摄像机与电脑的连接

(3) 将摄像机的 POWER（电源）→PLAY（VCR）挡，如图 4—35 所示。

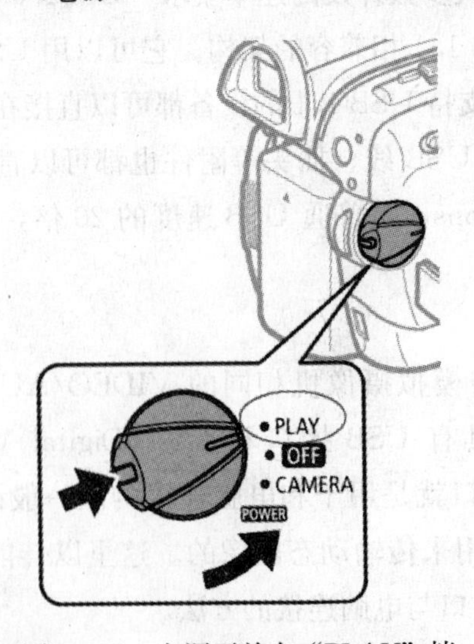

图 4—35　电源开关在"PLAY"挡

相关链接

随着存储介质的不断进步和 USB 接口性能的进一步提升，家用型 DV 带摄像机将逐渐被带有光盘、硬盘、闪存、超级闪存等的 DV 摄像机所取代，摄像机与电脑的连接更加便捷，电脑不再需要安装 1394 采集卡，而是通过 USB 连接线直接与电脑连接，如图 4—36 所示。

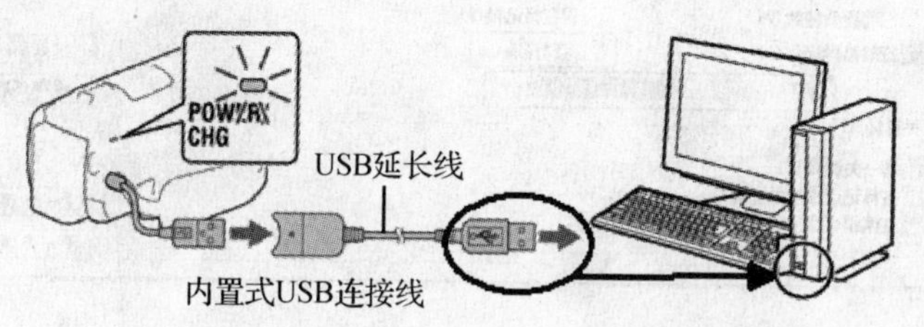

图 4—36　索尼 HDR－PJ610E 数字摄像机与电脑的连接

二、视频素材采集

1. 创建文件项目

建立项目工程是利用 Premiere 完成节目制作的首要工作，项目工程是所有其他工作的基础所在。可以通过以下步骤完成项目工程的建立。

（1）启动 Premiere 6.5，在弹出的对话框中，选择“DV－PAL”下的“PAL Video for Windows”选项。另外，如果已经启动了 Premiere 6.5，可以通过选择菜单栏“文件”→“新建工程”菜单命令，同样会弹出如图 4—37 所示对话框。

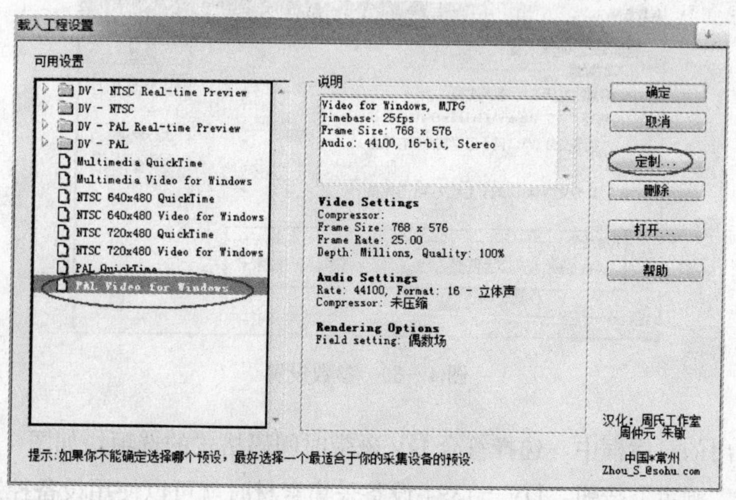

图 4—37　载入工程设置

(2) 单击“定制”按钮弹出对话框，单击顶部三角按钮，在弹出的列表框中选择“关键帧和生成选项”，然后选定优化静态画面选项和实时预演选项，“场”选“No Fields”，其他保持不变，单击“确定”按钮，就创建了一个新项目，如图4—38所示。

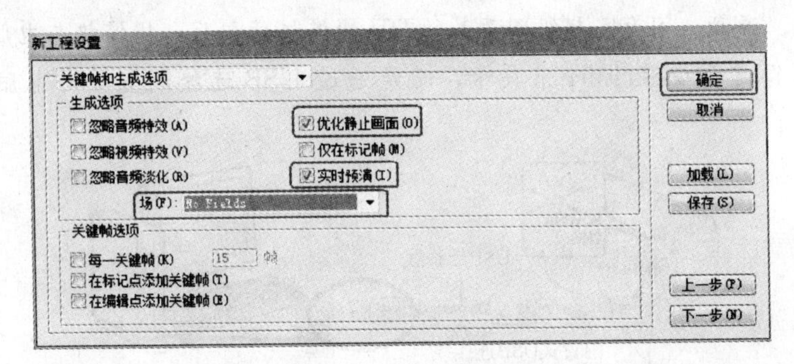

图4—38 新工程设置

2. 设置控制设备

从DV摄像机或设备上使用设备控制器通过1394接口采集素材，必须对DV－1394设备控制进行设置。在Adobe Premiere中采集素材时，可以充分利用DV摄像机或DV设备上的DV－1394设备控制。设置设备控制步骤如下：

(1) 选择菜单栏“编辑”→“常用参数”→“临时磁盘和控制设备”。

(2) 在弹出对话框中，可以将采集的影片设置到指定的临时磁盘。

(3) 在此对话框中，单击“设备”三角按钮，在弹出的列表框中选择“DV Device Control2.0”，如图4—39所示。

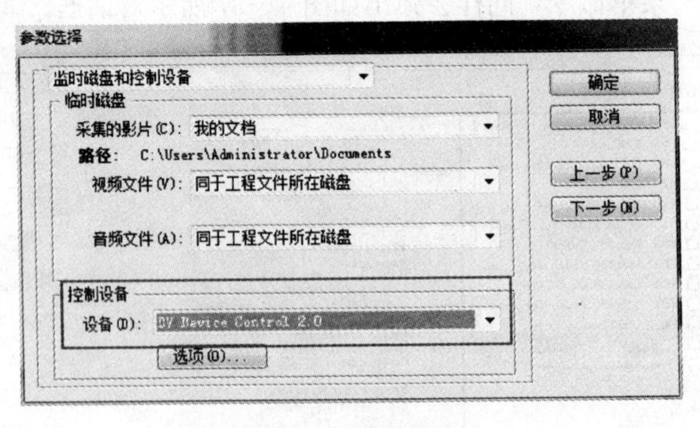

图4—39 参数设置

(4) 在弹出的对话框中，选择符合DV磁带时间码格式的选项，如图4—40所示。

(5) 单击“确定”按钮，DV－1394设备采集素材时就可以使用设备控制了。

3. 捕捉素材

在许多情况下，视频编辑工作中的数字化素材并不是从资料库中直接导入得来的，而是通过将录像带、数码照相机、数码摄像机等信号源录制下来的信号采集得到的。在 Premiere 6.5 制作影片之前，要将信号源采集到的模拟信号先转换为数字信号，即进行 A/D 转换，然后进行影视制作，这个过程称为采集。

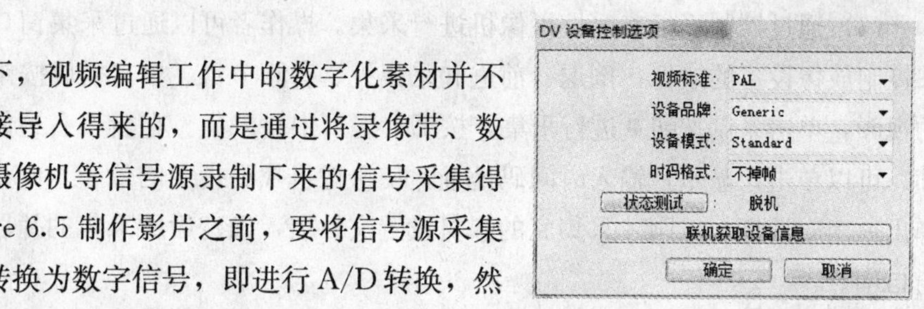

图 4—40　DV 设备控制

（1）选择菜单栏“工程”→“工程设置”→“采集设置”（见图 4—41），弹出对话框，在“采集格式”列表框中选择“DV/IEEE1394 采集”，单击“确定”按钮，如图 4—42 所示。

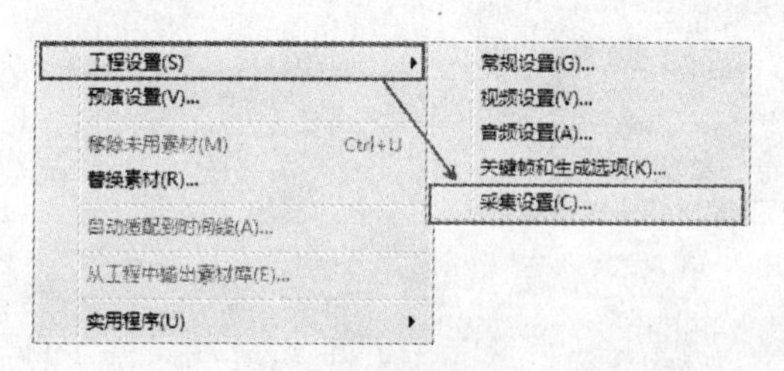

图 4—41　采集设置

图 4—42　采集格式对话框

（2）选择菜单栏“文件”→“采集”→“影片采集”，弹出“影片采集”面板对话框，如图 4—43 所示。在 Premiere 中，要将摄像机中的视频输入电脑进行后期编辑，要选择文件菜单中的采集命令。

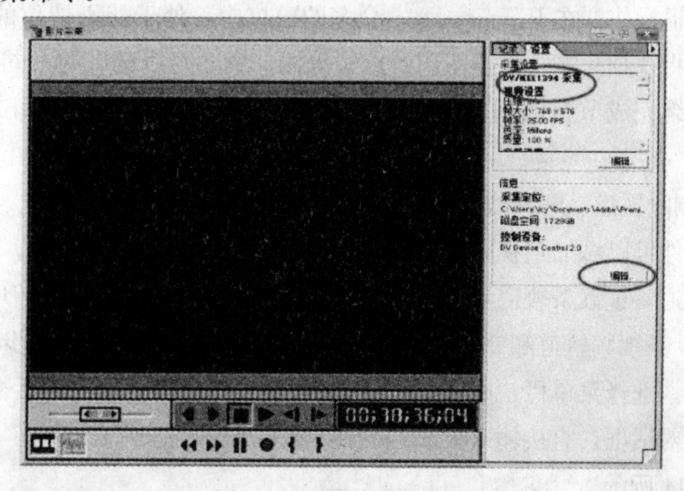

图 4—43　影片采集面板

（3）通过控制面板来遥控摄像机进行采集。操作者可以通过采集窗口下方的控制按钮来控制放像设备的放像、倒退、前进和采集视、音频节目。单击播放按钮▶播放所要采集的视频，单击录制按钮●进行采集，按Esc键可中止采集。在窗口右边的时间码显示当前帧，可以单击该显示，输入时间码地址，使摄像机找到指定的位置。中止采集后，系统会弹出一个对话框，对刚才采集完的素材设置文件名，确定后所采集的片段就会出现在项目窗口中。

学习单元2 视频编辑

学习目标

1. 熟悉视频编辑软件的应用
2. 掌握基本的短片编辑方法

知识要求

一、剪辑视频和音频

1. 视频的编辑

（1）基本编辑操作。在Premiere 6.5众多的窗口中，处于核心地位的是时间线窗口。在时间线中可以将视频片断、静止图像、声音等添加到时间线窗口的不同轨道上，结合各种特技效果，最终完成节目的制作。因此，许多基本的编辑操作离不开对时间线窗口的操作。

1）添加和删除轨道。时间线包括多个轨道，用来编辑和组合视频、图像和声音，其中视频和图像文件可以添加到视频轨道，音频文件可以添加到音频轨道。系统默认情况下会有五条编辑轨道，这五条轨道不能被删除。根据需要可以增加轨道，但在时间线窗口中最多可以加入99条视频轨道和99条音频轨道。添加和删除轨道的操作步骤如下：

①添加轨道。选择菜单栏“时间线”→单击“轨道选项”，弹出对话框→单击“添加”按钮，再次弹出对话框，直接输入要添加的视频和音频数目→单击“好”确认。添加轨道对话框如图4—44所示。

②删除轨道。在轨道选项对话框选择要删除的轨道，然后单击删除按钮即可。

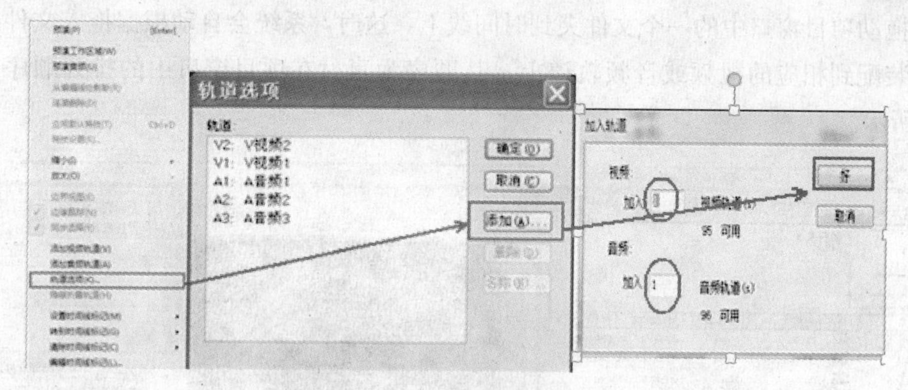

图 4—44　添加轨道对话框

2）向时间线窗口添加素材或文件夹。操作步骤如下：

①将鼠标光标放在项目窗口素材图标上，当光标箭头变成“手”的图形时，按住鼠标左键不放，拖动到时间线窗口，鼠标的释放位置就决定了素材最后所处的轨道和位置，如图 4—45 所示。

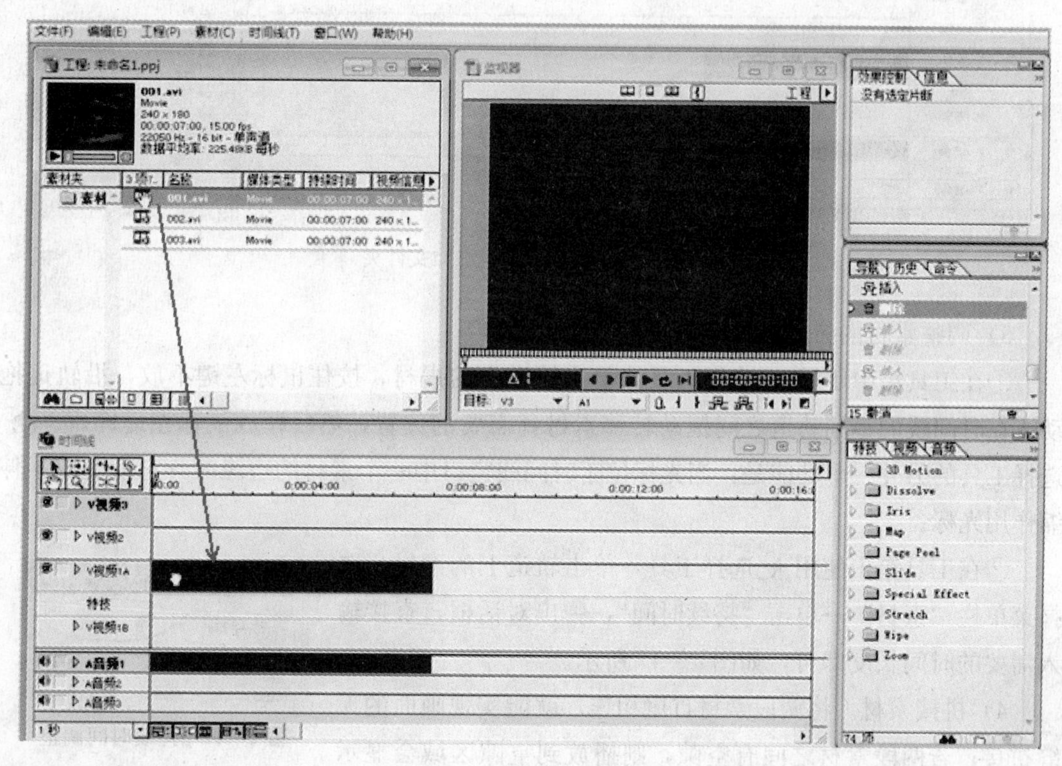

图 4—45　在时间线中添加素材

②拖动项目窗口中的一个文件夹到时间线上，这时，系统会自动根据拖入文件的类型把文件装配到相应的视频或音频轨道上，其顺序为素材在项目窗口中的排列顺序，如图 4—46 所示。

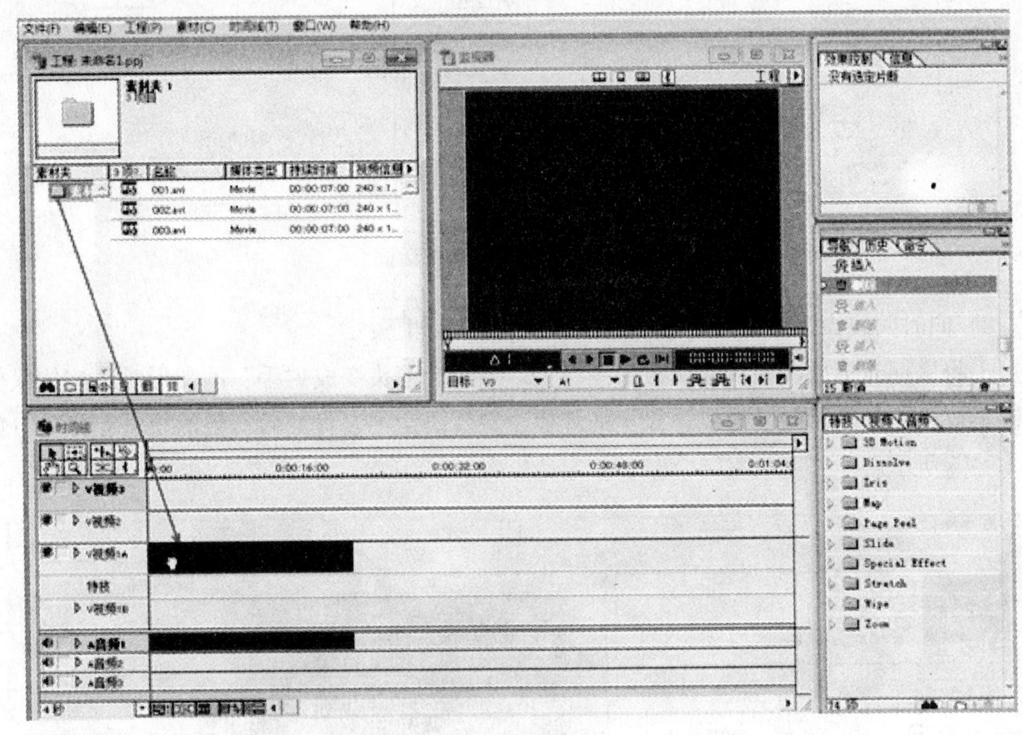

图 4—46　在时间线中添加文件夹

3）调整素材的持续时间和位置。操作步骤如下：

①在工具箱中使用选择工具，单击轨道上的素材，按住鼠标左键不放，沿轨道拖动或在时间线的不同轨道之间拖动转移素材到需要的位置，然后释放鼠标左键即可。选择工具的另外一个功能是：当光标位于时间线窗口中一个素材的边缘时，它就变成了伸缩作用光标。

②在工具箱中使用选择工具，单击轨道上的素材，选择菜单栏“素材”→单击“持续时间”，弹出对话框，直接输入需要的时间长度即可，如图 4—47 所示。

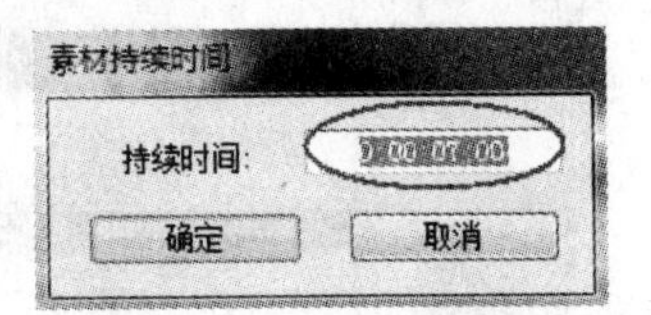

图 4—47　持续时间调整

4）拼接素材。将两段素材首尾相连，就能实现画面的无缝拼接；若两段素材之间有空隙，则播放到空隙区域会显示为黑屏。

5）删除素材。如果需要删除时间线上的某段素材，可单击该素材，当出现选中状态的虚线框后按 Delete 键即可。

6）剪断素材。在时间线中可剪断一段素材，操作步骤是：在工具栏中选取剃刀工具按钮，然后在素材需剪断位置单击，则素材被切为两段。被分开的两段素材彼此不再相关，可以对它们分别进行删除、位移、特技处理等操作。时间线的素材剪断后，不会影响到项目窗口中原有的素材文件。

7）视音频分离和链接。Premiere 6.5 通过视频和音频的解链操作，可以将一个完整的素材分解为独立的视频和音频部分。操作步骤是：选中时间线上的一段素材，选择菜单栏“素材”→单击“断开音频和视频链接”，即可将视音频分离，在轨道上的音频或视频素材可以单独移动和编辑。解链操作完成后，如果希望重新关联音频和视频，可选择链接工具进行关联操作。

8）播放头操作。在时间线标尺上有一个可以移动的播放头，播放头下方一条竖线直贯整个时间线。播放头位置上的素材会在监视窗口中显示，可以通过拖移播放头来查寻及预览素材。

9）电影工作区的操作。时间线标尺的上方有一栏黄色的滑动条，这是电影工作区，可以拖动两端的滑块和来改变它的长度和位置。当对电影进行合成的时候，只有工作区内的素材会被合成。

（2）透明的应用。在 Premiere 里，只有视频 1 轨道能运用过渡效果，其他视频轨道无法添加过渡效果，但是可以对其轨道素材添加运动、透明度、滤镜等效果。在 Premiere 的时间线窗口，可将高轨道的素材进行透明设置。在 Premiere 中，对素材进行淡入淡出调节的线被称作透明淡化控制线。透明度可以通过透明淡化控制线设置，通过改变这条红线的折曲状况来设定视频画面的淡入淡出效果。操作步骤如下：

1）在时间线窗口高轨道中导入一段素材。

2）在时间线窗口单击高轨道的三角形按钮，展开视频轨道，并单击显示透明淡化控制线，调出透明度淡化器，如图 4—48 所示。

3）将鼠标移到素材轨道中的红线上，鼠标变成，用鼠标单击透明淡化控制线，可以添加调节手柄，如图 4—49 所示（调节手柄可以随意添加和删除）。在透明淡化控制线上选中要删除的控制点将其拖出轨道。

4）用鼠标拖动透明淡化调节手柄：如图 4—50 所示拖动，视频素材的透明度会逐渐减小，产生淡入；如图 4—51 所示拖动，视频素材的透明度会逐渐显现并最终消失，产生淡出。

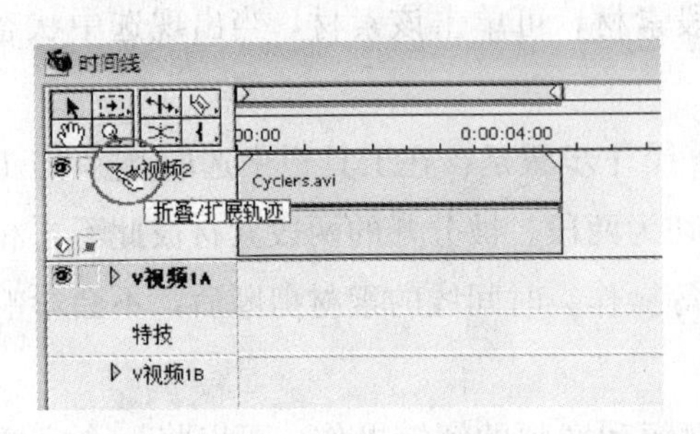

图4—48　展开视频轨道

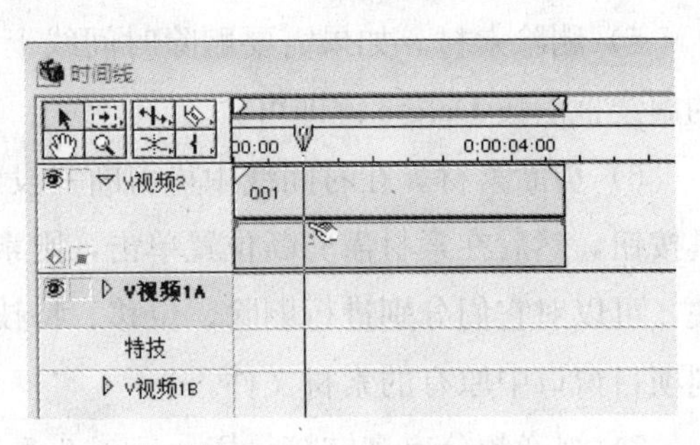

图4—49　添加调节手柄

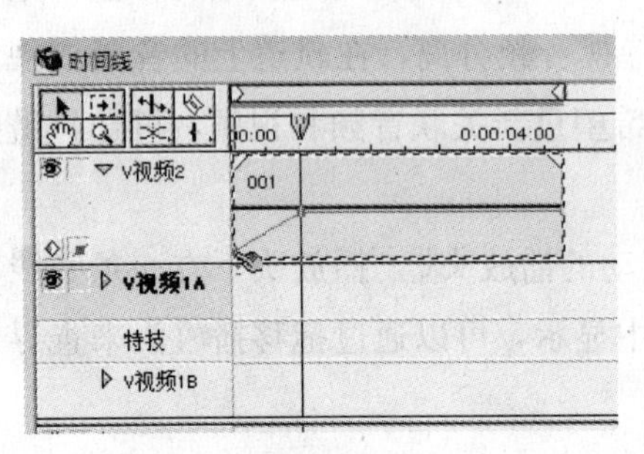

图4—50　视频画面的淡入

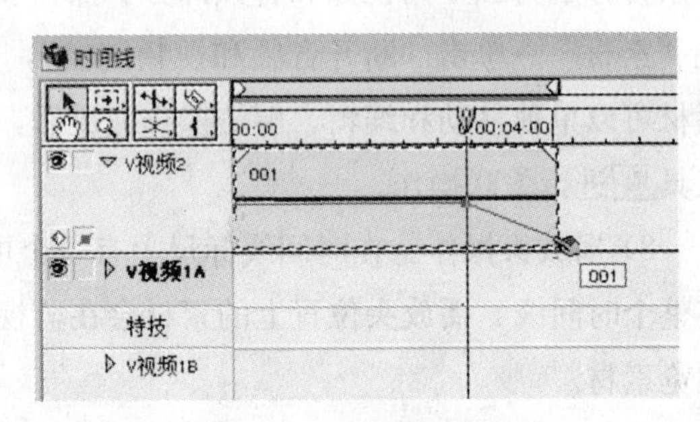

图4—51　视频画面的淡出

（3）视频滤镜。使用过Photoshop的人不会对滤镜感到陌生。通过各种滤镜效果，用户可以对原始素材进行加工，为原始素材添加各种各样的特效。Premiere也能使用各种视频及声音滤镜，其中的视频滤镜能产生动态的扭变、模糊、风吹、幻影等特效，这些变化增强了影片的吸引力。要运用滤镜效果，可选择视频效果面板。如果视频效果面板没有打开，可选择菜单栏“窗口”→单击“显示视频效果”。

1）给素材添加滤镜效果

①在视频效果面板窗口中，可看到分类的文件夹，点击任意一个扩展标志▷，即可将文件夹展开，任意选取一个滤镜效果。Premiere的视频滤镜面板上提供了百余个视频滤镜，如图4—52所示。

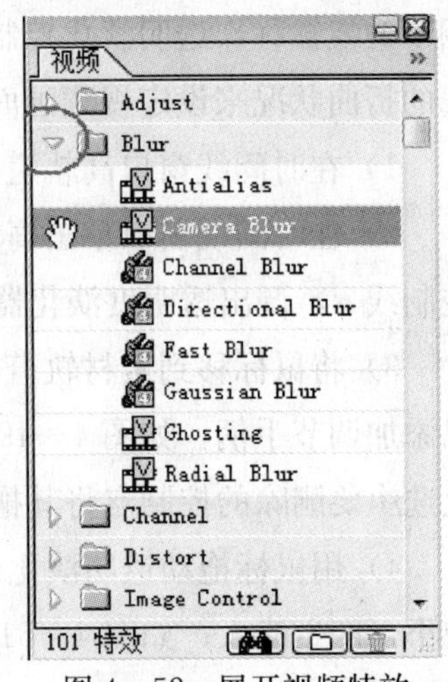

图4—52　展开视频特效

②用鼠标左键按住选中的视频滤镜不放，拖到时间线的视频素材上，然后释放，一段素材上被应用了滤镜效果之后（见图4—53），时间线窗中该素材位置的上方就会被加上一条绿线作为标记（其操作不会改变素材文件），同时出现效果控制对话框（见图4—54），用户可以在制作后期随时对这段素材进行更改滤镜和设置滤镜属性的操作。

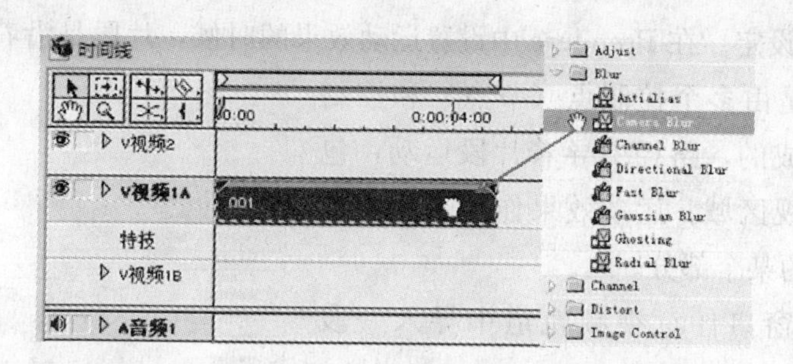

图 4—53 添加视频特效

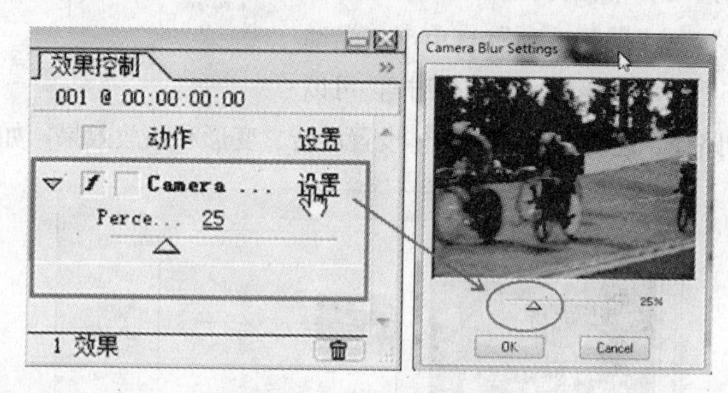

图 4—54 视频特效设置

2）滤镜效果的关键帧设置。在 Premiere 的时间线中，可以给运用了滤镜的素材增加关键帧，并可移动或删除关键帧，这样就能精确地控制滤镜效果。要编辑关键帧，先点轨道左端的显示关键帧按钮，这时应用了滤镜的素材下方会出现一条细线，可以拖动最初位于细线两端的小方块，只有在这两个小方块之间的区域才会产生滤镜效果。如需要增加关键帧，可先将播放头移到该处，然后在左下角两个小黑三角中间点一下，就可在两个关键帧之间增加一个控制点，如图 4—55 所示。要控制画面的分段滤镜效果，可选中新增关键帧，然后在效果控制面板对话框中调整参数。

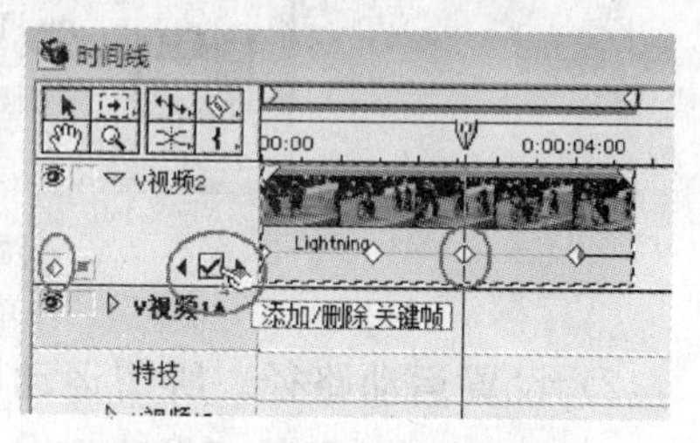

图 4—55 给滤镜设置关键帧

（4）设置素材的运动效果。Premiere 作为多媒体视频处理软件，可以轻松制作出动感十足的多媒体作品。运动是多媒体设计的灵魂，灵活运用动画效果，可以使得视频作品更加丰富多彩。特别是对于静态图片，少了运动，无疑会十分乏味。而且运动可以用在所有的视频轨道的素材上，这是与透明度设置的不同之处。这里主要结合运动对话框的参数来介绍运动设置方法，以及一些与其他 Premiere 特技和运动效果结合起来的技术。

1）运动效果设定。在 Premiere 中设置运动效果的时候，片段是沿着一条设置好的路径移动的。路径是由多个控制点（节点）和控制点之间的连线组成的，路径引导着片段运动，包括进入和退出可视区域。运动效果作用于片段整体，而不是片段的某个部分。

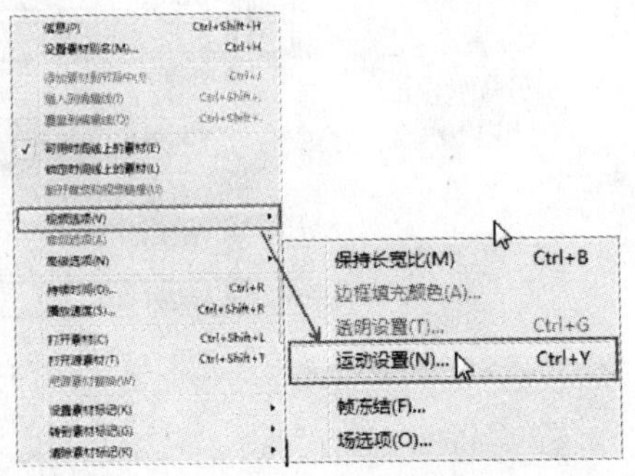

图 4—56 运动设置

①在时间线窗口任意视频轨道中导入一段素材。

②使用选择工具，点击视频轨道上的素材，选择菜单栏“素材”→“视频选项”→单击“运动设置”，如图 4—56 所示弹出运动设置对话框，可以在其中更改运动的路径、速度，可以给物体设置旋转、变形和缩放效果，如图 4—57 所示。

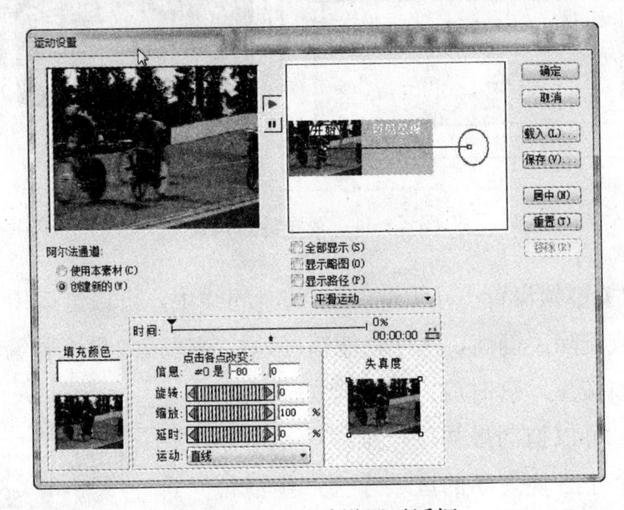

图 4—57 运动设置对话框

2）设置运动路径。所谓运动路径，是由关键帧之间的连线组成的。系统在默认的情况下，只在入点和出点处设置了关键帧。用鼠标单击路径线，会产生一个手柄，如图 4—58 所示，这就在路径线中建立了一个关键帧。如要删除关键帧，只要选中这个关键帧，按下 Delete 键，即可将它删除。

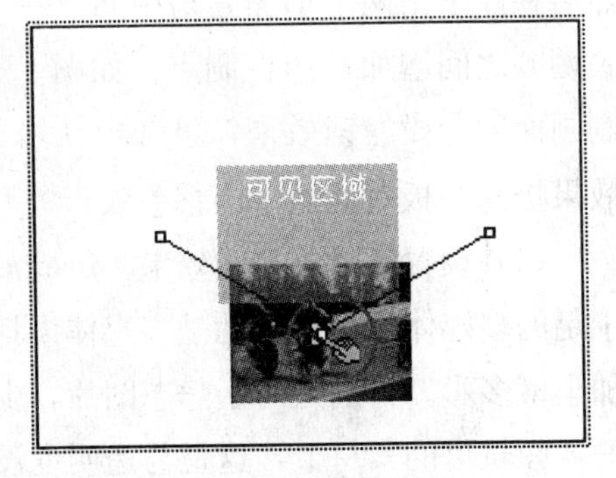

图 4—58 路径设置

2. 音频的编辑

声音是数字电影不可缺少的部分，尽管 Premiere 并不是专门用来进行音频素材处理的工具，但通过时间轴的音频通道可以编辑淡入淡出效果。另外，Premiere 提供了大量的音频特技滤镜，通过这些滤镜，可以非常方便地制作一些使用音频的特技效果。

(1) 基本音频处理

1) 将一段音频拖放到时间线的音频 1 轨道，单击轨道左侧的白色三角形▽，展开音频轨道的附加轨道，该轨道用于调整音频素材的强弱。

2) 单击附加轨道左侧中部的红色按钮，素材上出现红色音量淡化控制线，在线上单击可增加控制点，通过对控制点的拖动可以改变音频输出的强弱，中线以上为增强，以下为减弱，如图 4—59 所示。单击附加轨道左侧中部的蓝色按钮，素材上出现蓝色声道控制线，用它可控制立体声音左右声道的变化，如图 4—60 所示。Premiere 中，音频轨道上都有音频淡化控制线，用它可以调节音频素材的音量，音频淡化控制初始化为中音量。

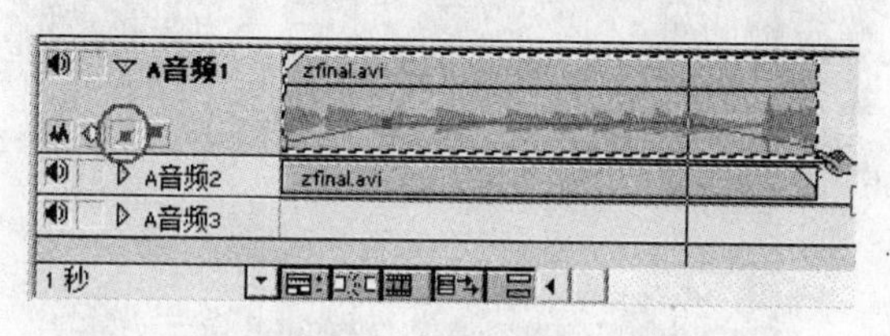

图 4—59　音频淡入淡出

(2) 添加音频滤镜。要添加音频滤镜，选择菜单栏“窗口”→单击“显示音频效果”，出现音频效果面板，将选定的音频滤镜拖到时间轴的声音素材上，然后通过效果控制面板对话框设置滤镜效果。

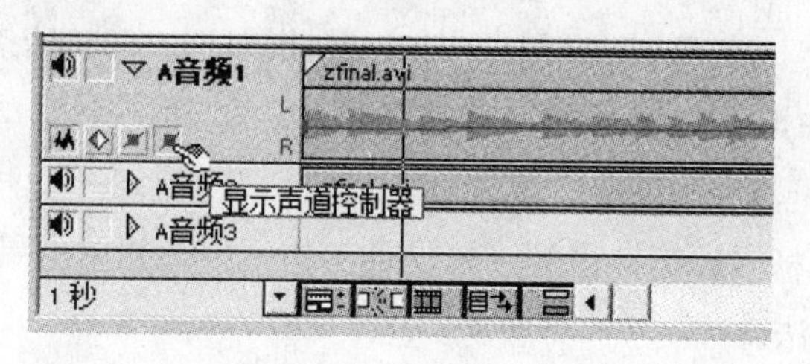

图 4—60　音频声道控制

二、字幕制作

在观看电影时，在影片的开始部分会出现电影的名字；在影片播放过程中，画面下方会有一些对白、解说、歌词等文字；在影片结束前，“演员表”“职员表”之类的文字信息会再次出现，这些文字形式都称为字幕。另外，广义的字幕还包括在画面上出现的图形信息，例如电视画面上的台标图案等。由此可见，字幕是一部完整影视作品中必不可少的部分。除了用Premiere自带的Title来编辑字幕以外，对于Matrox RT2500这块具有实时特技效果的视频卡来说，它还带有一个镶嵌于Premiere中的字幕制作软件Inscriber Title Express。Title Express是一个电视级质量字幕机，可在Matrox RT2500的Adobe Premiere项目中创建静止图像、横飞和竖滚效果。

1. **创建字幕**

(1) 认识Premiere字幕制作窗口。选择菜单栏“文件”→“新建”→“字幕”选项，打开“字幕设计”窗口，如图4—61所示。

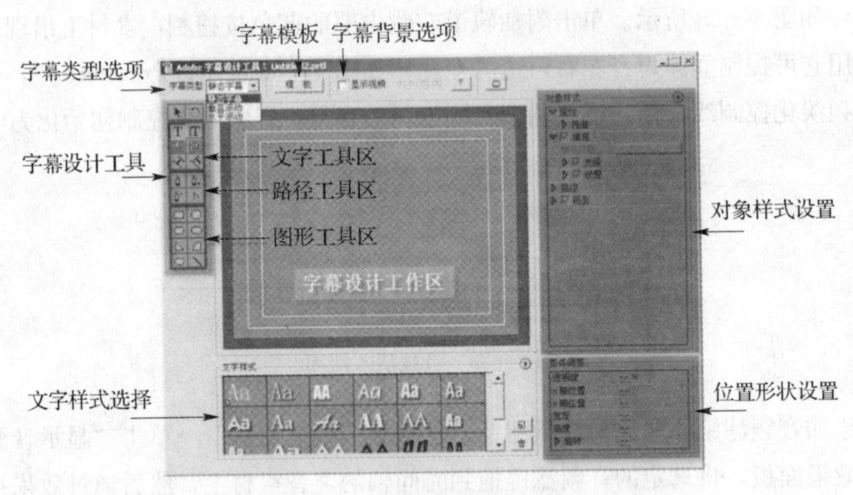

图4—61 字幕设计窗口

(2) 创建字幕文字。在Premiere中，字幕设计器窗口的工具条包括文字、线条和几何图像等。在本任务中，主要学习静态字幕的制作，创建一个简单的标题“数码影像”。操作步骤如下：

1) 选择T工具，将鼠标指针移到字幕设计工作区中，并单击鼠标左键。

2) 启动汉字输入法。

3) 点击“字幕类型”后面的三角形按钮，在弹出的下拉列表框中单击“Still”，如图4—62所示。

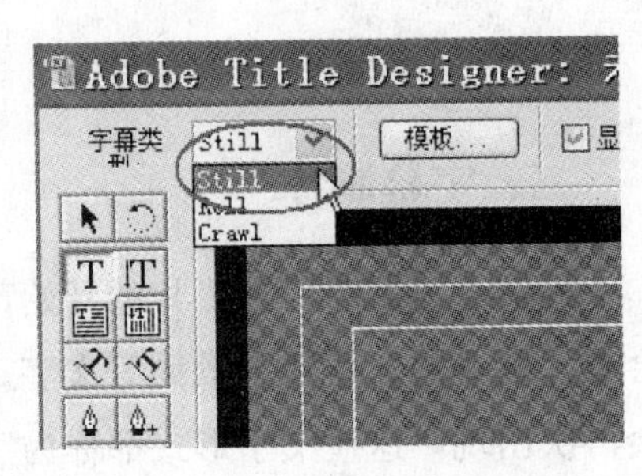

图4—62 字幕类型设置

4) 选择菜单栏“字幕”→“字体”，单击“黑体”(可任选一种)，如图4—63所示

5) 选择菜单栏“字幕”→“字号”，根据需要单击一种字号。

6) 在字幕设计工作区输入文字“数码影像”，如

图 4—64 所示。

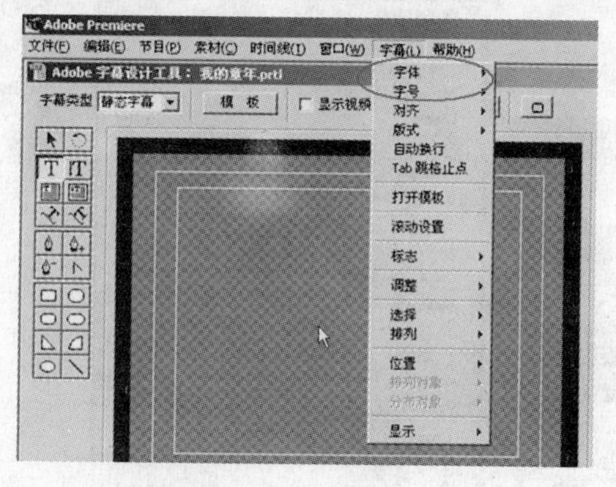

图 4—63　文字设置

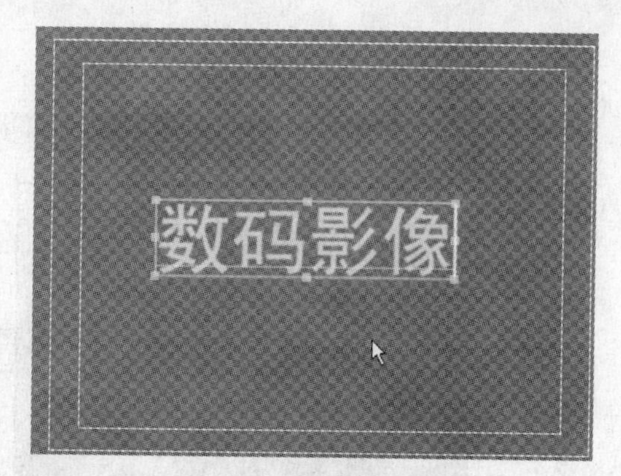

图 4—64　输入文字

2. **编辑字幕**

为增加艺术感染力，可以通过设置合适的参数进一步修饰字幕的文字对象。在实际的字幕制作中，可根据现实需要选择相应的修饰手段。

（1）选择 工具，将鼠标光标移动到文字方框区内，按住鼠标左键不放，可以移动文字位置，如图 4—65 所示。当光标放在边框上的点的位置时，可以调整文字大小，如图 4—66 所示。如果光标放在边框上的点的外边缘时，可以旋转文字，如图 4—67 所示。

图 4—65　文字位置

图 4—66　文字大小

图 4—67　文字旋转

（2）在字幕设计窗口的右侧，在对象样式设置板中选择勾选“Fill”复选框，并单击“Color”后的颜色选择按钮，弹出对话框如图 4—68 所示。在“颜色选取”中根据需要选取相应的颜色，点击确定，文字颜色发生改变，如图 4—69 所示。

3. **字幕保存**

选择菜单栏“文件”，单击“保存”选项，将字幕以“数码影像 . prtl”为文件名保存，保存后会自动导入到节目窗口供用户使用。选择菜单栏“文件”，单击“关闭”，退出字幕制作窗口。

如果将字幕标题放在时间线窗口视频 2 或更高轨上，系统会自动应用一个 Alpha 通道。

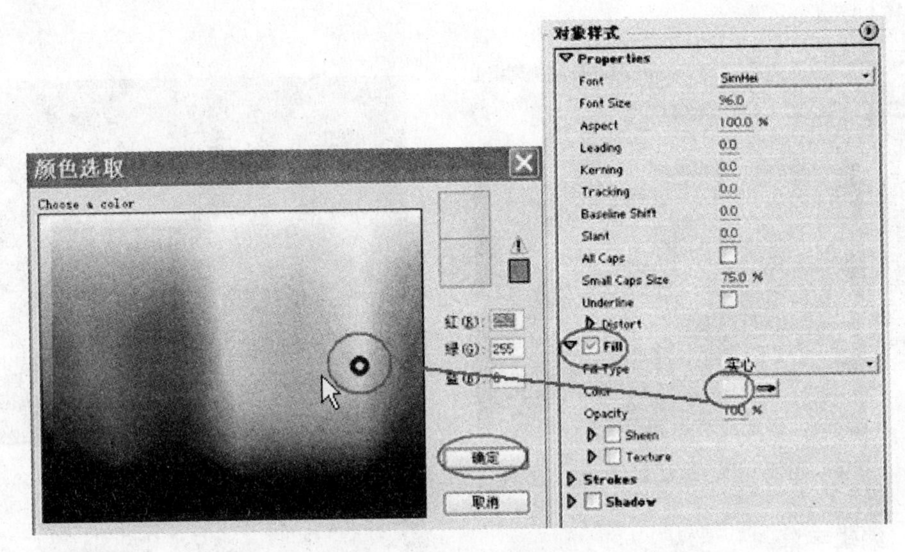

图4—68 设置文字颜色

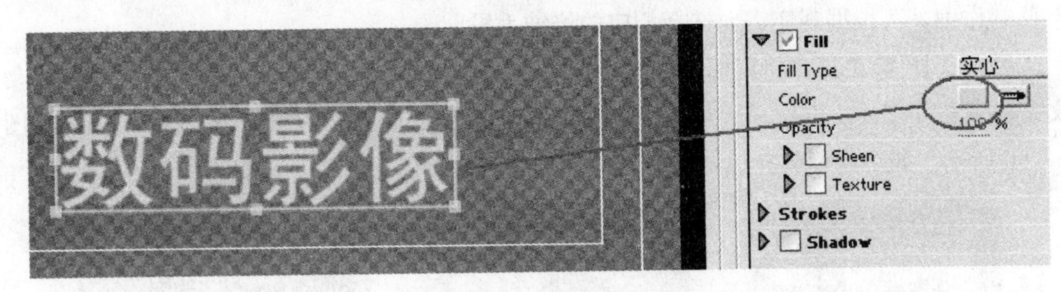

图4—69 文字颜色效果

三、视频过渡

一段视频结束，另一端视频紧接着开始，这就是所谓电影的镜头切换。为了使切换衔接自然或更加有趣，可以使用各种过渡效果，制作出一些令人赏心悦目的过渡效果，大大增强影视作品的艺术感染力。

1. 应用视频过渡效果

Premiere 6.5 的切换过渡效果功能强大，包含了11大类75个场景切换。过渡效果特技只能用于A/B轨编辑模式，操作步骤如下：

（1）在切换特技面板窗口中，可看到分类的文件夹，点击任意一个扩展标志▷，即可将文件夹展开，任意选取一个特技，如图4—70所示。

（2）在时间线窗口中，把两段视频素材分别置于视频1A轨道和视频1B轨道中，然后将在过渡面板中选取的特技拖到时间线特技轨道的两视频重叠处，Premiere会自动确定过渡长度以匹配过渡部分，如图4—71所示。过渡效果的长度由视频1A与视频1B轨道上重叠的长度决定，如果希望建立1 s的过渡则应确保重叠部分的长度为1 s。

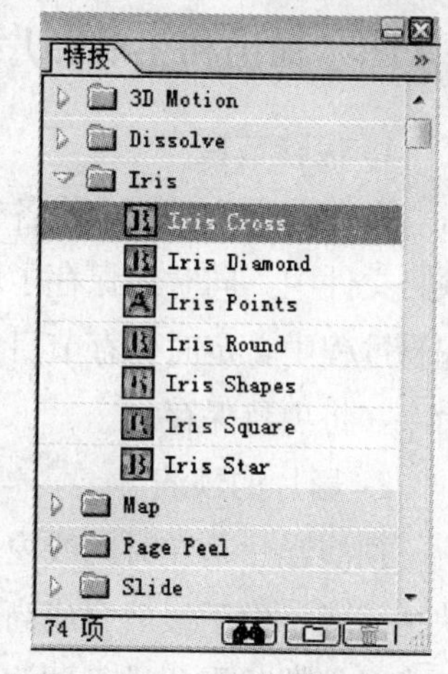

图4—70　过渡效果展开

2. 调整视频过渡效果

每一种过渡效果，都有相应的切换设置对话框，用以调整过渡效果。可以打开该过渡效果的设置对话框进行相应的设置，操作步骤如下：

（1）双击时间线特技轨道的过渡显示区，会弹出过渡属性设置对话框，如图4—72所示。设置对话框，单击按钮，可以改变过渡的方向。选择“显示实际来源”选项，可以在演示区域预演实际素材内容的过渡效果。

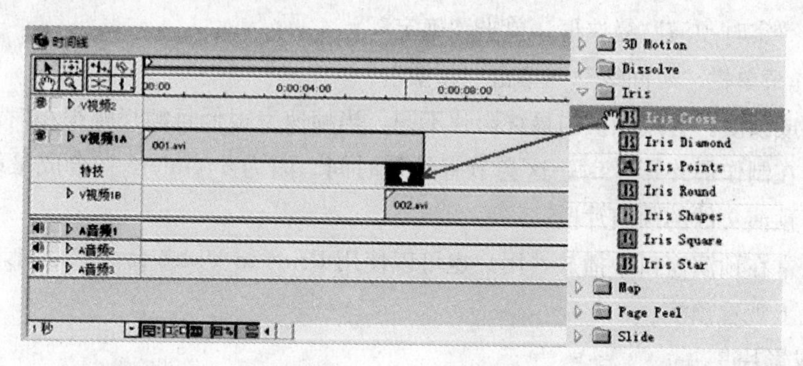

图4—71　添加视频过渡

（2）改变过渡效果。在添加切换特技时，如果对所选用的切换特技效果不满意，想换为其他的切换特技，可以通过以下方法实现：

1）在时间线窗口中选中要替换的切换特技，单击菜单栏“编辑”→单击“清除”，或者单击鼠标右键，在弹出的对话框中单击“清除”，将其从特技轨道上删除。

2）从切换特技面板中选用另一种切换特技，并把它拖放到该位置即可。

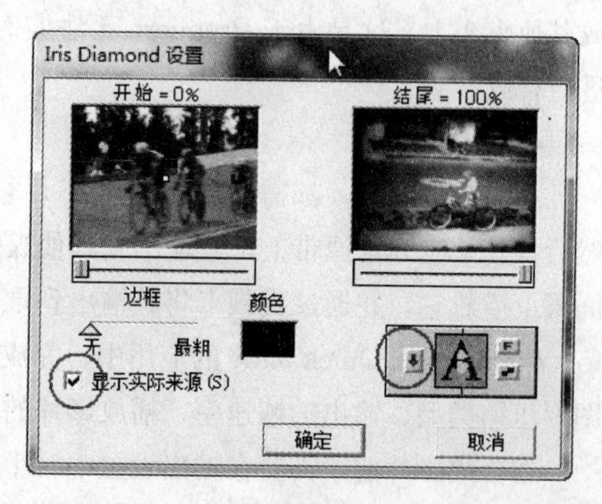

图4—72　过渡属性设置对话框

四、输出和生成影片

1. 保存节目

在保存影片时，会将各个片段所做的编辑操作和现有各个素材片段的指针全部保存在项目文件中，同时还保存了屏幕中各个窗口的位置和大小，项目文件的扩展名为.ppj。在编辑过程中，定时保存节目是个好习惯。选择菜单栏“文件”，单击“保存”或“另存为”命令，将项目保存。

2. 影片的预演

预演影片是在时间线窗口中播放节目的部分或全部，而不需要将项目生成最终影片的快播方式。由于最后合成高品质的影片往往需要很多时间，所以在节目编辑完成前，需要经常对编辑的影片进行预演，观看效果。

(1) 实时预演

1) 选择菜单栏“工程”→选择“工程设置”→单击“关键帧和生成选项”，在弹出对话框中勾选“实时预演”复选框，单击“确定”。

2) 选择菜单栏“时间线”→单击“预演”。

(2) 合成预演。合成预演与最终影片不同，当帧速率很低且帧尺幅很小时，预演处理速度很快。在制作最终影片时，这会节省处理时间。因为Premiere在合成最终影片时会使用存储为预演文件的预演片段。

预演通常在预演窗口中播放，用户也可以使用Print to Video命令在PAL制式监视器或在计算机上观看预演。

3. 合成影片

在一般情况下，用户需要将编辑完成的节目合成为一个文件后才能将其录制到录像带或其他媒介上。这是由于Premiere无法实时播放应用效果的影片的缘故，因此必须对其进行合成。

4. 影片的输出

在一般情况下，都需要将编辑的影片合成为一个Premiere中可以实时播放的影片，然后将其录制到录像带上，或输出到其他媒介工具。当一部影片合成之后，可以在计算机屏幕上播放它，并通过视频卡将其输出到录像带上，也可以将它们输入到其他支持Video for Windows或QuickTime的应用中。完成影片的质量取决于诸多因素，如编辑所使用的图形压缩类型、输出的帧速率、播放影片的计算机系统的速度等。

在合成影片前，需要在输出设置中对影片的质量进行相关的设置，输出设置中大部分内容与项目的设置选项相同。需要注意的是，项目设置是针对时间线窗口进行的，而输出设置则是针对最终输出的影片来设置的。用户需要为系统指定如何合成一部影片，例如使用何种编辑格式等。选择不同的编辑格式，可供输出的影片格式和压缩设置等也有所不同。

5. 影片的生成

将时间轴中的素材合成为完整的电影，是影视节目制作过程中的最后一步。它将前面编辑好的节目生成一个可单独使用的影片文件，或者录制到录像带上。Premiere 可生成的影片文件格式有很多种，通常使用较多的是 .avi 文件，这种类型的文件不仅可以在 Premiere 中播放，而且在许多多媒体应用程序中都能使用。

Premiere 可以提供多种输出格式，如可以将项目输出为 *.avi、*.mov 格式的视频文件，也可以输出为动画格式、电影胶片格式、静止图片序列等。这些格式的视频文件用途各不一样。选择菜单栏“文件”→选择“时间线”→选择“电影”命令，Premiere 可以输出的电影格式有 AVI、GIF、MOV、VCD、DVD 等。

采集视音频素材

操作内容

将 DV 摄录带中的素材按分镜头节点，根据需要分几段采集到计算机中。可按照需要控制几段素材相加的时间总长。

操作准备

(1) 计算机配置 P—Ⅳ以上，带采集卡，已安装 Premiere 软件（版本 6.5）汉化版，1394 连接线一根。

(2) 佳能 MD245 数码摄像机一台，配套数码摄像带、电池等。

操作步骤

步骤 1　保证数码摄像机的 DV 带中有符合考试内容的短片素材。关闭数码摄像机电源，用 1394 连接线（DV 连接线）将摄像机与电脑连接，如图 4—73 所示。

步骤 2　打开数码摄像机电源，且将其设置至“PLAY”（VCR）播放状态，如图 4—74 所示。

步骤 3　双击电脑桌面上的图标，启动“Adobe Premiere6.5”软件。

步骤 4　在弹出的对话框中，选择“DV-PAL”下的“PAL Video for Windows”选项，单击“定制”按钮，如图 4—75 所示。

步骤 5　在弹出对话框中单击顶部三角按钮，在弹出的列表框中选择“关键帧和生成

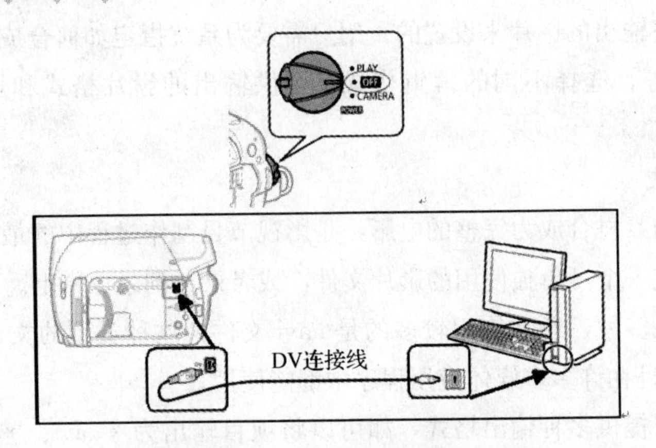

图4—73 “1394”连接

选项”，然后选定优化静态画面选项和实时预演选项，“场”选“No Fields”，其他保持不变，单击“确定”按钮，如图4—76所示。

步骤6 选择菜单栏“编辑”→“常用参数”→“临时磁盘和控制设备”，单击设备三角按钮，在弹出的列表框中选择“DV Device Control2.0”，单击“确定”按钮，如图4—77所示。

步骤7 选择菜单栏“文件”→“采集”→“影片采集”，弹出“影片采集”面板对话框，单击右边上部“编辑”按钮，弹出对话框，在“采集格式”列表框中选择“DV/IEEE1394采集”，单击“确定”按钮，如图4—78所示。

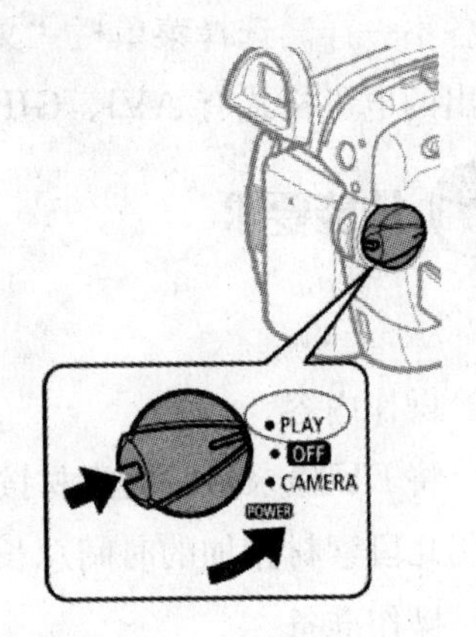

图4—74 打开电源

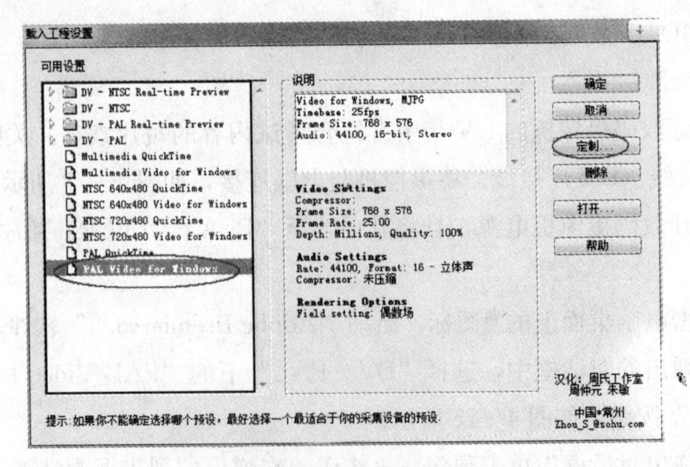

图4—75 采集设置1

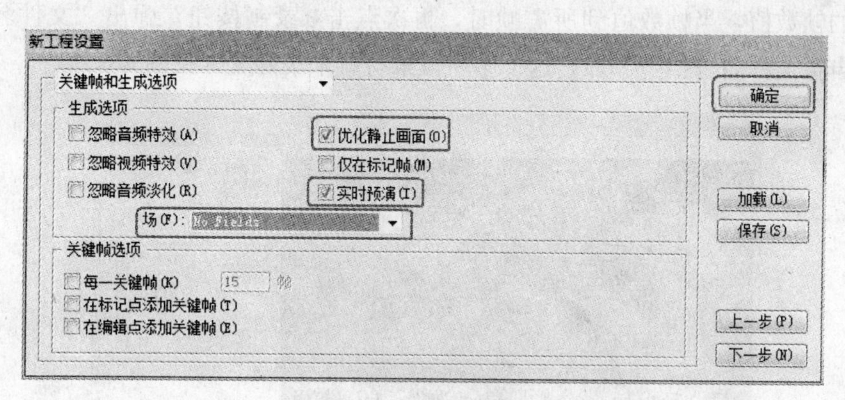

图 4—76　采集设置 2

图 4—77　采集设置 3

图 4—78　采集设置 4

步骤 8　在控制面板中，点击◀◀按钮，将 DV 带中的内容后退到符合考试内容的起拍位置，点击▶播放按钮，在第一段分镜，然后点击●录制按钮，同时观看“影片采集”窗口左上角的帧数值，当帧数值到所需帧时，再次点击●录制按钮，弹出“文件名”窗口，输入一个自拟文件名（如：001），这样第一段素材就采集好了（见图4—79）。

图4—79　素材采集

步骤9　重复上一步骤操作两次，分别将第二段分镜和第三段分镜素材采集，文件名可按需要自定。三段素材采集完成，采集好的三段素材直接导入项目窗口中，如图4—80所示。关闭“影片采集”窗口。

步骤10　关闭数码摄像机电源。采集完成。

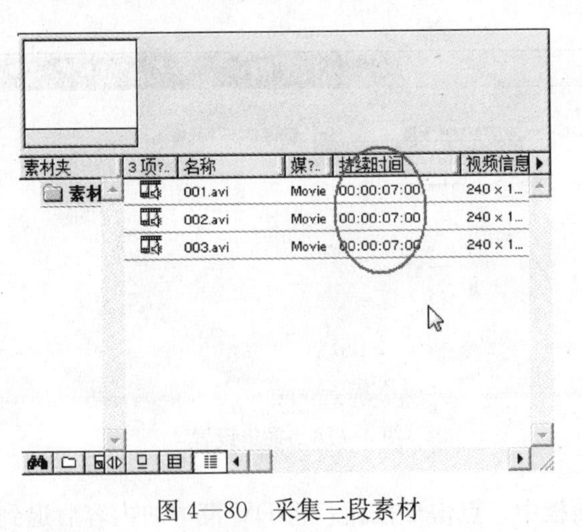

图4—80　采集三段素材

短片编辑

操作内容

（1）将采集的三段素材进行编辑，各段间插入 1 s 的转场过渡特技。

（2）根据内容可在素材上加上片名（文字字体大小、颜色等参数可自定，编排恰当）。

（3）字幕做淡入淡出处理。淡入、保持和淡出三段时间长度可按需要分别设定。

（4）同期音频与相应的视频素材保持一致。编辑好的短片总长可根据内容需要设定。

（5）根据内容可新建一个文件夹，文件夹名自定。

（6）将编辑完成的最终短片以 .ppj 格式保存在此文件夹中，文件名根据需要设定。

操作步骤

步骤 1　单击时间单位选择器按钮，在出现的下拉菜单中选择“1 秒”，如图 4—81 所示。

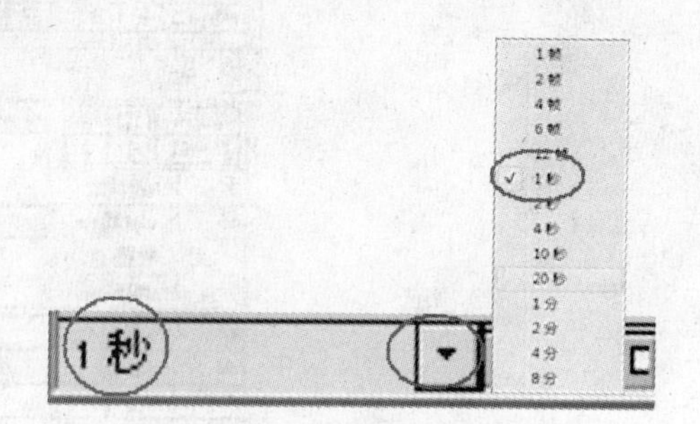

图 4—81　设定时间单位

步骤 2　在控制工具栏中，点击“A/V 关联”按钮，如图 4—82 所示。

步骤 3　在时间线窗口编辑工具箱中选择“选择工具”，点击按钮。

图 4—82　链接视音频轨道

步骤 4　将鼠标光标移到项目窗口中的第一段素材图标上，当出现“手”图标后，按住鼠标左键不放，拖动素材到时间线窗口中的“视频 1A”轨道上，如图 4—83 所示。

步骤 5　重复上一步骤两次，依次分别拖动素材到时间线窗口中的“视频 1B”轨道和“视频 1A”轨道上，如图 4—84 所示。

步骤 6　在时间线窗口中，选中第一段素材，选择菜单栏“素材”→单击“持续时间”，弹出对话框，根据要求可修改持续时间，如图 4—85 所示。

步骤 7　重复前一步骤，依次对第二段素材和第三段素材修改持续时间，符合要求后单击“确定”。

步骤 8　将第一段素材沿轨道移动到时间线标尺“0”的位置，并调整轨道上的素材位置，相互之间重复叠加各 1 s，如图 4—86 所示。

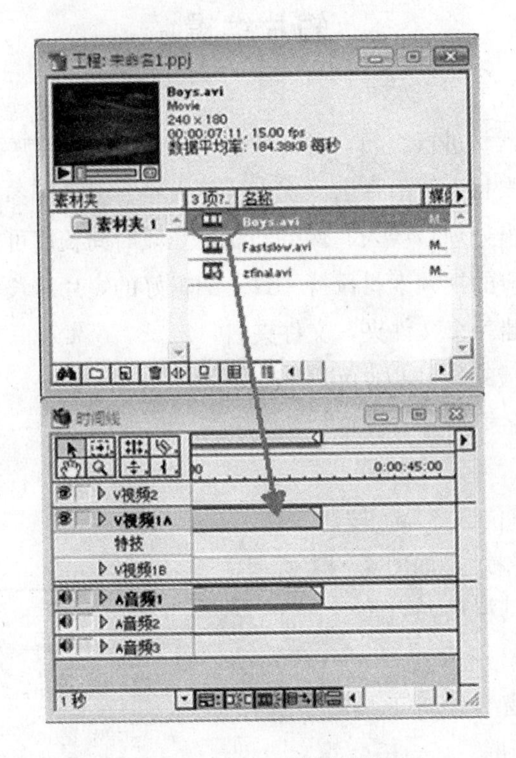

图 4—83　编辑素材

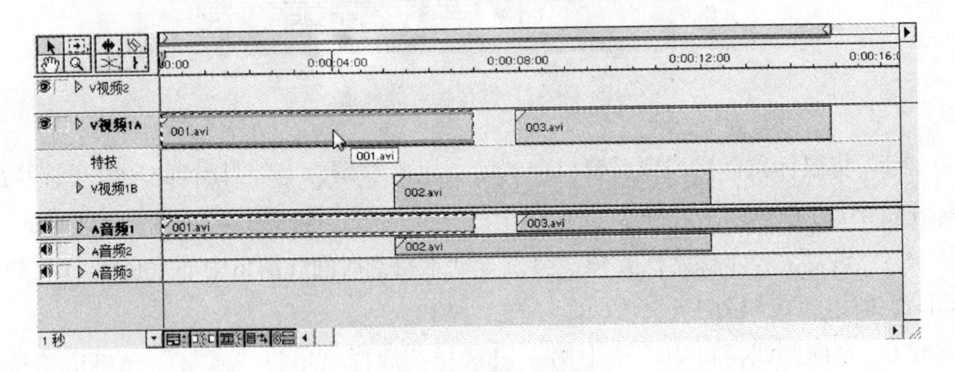

图 4—84　编辑三段素材

步骤 9　选择“功能面板”→“切换特技面板”，点击▷任意扩展标志，任意选取一个特技，然后拖到时间线特技轨道的两视频重叠处后释放鼠标；再次任选一个特技，然后拖到时间线特技轨道的另一个两视频重叠处后释放鼠标。添加特技如图 4—87 所示。

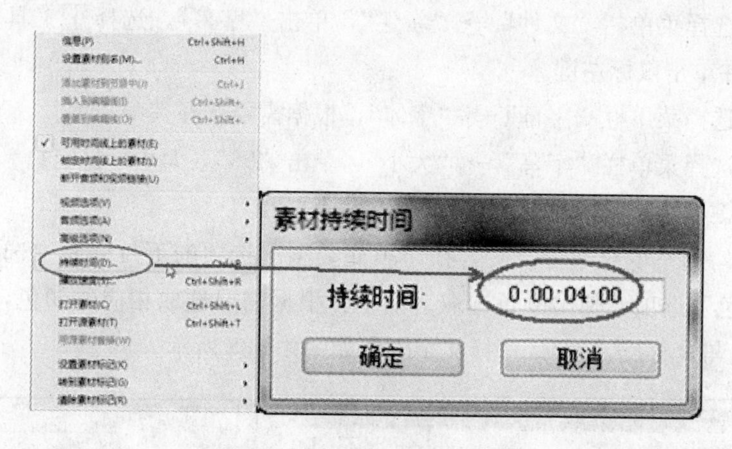

图 4—85　修改素材持续时间

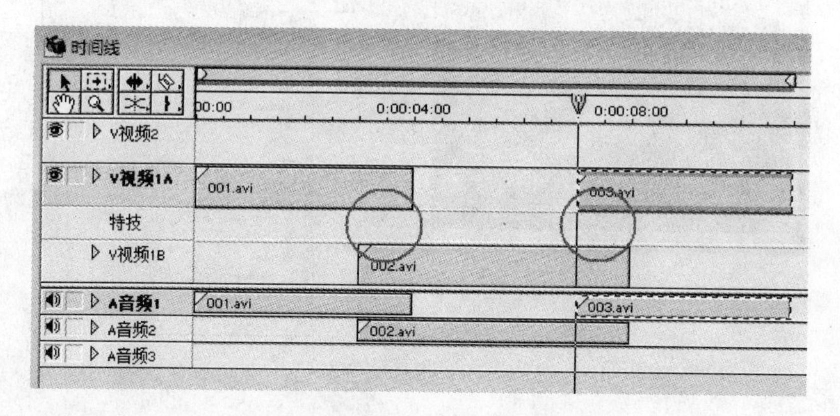

图 4—86　素材重叠关系

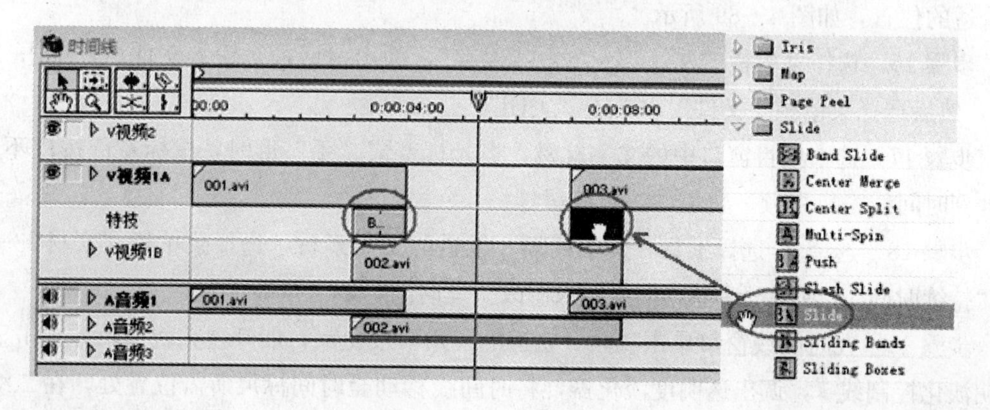

图 4—87　添加特技

步骤10　选择菜单栏“文件”→“新建”，单击“字幕”，选择T工具，将鼠标指针移到编辑区中并单击鼠标左键。

步骤11　选择菜单栏“字幕”→“字体”，根据需要选择其中一种。

步骤12　选择菜单栏“字幕”→“大小”，单击“96”(大小可自定)。

步骤13　键盘切换到中文输入法。

步骤14　勾选“填充”分类夹，在“填充类型”选项的下拉列表中选择“实心”选项，点击“颜色”选项，弹出颜色选取对话框，根据需要选取相应的颜色，点击“确定”(颜色要醒目，与素材反差大)。选择文字颜色如图4—88所示。

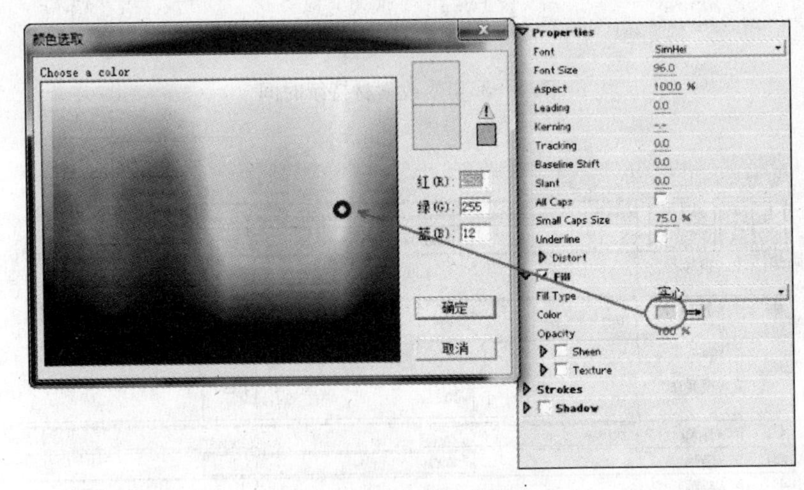

图4—88　选择文字颜色

步骤15　根据内容输入文字，点击选择工具按钮，用鼠标左键按住文字移动到画面合适的位置，如图4—89所示。

步骤16　选择菜单栏“文件”→单击“保存”，弹出对话框，输入文件名，单击“确定”，然后选择菜单栏“文件”→单击“关闭”。

步骤17　选中项目窗口中的文字素材，当光标变成“手”形时，鼠标左键按住不放，拖动到时间线窗口视频2轨道中，释放鼠标。

步骤18　选择选择工具，选中视频2轨道的文字素材，选择菜单栏“素材”→单击“持续时间”，弹出对话框，根据要求修改持续时间，单击“确定”。

步骤19　在时间线窗口单击视频2轨道的三角形按钮，展开视频轨道，并单击显示透明淡化控制线，调出透明度淡化器，将时间线移动至时间标尺所需位置处，在二线相交点击鼠标左键，添加调节手柄。同理，可根据内容需要添加调节手柄。淡化选择如图4—90所示。

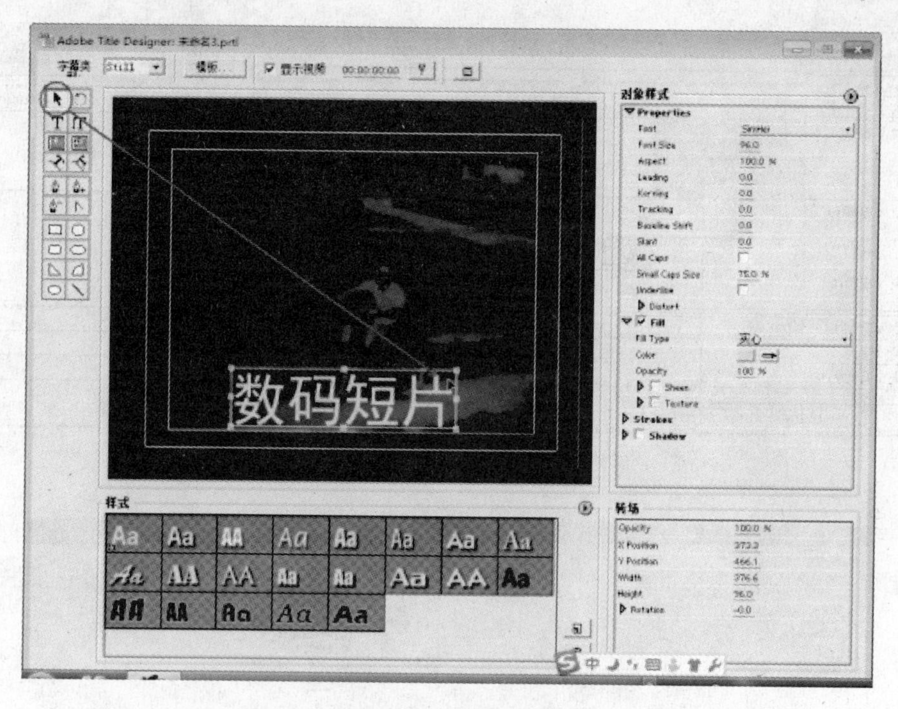

图 4—89　编辑文字

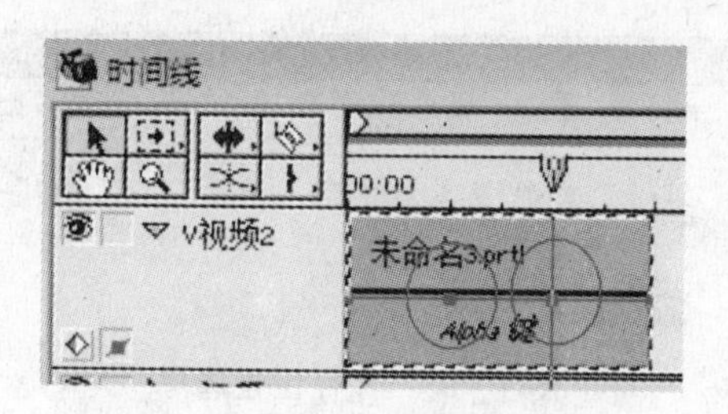

图 4—90　淡化选择

步骤 20　将光标放在透明度淡化线的左端，鼠标左键按住不放向下拖动；再将光标放在透明度淡化线的右端，鼠标左键按住不放向下拖动。如图 4—91 所示。

步骤 21　选择菜单栏“时间线”→单击“预演”。

步骤 22　选择菜单栏“文件”→单击“另存为”，弹出对话框，单击“桌面”，然后在对话框右上角再单击“创建新文件夹”，如图 4—92 所示。

步骤 23　在窗口中出现新建文件夹，然后修改文件夹名为符合要求的内容，如图 4—93 所示。

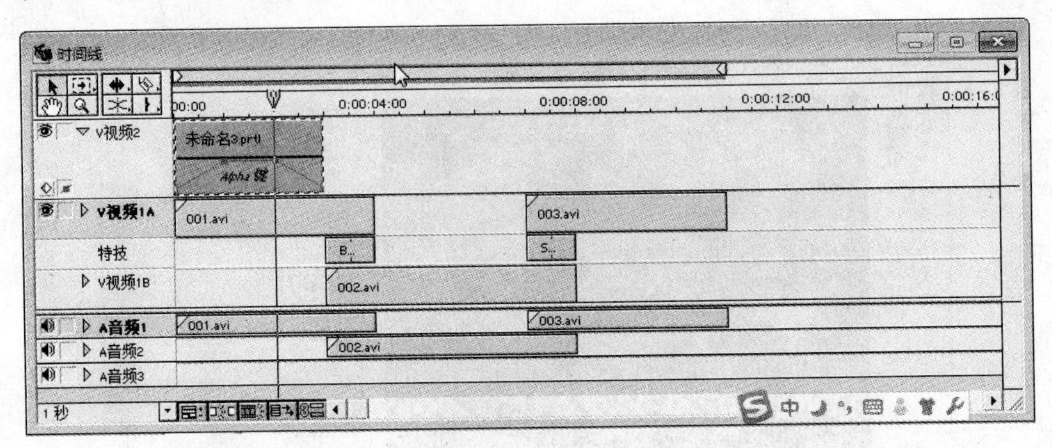

图 4—91　淡化设置

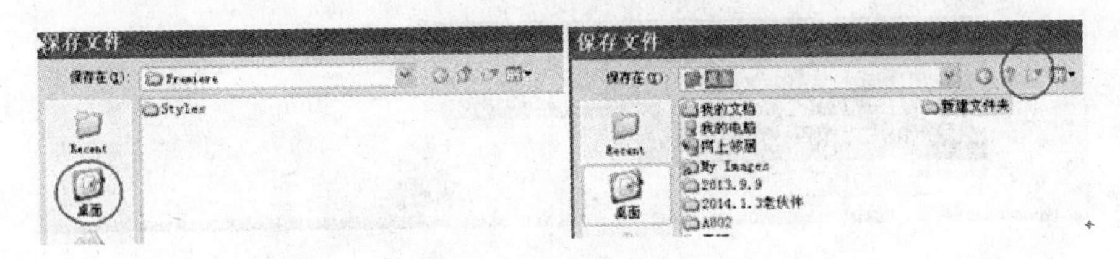

图 4—92　创建新文件夹

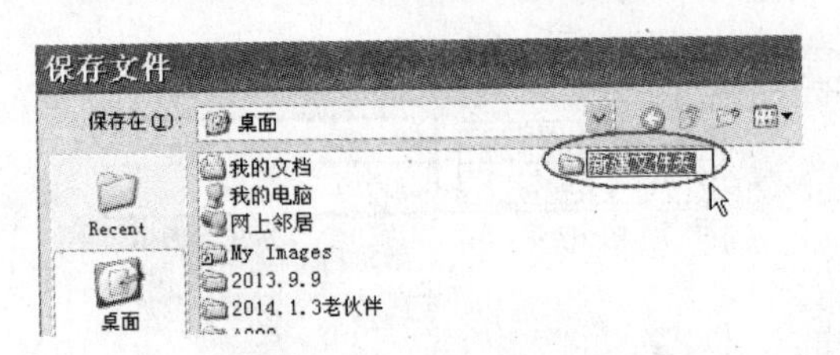

图 4—93　保存位置选择

步骤 24　用鼠标左键双击新修改好的文件夹，在弹出界面的下面按要求输入文件名（比如“3”），单击“保存”，如图 4—94 所示。

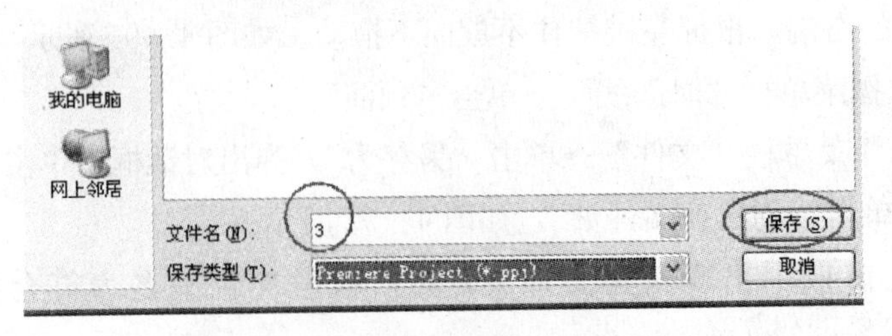

图 4—94　保存文件

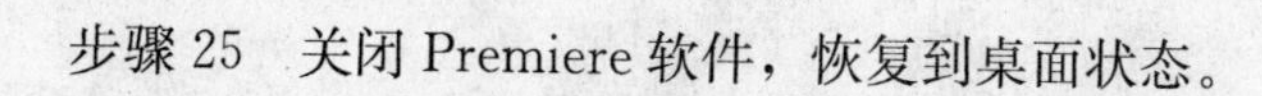

步骤 25　关闭 Premiere 软件，恢复到桌面状态。

思考题

1. 什么是线性编辑和非线性编辑？
2. 视频文件的格式有哪些，它们的区别是什么？
3. 视频编辑中的滤镜效果包含哪些内容？